振动信号处理与数据分析

徐 平 郝旺身 编著

科学出版社

北 京

内 容 简 介

本书以工程振动信号为研究对象，以信号的采集到后续的处理为主线，从振动信号拾取出发，依次对获得的数字信号进行时域、频域以及时频域的处理。介绍经验模态分解和全矢谱融合等新的处理算法和思想，有针对性地结合振动信号监测处理而组织编写内容，兼顾传承与发展，探讨振动信号处理算法及原理。本书涉及相关知识要点：傅里叶级数展开、离散傅里叶变换、Z 变换、快速傅里叶变换、时域统计特征、EMD 分解、全矢谱技术等理论及其在工业现场的应用案例。

本书可作为普通高等院校理工科相关专业本科生教材，也可作为研究生、工程技术人员的自学参考书。

图书在版编目(CIP)数据

振动信号处理与数据分析 / 徐平，郝旺身编著. —北京：科学出版社，2016.8
ISBN 978-7-03-049479-5

Ⅰ.①振… Ⅱ.①徐… ②郝… Ⅲ.①机械振动—信号处理②机械振动—振动分析 Ⅳ.① TH113.1

中国版本图书馆 CIP 数据核字(2016)第 179925 号

责任编辑：毛 莹 张丽花 / 责任校对：桂伟利
责任印制：赵 博 / 封面设计：迷底书装

科 学 出 版 社 出版
北京东黄城根北街 16 号
邮政编码：100717
http://www.sciencep.com
固安县铭成印刷有限公司印刷
科学出版社发行 各地新华书店经销
*
2016 年 8 月第 一 版 开本：787×1092 1/16
2025 年 2 月第八次印刷 印张：14
字数：330 000
定价：59.00 元
(如有印装质量问题，我社负责调换)

前　言

振动是自然界中广泛存在的物质系统的一种普遍运动形式，通常指一个物理量在某一量值(平衡值)附近随时间而往复变化的过程。自然界中，大至宇宙，小至微观粒子无不存在振动。各种形式的物理现象(发热、发声、发光、电和磁的运动等)都包含振动。

随着科学技术、生产和国防建设事业的发展，以及人类各种生产活动和社会活动的现代化，每时每刻都需要发生、传递和记录大量的振动信号和信息。因此，必须对大量的包含着无穷信息的各种各样的信号(数据、波形和图像等)进行快速处理，去伪存真，提取有用的信息并找出它们的规律。本学科的应用领域十分广泛，如机械工程、交通工程、宇航工程、土木建筑工程、电信和电力工程、声学工程、地球物理和地质工程、生物医学工程、核工程和军事科学、天文气象、海洋科学等几乎所有的科学部门和工程部门都要应用它，甚至在人类活动中的各种现象也能用信号处理的方法加以分析和寻找规律。由此可见，振动数据分析和信号处理的重要性与日俱增。因此，掌握振动数据分析与信号处理的理论和方法，在现代科学技术领域中已十分必要。

本书从时域分析入手，深入到频域分析，进而叙述数字信号处理，试图建立起这三个方面的有机联系。书中叙述了模拟信号处理和数字信号处理的主要内容，从实际应用出发，由浅入深，在兼顾数学推理的基础上，通过大量的图解说明，强调物理概念和实际应用知识，作为学习信号处理理论和应用的基础。

本书是作者长期从事振动的教学、科研及产品开发研究工作的结晶。本书原稿是作者根据长期从事的振动波形分析、频谱分析和信号处理实际工作经验并参阅国内外文献而编写而成的讲义。作者自 2007 年以来，曾以此在郑州大学给本科生授课，并在郑州恩普特科技股份有限公司举办的多次全国设备振动监测培训班上做过交流和介绍。随后作者根据多方面提出的意见和建议，对原稿又进行了若干次修改和补充，遂编写成此书。本书内容包括：离散时间信号和系统、离散傅里叶变换、快速傅里叶变换的计算、数字滤波器设计方法、时频域信号处理、经验模态分解方法、全矢谱技术及理论等。

本书共 9 章，第 1、2、7 章由郑州大学徐平副教授编写，第 3、4、8 章由郑州大学郝旺身博士编写，第 5 章由郑州大学铁瑛副教授编写，第 6 章由河南工程学院李凤琴副教授编写，第 9 章由郑州大学李凌均副教授编写。研究生赵伟杰、林辉翼、王洪明、官振红、马艳丽、胡鑫、岳佳佳、张学欣参与了资料收集、文字录入等工作。

本书得到国家自然科学基金(聚氨酯高聚物材料应用于被动隔振的试验研究与理论分析(No.51278467))、河南省高校科技创新人才支持计划(混凝土空心墙的被动隔振机理研究(No.14HASTIT050))、河南省自然科学基金重点项目(基于模糊可靠性的混流泵设备评价策略研究(No.13A460673))、郑州大学校级教材建设项目的资助，在此表示诚挚的感谢！

　　上海交通大学朱训生教授、河南理工大学赵波教授对本书进行了细致的审阅，并提出了许多宝贵的意见和建议，在此表示衷心的感谢！

　　由于作者水平有限，书中若存在不妥和疏漏之处，恳请读者批评指正。

作　者
2016 年 4 月

目　　录

第1章 绪 论

数字信号处理(Digital Signal Processing，DSP)是一门涉及许多学科且广泛应用于众多领域的新兴学科。自从 1965 年库利(Cooley)和图基(Tukey)在《计算数学》(Mathematics of Computation)一书中发表了"用机器计算复数序列傅里叶级数的一种算法"，即"快速傅里叶变换算法"以来，随着信息科学与计算机技术的不断发展，数字信号处理逐渐成为一门具有完整理论体系和丰富研究领域的新兴学科，在通信、工业控制与自动化、消费电子、国防、军事、医疗等领域得到了广泛的应用。

1.1 DSP 的基本概念

1. 信号的概念

信号是承载、传输信息的媒介或者物理表示，它随时间或空间的变化而变化，是可测量的。信号是信息的载体，几乎所有的工程技术领域都要涉及信号问题。常见信号的表现形式可以是声、光、电、磁、热、机械等，而本书在研究过程中所"感兴趣"的有用信号，常常是与其他同类或是异类信号混合在一起的。通俗地讲，信号就是消息，而信息是包含在信号或消息中的未知内容。例如，上面这段文字就是信号，而其所表达的意思就是信息。信号可以按照性质的不同进行分类。例如，按照维数可以将语音信号划分为一维信号，而把图像划分为二维信号；按照周期特征又可以分为周期信号和非周期信号；但从信号处理的角度看，一般将信号划分为模拟信号、离散信号和数字信号三大类。

(1)模拟信号：信号随时间(空间)连续变化，幅值是连续的。自然界中大部分信号是模拟信号。

(2)离散信号：信号随时间(空间)以一定的规律离散变化，幅值是连续的。自然界中这样的信号很少，一般通过对模拟信号的采样形成，故又称采样信号。离散信号是本书进行理论分析的主要研究对象。

(3)数字信号：信号随时间(空间)以一定的规律离散变化，幅值是量化的，一般可通过对离散信号进行量化编码得到。

2. 信号处理

信号处理的目的就是要从一大堆混合的、杂乱的信息中提取或增强有用的信息。实质上，信号处理就是提取、增强、存储和传输有用信息的一种运算。信号处理的内容主要包括滤波、变换、频谱分析、压缩、识别与合成等。

针对不同的信号(模拟信号、离散信号、数字信号)有不同的处理方式。一般来说，数字系统处理的对象是数字信号，模拟系统处理的对象是模拟信号，但是，如果系统中增加了模/数转换器(Analog-to-Digital Converter，A/D)和数/模转换器(Digital-to-Analog

Converter，D/A)，则数字系统可以处理模拟信号，而模拟系统也可以处理数字信号。两种系统不同之处是对信号处理的方式不同。数字系统采用数值计算的方法，完成对数字信号的处理(采集、变换、分析、综合、估值与识别等)；而模拟系统则通过一些模拟元器件，如电阻、电容、电感等无源器件和运算放大器等有源器件组成电路，来完成对信号的处理。

3. 数字信号处理

数字信号处理是把信号用数字或符号表示的序列，通过计算机或通用(专用)的信号处理设备，用数字的数值计算方法处理(滤波、变换、压缩、增强、估值与识别等)，以达到提取有用信息便于应用的目的。数字信号处理的效果，或是通过滤波消除噪声，或是进行频谱分析，或是用以提取特征参数，或是进行编码压缩等。完成不同目的所采用的计算方法(统称算法)也不同，可以说，数字信号处理的实现就是算法的实现。采用数字信号处理，相对于模拟信号处理(Analog Signal Processing，ASP)有很大的优越性，其优越性表现在软件可实现、精度高、灵活性好、可靠性高、易于大规模集成、设备尺寸小、造价低、速度快等方面。随着人们对实时信号处理要求的不断提高和大规模集成电路技术的迅速发展，数字信号处理技术也在发生着日新月异的变革，实时数字信号处理技术的核心和标志是数字信号处理器。

1.2　DSP 系统及其实现

数字信号处理系统并不是孤立的数字系统，一般是以数字处理系统为核心，结合 A/D 和 D/A 转换器、滤波和放大器等子系统构成。其处理内容主要包括滤波、变换、频谱分析、压缩、估计与识别等。数字信号处理过程中必定包含数字化处理系统，由数字化处理器或程序完成对数字信号的处理。图 1-1 所示为一个典型的模拟信号数字处理系统，即实时处理时域连续信号的数字信号处理系统。

$x_a(t)$ → 抗混叠滤波器 → A/D转换器 → $x(n)$ → 数字信号处理器 → $y(n)$ → A/D转换器 → 平滑滤波器 → $y_a(t)$

图 1-1　模拟信号的数字处理系统框图

图 1-1 中，抗混叠滤波器(Antialiasing Filter)又称预滤波器，是用以将输入模拟信号 $x_a(t)$ 中高于折叠频率(在数值上等于采样频率 f_s 的一半)的分量滤除掉，以免信号经过采样后发生频谱混叠，造成信息丢失。平滑滤波器(模拟低通滤波器)，又称抗镜像滤波器 (Anti-image Filter)，是用以完成模拟信号的重建，即消除 D/A 转换器"阶梯状"输出所造成的高频噪声，从而得到波形平滑的输出模拟信号 $y_a(t)$ 。

典型模拟信号的处理过程一般分为三个环节。

(1)模拟输入信号 $x_a(t)$ 经过抗混叠预处理后被采样、量化为有限位，这个过程可看成是模拟前端处理，其核心是 A/D 转换器。

(2)已经数字化的信号 $x(n)$ ，经过数字信号处理器处理后输出数字信号 $y(n)$ ，这是整个系统的核心环节。

(3) 利用 D/A 转换器，经平滑滤波，将处理结果平滑成所需要的模拟信号送到输出。

一般情况下，在实际数字处理系统中，图 1-1 中的每一个环节都不是必要的。例如，有时要处理的输入信号本身已经是数字信号，则图中的 A/D 转换器部分就可以去掉；有些系统只要求数字输出，如用于打印、显示、存储等，则图中的 D/A 转换器部分就可以去掉；纯数字系统则只需要数字信号处理器这一核心部分就行了。

数字信号处理的实现，大体上可以分为三大类，即软件实现法、硬件实现法以及软硬件结合的实现方法。

(1) 软件实现法：是按照数字信号处理的原理和算法，编写程序或利用现有程序在计算机上实现的，其中 Mathworks 公司的 MATLAB 软件(一种交互式和基于矩阵体系的软件，主要用于科学工程数值计算和可视化)是这方面成功的范例。当前，国内外研究机构、公司不断推出不同用途的数字信号处理软件包，如美国 National Instruments 公司的信号测量与分析软件 LabVIEW、Cadence 公司的信号和通信分析设计软件 SPW，以及 TI 公司的 DSP 等。这种实现方法速度较慢，但经济实用(可重复使用)，因此多用于教学和科研方面。

在许多非实时的应用场合，可以采用软件实现法。例如，处理一盘混有噪声的录像(音)带，可以将图像(声音)信号转换成数字信号并存入计算机，用较长的时间一帧帧地处理这些数据。处理完毕后，再实时地将处理结果还原成一盘清晰的录像(音)带。普通计算机即可完成上述任务，而不必花费较大的代价去设计一台专用数字计算机。

(2) 硬件实现法：是按照具体的要求和算法设计硬件结构图，用乘法器、加法器、延时器、控制器、存储器以及 I/O 接口部件实现的一种方法。其特点是运算速度快，可以达到实时处理的要求，但是不灵活。

(3) 软硬件结合的实现方法：首先可以利用单片机的硬件环境配以恰当的信号处理软件来实现，可以直接用于工程实际，如数控机床、医疗仪器设备等。其次，可以使用专用数字信号处理芯片，即数字信号处理器(Digital Signal Processing，DSP)，经过简单编程来实现。这种方法目前发展最为迅速，常用的 DSP 专用芯片较之单片机有着更为突出的优点，例如，DSP 内部有专用的乘法器和累加器并采用流水线工作方式及并行处理结构，总线多、速度快，内嵌有信号处理的常用指令。

目前，DSP 专用芯片正高速发展，它速度快、体积小、性能优良且价格不断下降，用 DSP 专用芯片实现数字信号处理的技术已成为工程技术领域的主要方法。

1.3 振动信号及其基本描述

振动学是一门交叉理论学科，它以数学、物理、实验和计算技术为基础，研究各种振动现象的机理、共性、特性，阐明振动的基本规律。现已成为声学、光学、电工学、无线电学、近代物理学以及化学、生物学、气象学等学科中必不可少的理论基础。振动的研究在日常生活、生产中得到广泛的应用。例如，利用振动制成了按摩器、减肥器等医疗器械。偏心振动机(俗称蛤蟆夯)和振捣器是建筑工人必不可少的振动机械。

1.3.1 周期振动信号的合成和分解

1. 简谐振动及其表示

简谐振动是最简单的振动形式，也是最重要的振动形式。物体作简谐振动时，位移 x 和时间 t 的关系可用三角函数表示为

$$x = A\sin(\omega t + \varphi) \tag{1-1}$$

图 1-2 所示的波形表示了式(1-1)所描述的运动，它可以看成是左边半径为 A 的圆上一点作等角速度运动时矢径在 x 轴上的投影。

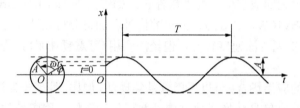

图 1-2 物体的简谐振动

简谐振动的速度和加速度就是位移表达式(1-1)关于时间 t 的一阶和二阶导数：

$$v = \dot{x} = \omega A\cos(\omega t + \varphi) = \omega A\sin\left(\omega t + \varphi + \frac{\pi}{2}\right) \tag{1-2}$$

$$a = \ddot{x} = \omega^2 A\cos(\omega t + \varphi) = \omega^2 A\sin(\omega t + \varphi + \pi) \tag{1-3}$$

可见，若位移为简谐函数，则其速度和加速度也是简谐函数，且与位移具有相同的频率，但在相位上，速度和加速度分别比位移超前 $\pi/2$ 和 π，如图 1-2 所示。

由式(1-1)和式(1-3)可以看出：

$$\ddot{x} = -\omega^2 x \tag{1-4}$$

这表明在简谐振动中，加速度的大小和位移成正比，而方向和位移相反，始终指向平衡位置。

2. 周期振动信号及其分解

简谐振动是一种最简单的周期振动，实际中更多的是非周期振动。

周期振动只要满足一定条件，就可以分解为简谐振动，条件如下。

(1)函数是在一个周期内连续或者只有有限个间断点，而且间断点上的函数的左右极限都存在。

(2)在一个周期内只有有限个极大值和极小值。

把一个周期函数展开成傅里叶级数，即展开成一系列简谐函数之和，称为谐波分析。谐波分析对于分析振动位移、速度和加速度的波形具有重要意义，如图 1-3 所示。

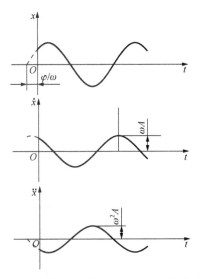

图 1-3 简谐振动的位移、速度和加速度

假定 $x(t)$ 为满足上述条件、周期为 T 的周期振动函数，则可展开成傅里叶级数的形式：

$$x(t) = \frac{a_0}{2} + a_1\cos\omega t + a_2\cos2\omega t + \cdots + b_1\sin\omega t + b_2\sin2\omega t + \cdots$$

$$= \frac{a_0}{2} + \sum_{n=1}^{\infty}\left(a_n\cos n\omega t + \cdots + b_n\sin n\omega t\right) \tag{1-5}$$

式中， $\omega = 2\pi/t$ ， a_0 、 a_n 、 b_n 均为待定常数。

由三角函数的正交性

$$\begin{cases} \int_0^T \cos m\omega t\cos n\omega t\mathrm{d}t = \begin{cases} 0, & m \neq n \\ T/2, & m = n \end{cases} \\ \int_0^T \sin m\omega t\sin n\omega t\mathrm{d}t = \begin{cases} 0, & m \neq n \\ T/2, & m = n \end{cases} \\ \int_0^T \sin m\omega t\cos n\omega t\mathrm{d}t = \int_0^T \cos m\omega t\sin n\omega t\mathrm{d}t \end{cases} \tag{1-6}$$

和关系式

$$\begin{cases} \int_0^T \cos n\omega t\mathrm{d}t = 0, & n \neq 0 \\ \int_0^T \sin n\omega t\mathrm{d}t = 0, & \text{其他} \end{cases} \tag{1-7}$$

可得到

$$\begin{cases} a_0 = \frac{2}{T}\int_0^T x(t)\mathrm{d}t \\ a_n = \frac{2}{T}\int_0^T x(t)\cos n\omega t\mathrm{d}t, & n = 1,2,3,\cdots \\ b_n = \frac{2}{T}\int_0^T x(t)\sin n\omega t\mathrm{d}t, & n = 1,2,3,\cdots \end{cases} \tag{1-8}$$

　　将 a_0、b_0 和 b_n 代入式(1-5)，相应的傅里叶级数就完全确定。

　　对于特定的 n，有

$$a_n \cos n\omega t + b_n \sin n\omega t = A \sin(n\omega t + \varphi_n) \tag{1-9}$$

式中

$$A_n = \sqrt{a_n^2 + b_n^2}\ , \quad \tan\varphi_n = \frac{a_n}{b_n} \tag{1-10}$$

于是式(1-5)又可表示为

$$x(t) = \frac{a_0}{2} + \sum_{n=1}^{\infty} A_n \sin(n\omega t + \varphi_n) \tag{1-11}$$

　　以上分析表明，周期信号是一个或几个，乃至无穷多个简谐信号的叠加。

　　以 ω 为横坐标、A_n 为纵坐标作图，称为幅值谱。以 ω 为横坐标、φ_n 为纵坐标作图，称为相位谱。

　　由于 n 为正整数，所以各频率成分都是 ω 的整数倍。各频率成分所对应的谱线是离散的，称为线谱，如图1-4所示。

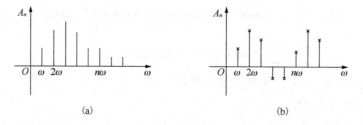

图1-4　简谐信号的线谱

　　通常，称 ω 为基频，而称 $n\omega$ 为 n 次谐波。

3. 简谐振动的合成

1)同方向振动的合成

(1)同频率振动信号的合成。设有两个频率相同的简谐振动信号：

$$x_1 = A_1 \sin(\omega t + \varphi_1) \tag{1-12}$$

$$x_2 = A_2 \sin(\omega t + \varphi_2) \tag{1-13}$$

合成后也是相同频率的简谐振动：

$$x = A \sin(\omega t + \varphi) \tag{1-14}$$

式中，

$$A = \sqrt{\left(A_1 \cos\varphi_1 + A_2 \cos\varphi_2\right)^2 + \left(A_1 \sin\varphi_1 + A_2 \sin\varphi_2\right)^2} \tag{1-15}$$

$$\tan\varphi = \frac{A_1 \sin\varphi_1 + A_2 \sin\varphi_2}{A_1 \cos\varphi_1 + A_2 \cos\varphi_2} \tag{1-16}$$

(2)不同频率振动信号的合成。设有两个不同频率的简谐振动：

$$x_1 = A_1 \sin\omega_1 t, \quad x_2 = A_2 \sin\omega_2 t \tag{1-17}$$

若 $\omega_1 < \omega_2$，则合成为

$$x = x_1 + x_2 = A_1\sin\omega_1 t + A_2\sin\omega_2 t \tag{1-18}$$

其波形如图 1-5 所示，其合成运动的性质好似高频振动的轴线被低频所调制。

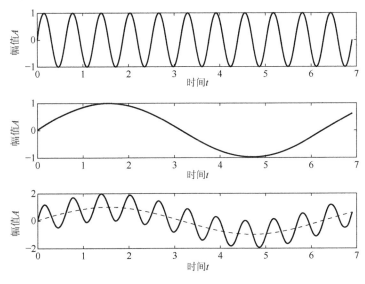

图 1-5 频率不同的简谐信号合成

若 $\omega_1 \approx \omega_2$，且 $A_1 = A_2 = A$，有

$$x = x_1 + x_2 = A_1\sin\omega_1 t + A_2\sin\omega_2 t = 2A\cos\left(\frac{\omega_2 - \omega_1}{2}\right)t\sin\left(\frac{\omega_2 + \omega_1}{2}\right)t \tag{1-19}$$

显然，合成运动的振幅以 $2A\cos\left(\frac{\omega_2 - \omega_1}{2}\right)t$ 变化，出现了"拍"波现象，其波形如图 1-6(a)

所示，其中拍频为 $\omega_2 - \omega_1$。

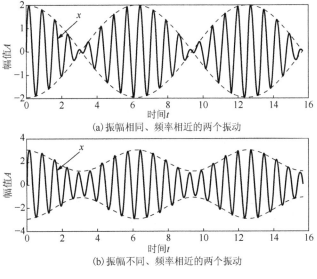

(a) 振幅相同、频率相近的两个振动

(b) 振幅不同、频率相近的两个振动

图 1-6 有拍频的振动波形

若 $A_2 \ll A_1$，设

$$x_1 = A_1\sin\omega_1 t \tag{1-20}$$

$$x_2 = A_2\sin\omega_2 t \tag{1-21}$$

令

$$\delta\omega = \omega_2 - \omega_1 \tag{1-22}$$

则

$$x_2 = A_2\sin(\omega_1 + \delta\omega) \tag{1-23}$$

则合成运动可近似表示为

$$x = A\sin\omega_1 t \tag{1-24}$$

式中，

$$A = \sqrt{A_1^2 + A_2^2 + 2A_1 A_2\cos\delta\omega t} = A_1\sqrt{1 + \left(\frac{A_2}{A_1}\right)^2 + \frac{2A_2}{A_1}\cos\delta\omega t} \tag{1-25}$$

由于 $A_2 / A_1 \ll 1$，故有

$$A \approx A_1\left(1 + \frac{A_2}{A_1}\cos\delta\omega t\right) \tag{1-26}$$

这时，合成运动可近似的表示为

$$x = A_1\left(1 + \frac{A_2}{A_1}\cos\delta\omega t\right)\sin\omega_1 t = A_1(1 + m\cos\delta\omega t)\sin\omega_1 t \tag{1-27}$$

该合成信号的最大振幅为 $A_{\max} = A_1 + A_2$，最小振幅为 $A_{\min} = A_1 - A_2$。其"拍"波波形如图 1-6(b)所示。

2）垂直方向振动的合成

垂直方向振动信号的合成：旋转机械中信号采集一般从同一轴截面互相垂直的方向上的两个点取得，因此讨论互相垂直的信号的合成具有重要意义。

（1）同频率振动的合成：若沿 x 方向的运动为

$$x = A\sin(\omega t + \varphi_1) \tag{1-28}$$

沿 y 方向的运动为

$$y = B\sin(\omega t + \varphi_2) \tag{1-29}$$

设 $\varphi = \varphi_2 - \varphi_1$，则合成运动的轨迹可用如下椭圆方程表示：

$$\frac{x^2}{A^2} + \frac{y^2}{B^2} - \frac{2xy}{AB}\cos\varphi - \sin^2\varphi = 0 \tag{1-30}$$

合成运动将位于长宽分别为 $2A$ 和 $2B$ 的矩形之中，如图 1-7 所示。

对于不同的相位差 φ，图 1-8 表示了其合成运动轨迹。

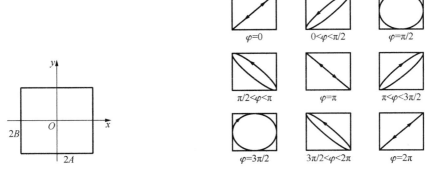

图 1-7 垂直信号合成运动范围 图 1-8 不同相位差合成运动轨迹

(2) 不同频率振动的合成对于两个频率不同的简谐运动:

$$\begin{cases} x = A\sin\omega_1 t \\ y = B\sin(\omega_2 t + \varphi) \end{cases} \tag{1-31}$$

它们合成后也能在矩形中画出各种曲线,若两频率存在下列关系:

$$n\omega_1 = m\omega_2, \quad n,m=1,2,3,\cdots \tag{1-32}$$

可得图 1-9 所示的各种合成运动图形。

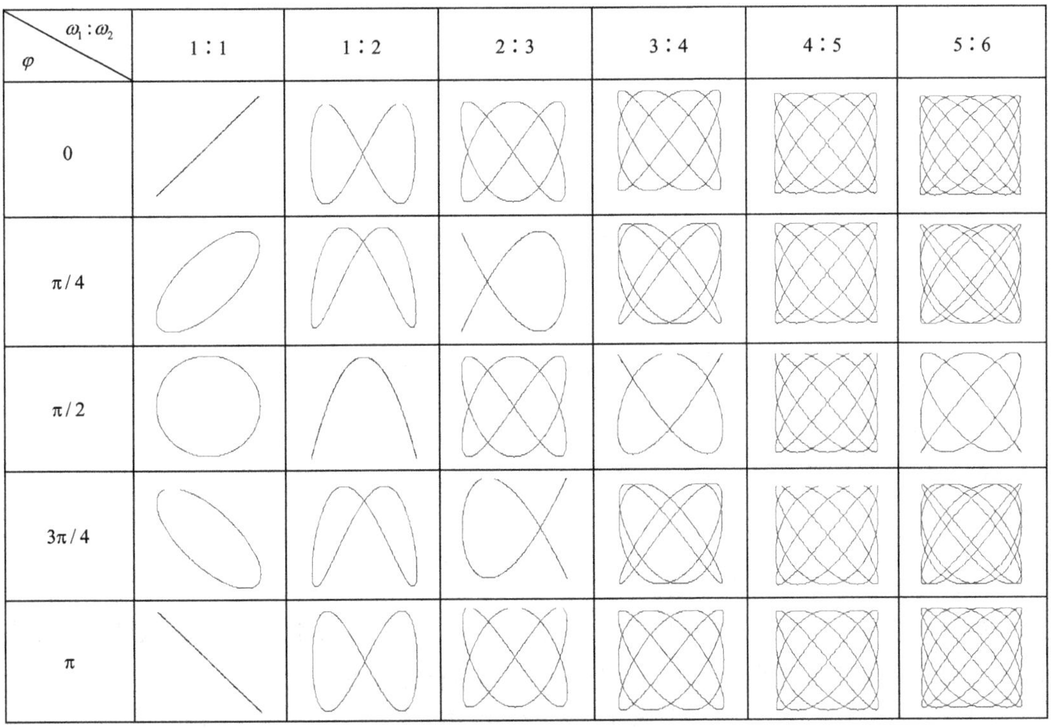

φ ＼ $\omega_1:\omega_2$	1:1	1:2	2:3	3:4	4:5	5:6
0						
$\pi/4$						
$\pi/2$						
$3\pi/4$						
π						

图 1-9 部分不同频率简谐波的合成运动

图 1-7 和图 1-8 中图形称为 Lissajous 图形。

1.3.2　非周期振动信号的性质

非周期信号包括准周期信号和瞬变非周期信号。

(1)准周期信号。前已述及，周期信号可以分解为一系列频率成正比的正弦波信号。反之，几个频率成正比的正弦波信号也可以合成一个周期信号。然而，任意的两个或几个正弦波之和，一般不会组成周期信号，只有每一对频率之比都是有理数时，才能合成周期性信号。因为只有这样，其基本周期才存在。如：

$$x(t) = \frac{4F_0}{\pi}\left(\sin\omega t + \frac{1}{3}\sin 3\omega t + \frac{1}{5}\sin 5\omega t + \cdots\right) \tag{1-33}$$

是周期性的，因为 1/3、1/5…是有理数。事实上 $x(t)$ 为方波：

$$x(t) = \begin{cases} F_0, & 0 < t < \dfrac{T}{2} \\ -F_0, & \dfrac{T}{2} < t < T \end{cases} \tag{1-34}$$

的傅里叶展开级数，其波形和频谱如图 1-10 所示。

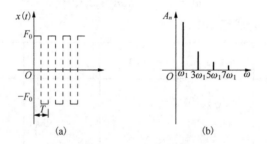

图 1-10　方波的波形及频率

但是函数

$$x(t) = \frac{4F_0}{\pi}\left(\sin\omega t + \frac{1}{3}\sin 3\omega t + \frac{1}{\sqrt{72}}\sin\frac{1}{\sqrt{72}}\omega t + \cdots\right) \tag{1-35}$$

就不是周期性的，因为 $1/\sqrt{72}$ 和 $3/\sqrt{72}$ 不是有理数，其基本周期无限长。

准周期信号一般可用如下形式描述：

$$x(t) = \sum_{n=1}^{\infty} X_n \sin(\omega_n t + \varphi_n) \tag{1-36}$$

式中，ω_n / ω_m 一般不等于有理数。

如果在准周期信号中忽略相角 φ_n，则式(1-36)可用如图 1-11 所示的离散谱表征。其频谱与周期信号频谱的差别只在于各个频率不再是有理数关系。

(2)瞬变非周期信号。瞬变非周期信号指除准周期信号以外的非周期信号，也可以用某时变函数进行描述。

瞬变非周期信号一般持续时间很短，有明显的开端和结束，如图 1-12(a)所示的激振力消除后振动系统的衰减振动。

瞬变非周期信号不能像周期信号那样用离散谱表示，其谱结构为傅里叶积分所表示的连续谱，如图 1-12(b)所示。

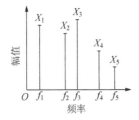

图 1-11 准周期数据的频谱

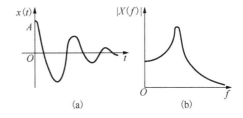

图 1-12 衰减振动信号及其频谱

1.4 信号处理的应用

信号处理技术的发展与应用是相辅相成的两个方面，工业方面应用的需求是信号处理发展的动力，而信号处理的发展反过来又拓展了它的应用领域。振动信号的分析与处理有着长久的历史，它的处理方法与仪器也是从早期的模拟系统向着数字化方向发展的。在几乎所有的工程领域中，它的应用一直是一个重要的研究课题。下面列举几个方面的信号处理应用。

1.4.1 在结构振动和设计中的应用

在工业生产领域内，结构振动分析是一个重要研究课题。采用各种振动传感器，在工作状态或人工输入激振下，可获取各种结构振动信号，再对这些振动信号进行分析和处理，提取各种振动特征参数，可以得到各种有价值的信息。尤其是通过对结构振动信号频谱分析、结构模态分析和参数识别技术等方法，可以分析振动性质及产生原因，找出消振、减振的方法，进一步改进结构设计，提高结构质量。

1.4.2 在产品质量和自动控制中的应用

在汽车、机床等设备和电动机、发动机等零部件出厂时，必须对其性能进行测量和出厂检验。随着产品质量的提高，现代测量已由静态测量发展到动态测量。在振动信号动态测量中，设备信息是动态的，信号可以是周期性的，也可以是非周期性的或随机的。在振动信号动态测量过程中，首先要解决传感器的频率响应的正确选择问题，所以必须通过对被测信号的频谱分析来掌握它的频谱特性，而对传感器本身动态频率响应的标定也要涉及频谱分析和计算并用到信号处理技术。

在设备的计算机自动控制系统中，当控制对象所处的环境比较恶劣和干扰源较多时，传感器所测得的控制对象运行状态信号含有高频干扰噪声，在进行模/数(A/D)转换前需要进行抗混频滤波，在滤掉高频和 1/2 采样频率以上的频率分量后才能进入计算机。为进一步提高计算机数字控制系统的可靠性，对采样序列一般还需要经过数字信号处理环节，然后再进行控制规律的运算。计算机控制系统要达到最优控制及自适应控制，还需要解决动态系统的信息提取问题，即解决最优估计和系统辨识问题。最优估计就是要从含有随机噪声和系统噪声的有限测量信号中对系统的状态变量进行估计，求出统计意义上最优的估计值。由于估计问题也是尽可能地恢复被噪声干扰的信号源，所以也称为滤波，如 Wiener 滤波和 Kalman 滤波等。而系统辨识是通过测量控制对象的一组输入和输出信号，去估计控制对象未知的数学模型结构和参数的技术。它们均居于信号处理的问题。

1.4.3　在结构监测和故障诊断中的应用

在电力、冶金、石油、化工、交通等众多行业中，某些关键设备，如汽轮机、燃气轮机、水轮机、发电机、电动机、压缩机、风机、泵、变速箱、桥梁等的工作状态关系到整个生产线的正常流程。对这些关键设备运行状态实施 24h 实时动态监测，可以及时、准确地掌握它的变化趋势，为工程技术人员提供详细、全面的机组信息，是实现设备由事后维修或定期维修向预测维修转变的基础。

噪声和振动信号中包含大量反映设备或结构运行状态的有用信息。在设备或结构故障诊断中，首先，运用噪声或振动强度的测定和分析，可以初步判断设备或结构运行质量是否存在问题；其次，运用频谱分析进一步判断设备或结构中问题发生在什么环节；最后，采用一些特殊的信号处理技术，针对特定的零部件作深入的分析。国内外大量实践表明，设备或结构某些重要测点的振动信号非常真实地反映其运行状态。由于设备或结构绝大部分故障都有一个渐进发展的过程，通过监测振动信号的变化过程，完全可以及时预测设备或结构的故障。结合其他综合监测信息(如温度、压力、流量等)，运用精密故障诊断技术甚至可以分析出故障发生的位置，为设备或结构维修提供可靠依据，从而最大限度地降低设备或结构故障带来的损失。

振动信号分析和处理技术正在不断发展，它已经有可能帮助从事故障诊断和监测的专业技术人员从设备或结构运行历史记录中提炼和归纳出设备或结构运行的基本规律，并且充分利用当前的运行状态和对未来条件的了解与研究，综合分析和处理各种干扰因素可能造成的影响，预测设备或结构在未来运行期间的状态和动态特性，掌握设备或结构主导故障的发展趋势，实现大型关键设备或结构运行劣化趋势的动态预报，为发展预知维修制度、延长大修期及科学地制订设备或结构的更新和维护计划提供依据，从而更为有效地保证设备或结构的稳定可靠运行，提高大型关键设备或结构的利用率和效率。

第 2 章   信号的分类与测量

2.1   振动信号处理的基本概念和作用

振动信号是指设备或结构系统在运行过程中，各种随时间变化的动态信息，经各种动态测试仪器拾取并用记录仪器记录下来的数据或图像。可以这样理解，振动信号是一个传载设备或结构信息的物理量函数，而振动信息则是反映了设备或结构运行状态和结构特性的特征量。

设备或结构是工业生产的基础。设备或结构的技术更新、自动化程度的提高以及设备的安全运行等都将获得巨大的经济和社会效益。而振动信号处理与分析技术则是工业发展的一个重要基础技术。如果缺乏有效的振动信号测试和分析处理方法，就不能有效地监测和维护，也就不能保证安全可靠地运行；如果没有流程数据的采集和分析技术，就不可能实现工业自动化；而如果没有好的测试方法，也就不能为产品的质量和性能提供客观的评价。因此，随着科学技术的不断进步和工业生产的不断发展，振动信号处理与分析技术将发挥越来越重要的作用。

信号处理的一个实例，如设备或结构测试信号中携带着人们需要的有用信息，也同时含有大量的人们不感兴趣的信息，后者常称为干扰噪声，它是不可避免地渗入测试系统的振动信号，处理通过对测量振动信号的某种加工变换，其目的是改变信号的形式，便于分析和识别削弱振动信号中的冗余内容，滤除混杂在信号中的噪声干扰或者将信号变成易于识别的形式，以便于提取它的特征值等信号滤波，就是振动信号处理中最基本的一种处理，对信号进行傅里叶变换也是一种常用的信号处理方法。

信号处理技术的出现和不断发展，极大丰富了反映机械运动的分析手段和方法，信号处理技术是当今信息科学和现代化测试分析等领域里的一种十分重要的研究手段。例如，在监测大型回转机械设备的转子运行状态时，首先需要获得表征转子运行状态的物理量，可以采用转子振动的位移或加速度信号等，在获取这些信号后还需要进行一定的信号处理以得出设备的运行状态。

信号处理技术的发展为其在设备或结构振动信号分析中的应用奠定了坚实的基础信号。学科的发展与应用是相辅相成的两个方面，工业方面应用的需求是信号处理发展的动力，而信号处理的发展又反过来扩展了它的应用领域，振动信号的分析与处理有着长久的历史，它的处理方法与仪器也是从早期的模拟系统向着数字化方向发展的，它的应用在几乎所有的机械工程部门一直是一个重要的研究课题，主要概括为以下三个方面。

1. 在设备减振及结构设计中的应用

动态特性是产品的一个重要性能指标，在进行产品结构模态分析时，首先采用各种振动传感器在工作状态或人工输入激振下获取各种机械振动信号。通过对这些信号的分析处理，从而得到产品结构各种特征参数，如共振频率阻尼振型等。在精密仪器、车床和汽车上通过对其振动信号的分析可准确识别分析振动性质自激振动和强迫振动及产生原因，另外利用振动信号分析和处理也可寻找和设计更为有效的消振减振方法和结构，进一步为改进结构设计提高产品质量提供依据。

2. 在故障诊断和设备运行状态监测中的应用

噪声和振动信号中包含了大量反映机器运行状态的信息。通过对机器噪声和振动信号的处理和分析，可反向推断机器产生振动和噪声的原因。在机械故障诊断中，运用噪声或振动强度的测定分析可以初步判断机器运行质量是否存在问题。通过信号滤波频谱等的分析可进一步判断出问题发生的部位和原因。另外，通过对机械噪声和振动信号的实时处理也可以对机器的未来状态进行监测和预报。

3. 在自动测量和自动控制中的应用

在工业自动测量和自动控制领域里，振动信号分析与处理技术的应用也十分广泛。现代的机械测试技术已由静态测量发展到了动态测量，在动态测量中设备的被测量是动态变化的测量的信号，可以是各种周期性信号、非周期性瞬态信号、确定性信号或随机信号。在振动信号动态测量过程中传感器本身及测量系统的频率响应和标定等问题都离不开信号处理技术，另外机械设备的计算机自动控制系统中各个环节的处理，如滤波整个系统的辨识等都涉及信号处理的各个方面。

2.2　信号的分类

振动信号可以分为确定性振动信号和随机振动信号两大类。能够用确定性图形曲线或数学解析式准确描述的振动信号称为确定性振动信号，例如，单位阶跃信号、单自由度无阻尼振动中刚体的位移信号、单摆运动等主要用来描述确定性的物理过程；不能用明确的数学表达式来描述的不遵循确定性的规律的振动信号称为随机振动信号，例如，机床噪声信号、热噪声信号等实际测量的振动信号往往是确定性信号和随机信号的组合，一般的振动信号可以看作随机信号。

1. 确定性振动信号

根据信号的时间历程记录是否有规律地重复出现确定性振动信号可划分为周期振动信号和非周期振动信号两类，周期振动信号又可以分为正弦周期信号和复杂周期信号。非周期振动信号又可以分为准周期信号和瞬态信号两类(图 2-1)。

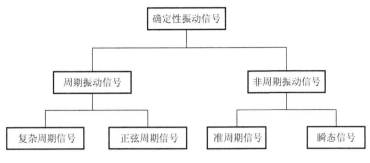

图 2-1　确定性振动信号的分类

2. 随机振动信号

随机振动信号是由随机冲击产生的振动信号，不能用确定性函数来描述波形，表面看来没有规律的随机信号描述的物理过程具有不可重复性和不可预测性，因而不能用前述简单波形分析方法直观地确定其振幅和频率，但这种信号（波形）却有一定的统计规律性，统计特征是随机振动信号的基本特征，常用分布函数来描述。对于连续的随机信号可用概率分布密度来描述，对于离散的随机过程用概率函数来描述，对随机信号或较复杂的波形必须用统计的方法进行处理，例如，当实验次数很多或信号取得很长时，其幅值的平均值就可能趋向某一确定的极限值。所以说对随机信号或较复杂的波形必须用统计的方法进行处理。

随机信号可分为平稳随机信号和非平稳随机信号两类，平稳随机信号又可分为各态历经随机信号和非各态历经的随机信号，非平稳随机信号也可分为连续随机信号和瞬态随机信号（图 2-2）。

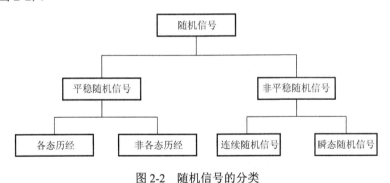

图 2-2　随机信号的分类

2.3　信号的测量

设备运行状态可以通过很多类型的信号检测和分析获得，如应力、振动、噪声等信号，这些振动信号需要通过测量传感器获得定量描述。传感器就是将被测信号按一定规律转换为另外一种（或同种）与之有确定对应关系的、便于应用的物理量（或信号）输出的装置。在振动信号的测量中，传感器输出信号大多为电量。

　　传感器一般由敏感元件、传感元件、测量电路和辅助电路等组成。敏感元件直接感受被测非电量，输出与被测量有确定对应关系的、传感元件所能接受的其他量。传感元件又称变换器，是传感器的重要部件，它把敏感元件输出量变换为电参量输出，如差动变压器把位移量转换为电压输出。但有的传感器、加热电偶，直接把温度转换为电势输出，敏感元件和传感元件在这里被合为一体。测量电路是对变换器输出的电信号进行加工、处理和变换。不同类型的传感器其测量电路也不同，常见的有电桥电路、阻抗变换电路、振荡电路、放大电路、相敏整流电路、滤波电路等。

　　本节主要介绍常见振动信号，如力、位移、振动等的传感器原理。

2.3.1　传感器的分类

　　传感器的分类方法很多，有的传感器可以同时测量多种参数，而对同一种信号，又可用多种不同类型的传感器来进行测量。

　　(1)按被测振动信号的物理性质分位移传感器、力传感器、温度传感器等。

　　(2)按传感器的工作原理分机械式、电气式、光学式和流体式等。

　　(3)按转换元件和被测量之间的能量关系分转换型和控制型两种。

　　(4)按坐标系分绝对式和相对式。

　　(5)按工作方式分接触式和非接触式。

　　(6)按工作原理分惯性式和参数式。

　　以下对部分常见设备测量用传感器的原理进行介绍。

　　机械式传感器：是一种应用很广的传感器，常用弹性体作为传感器的转换元件，又称为弹性转换元件。它的输入可以是力、温度等物理量，输出则是弹性元件的弹性变形。直接由机械式传感器做成的机械式指示仪表，由于放大系统为机械传动，惯性大，固有频率低，只能用于静态或低频率信号的测量。为了提高测量的频率范围，一般先用弹性元件将被测量转换为位移量，再由其他形式的感知元件如电容、电感或电涡流等将位移转换为电信号输出。因此往往将这类机械式传感器称为一次转换元件。

　　转换型传感器：是一种直接由被测对象提供能量使其工作的传感器，如热电偶温度计、弹性压力计、红外测温计等。由于这种传感器和被测物体间存在能量传输交换，可能会导致被测物体的状态发生变化造成测量误差。

　　控制型传感器：是一种由外部供给辅助能量使其工作，并由被测量控制外部供给能量变化的传感器。这类传感器如电感测微仪、热电阻测温等；另一种是用外部信号激励被测对象，传感器用来测量相应的响应信号。测量信号主要反映了被测对象的特性或状态，如超声探伤等。

　　其他形式传感器：机械工程应用中还有一些用特殊传感器构成的测量系统，如红外、激光、辐射及声发射检测系统等。由于这些检测系统具有特殊性，特别适用于一些环境恶劣、高温、高压、高速、远距离的情况。

　　需要指出的是，在不同的情况下传感器可能是一个转换元件，也可能是一个一次转换元件和一个转换元件或一个装置。上面所述的压电式加速度传感器、弹簧振动系统是机械式一次转换部分，而压电元件则将力(加速度)转换为电荷量。

2.3.2　传感器的选择原则

传感器的选择是测量系统设计的重要环节，合理选择传感器需从以下几个方面考虑。

(1) 灵敏度：通常情况下是灵敏度越高越好，这样被测量即使只有微小的变化，传感器也能够有较大的输出。但当灵敏度高时干扰信号也更容易混入且会被放大系统放大。这时在选择传感器时就必须考虑既要保证较高的灵敏度，本身又要噪声小且不易受外界的干扰，即要求传感器具有较高的信噪比。传感器的灵敏度和其测量范围密切相关。在测量时，除非有精确的非线性校正方法，否则输入量不应进入传感器的非线性区，更不能进入其饱和区。而在实际的测量中，输入量不仅包括被测信号，还包括了干扰信号，因此如果灵敏度选择过高的话，势必就会影响传感器的测量范围。

(2) 响应特性：传感器的响应特性应在所测量频率范围内，尽可能地满足不失真测量条件。实际的传感器总会有一定的时间延迟，一般希望延迟越小越好。此外，传感器的响应特性对测量结果将有直接的影响，所以应充分根据传感器的响应特性和被测信号的类型(如稳态瞬态或随机信号等)来合理选择传感器。

(3) 线性测量范围：传感器线性范围越宽则表明其测量范围越大，而传感器工作在线性范围内是保证精确测量的基本条件。然而，任何传感器均不能保证绝对的线性，在某些情况下，在允许的误差范围内，它也可以在其近似线性区域内进行工作。所以在选择传感器时，还应考虑被测信号的变化范围以使它的非线性误差在允许范围之内。

(4) 稳定性：长时间的使用之后，传感器保持其原有输出特性不变化的性能。影响传感器稳定性的主要因素是应用环境和时间。所以，为保证稳定性，在选择传感器时，应首先考察它的应用环境，从而选择出合适的传感器。此外，在机械工程中，有些情况下要求传感器能够长时间而不需要经常更换或校准，选择时就首先要考虑传感器的稳定性。

(5) 精确度：反映传感器的输出与被测信号的对应程度。传感器由于处于测量系统的输入端，所以它的精确度对测量系统具有直接的影响。然而，传感器的精确度越高，其价格也就越高，考虑测量系统的性能价格比，应该具体情况具体分析，从测量的目的出发进行选择。当进行定性测量或相对比较性的研究而无需要求测量的绝对量值时，对传感器的精确度要求可以适当降低。当对信号进行定量分析时就要求传感器有足够高的精确度。

(6) 测量方式：按照从传感器获得测量参数结果方法的不同，通常分为接触式测量与非接触式测量、在线测量与非在线测量等。传感器测量方式不同，对传感器的要求也不同，所以选择时应该充分加以考虑。

选用传感器时，除了以上应充分考虑的因素以外，还应当兼顾结构简单、体积小、重量轻、性能价格比高、易于维修和更换等条件。

2.3.3　常见振动信号测试传感器

振动和噪声是机械工程领域中常见的物理量。设备和机构一旦处于工作状态，便伴随着振动和噪声。一般来说，振动和噪声测量主要包括振动位移、振动速度、振动加速度和声压测量。机械振动位移、速度和加速度之间由于存在着固定导数关系，原则上讲只要测量一个物理量就可通过数学方法和电路处理得到其他的物理量。由于机械量不同、测量方式不同等原因，实际测量中位移传感器、速度传感器和加速度传感器都是常用的测量传感器。下面对几种常见的机械量传感器分别进行介绍。

1. 位移传感器

在以上的惯性式测振仪中，如果以被测物体位移的绝对振幅$|x_s|_{max}$为输入，以质量块相对外壳的振动位移$|y|_{max}$为输出，可写出惯性测振仪的幅频特性：

$$|H(j\omega)| = \frac{|x_s|_{max}}{|y|_{max}} = \frac{(\omega/\omega_n)^2}{\sqrt{\left[1-(\omega/\omega_n)^2\right]^2 + (2\xi\omega/\omega_n)^2}} \tag{2-1}$$

当$\omega/\omega_n \gg 1$时，$|H(j\omega)| \approx 1$输出y近似等于a。此时惯性式测振仪可作为位移计使用。以上表明当$\omega \to \infty$时，质量块相对于外壳的位移近似与被测物体的振动位移相等。采用位移监测计将质量块相对于外壳的位移转换为电信号，就可测量到被测物体的绝对振动位移。另外当$\omega \to \infty$时，质量块相对于外壳的运动方向与被测物体的绝对振动方向相反，因此这种情况下质量实际在绝对坐标系中静止不动。

位移计利用了测量系统的惯性区。一般当$\xi=0.6\sim0.7$，$\omega/\omega_n>2.5$时，$y/a \to 1$。所以适当选择阻尼就能扩大频率使用范围。另外，为使仪器的频率使用范围扩大，应要求仪器本身的固有频率ω_n。如测量大型汽轮机组的百分表位移计，其固有频率约有10Hz，频率使用范围为25~70Hz。

位移计的缺点是仪器本身的体积大而重。若用于测量体积本身不大的物体，由于附加质量将影响测振的结果，测量范围也不大。仪器指针和被测物体之间有相角差，相角差是ω/ω_n的非线性函数。如果要测量一个由若干个简谐函数叠加而成的非简谐周期振动时，会产生波形畸变。这就要注意系统阻尼的选择。只有当系统的阻尼$\xi=0.7$时，ω/ω_n为0~1范围内与相角呈线性关系可以消除。当$\omega/\omega_n \gg 1$时无法消除信号畸变。

2. 速度传感器

速度传感器是以测量机械振动速度为目的的接触式测量传感器。常用的速度传感器是具有弹簧-质量的磁电式传感器。测量信号是被测物体相对于大地或惯性坐标系的绝对振动，又称惯性式速度传感器(地震式传感器)。输出电压和物体振动的速度成正比。图2-3所示为速度传感器的结构。

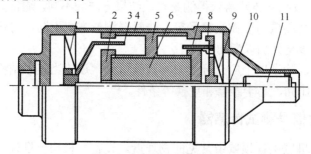

图2-3　速度传感器的结构

1-弹簧片；2-磁靴；3-阻尼环；4-外壳；5-铝梁；6-磁钢；7-线圈；8-线圈架；9-弹簧片；10-导线；11-接线座

速度传感器的原理与惯性式测振仪完全一样。当以被测物体速度的绝对振幅 $|x_s|_{max}$ 为输入，以质量块相对外壳的振动位移 $|x_s|_{max}$ 为输出时，可写出惯性测振仪的幅频特性：

$$|H(j\omega)| = \frac{|x_s'|_{max}}{|y'|_{max}} = \frac{(\omega/\omega_n)^2}{\sqrt{\left[1-(\omega/\omega_n)^2\right]^2 + (2\xi\omega/\omega_n)^2}} \tag{2-2}$$

当 $\omega/\omega_n \gg 1$ 时，$|H(j\omega)| \approx 1$ 输出 y' 近似等于 $a\omega$。此时惯性式测振仪就是速度传感器工作方式。以上表明当 $\omega \to \infty$ 时，质量块相对于外壳的速度近似与被测物体的振动速度相等。由于质量块相对于外壳的运动方向与被测物体的绝对振动方向相反，因此这种情况下质量实际在绝对坐标系中也是静止不动的。因此，速度传感器也利用了质量弹簧系统的惯性区工作。为使传感器的频率使用范围扩大，要求系统本身的固有频率 ω_n 低。由于感应出的电动势与线圈的运动速度成正比，所以速度传感器的实质是由惯性系统将被测物体的运动转换为质量块和整体的相对运动，然后再用磁电原理将速度变为电信号输出。

速度传感器灵敏度高、不需要电源、使用简便、电压输出信号强、电气性稳定、抗干扰性好。速度传感器的缺点是输出阻抗高，测量时动态范围有限、体积大、重量大、弹簧片易损坏。

3. 加速度传感器

加速度传感器用于测量物体的振动加速度。常用的压电式加速度传感器具有体积小、重量小、灵敏度高、频率范围宽的特点。图 2-4 所示为压电式加速度传感器的结构。

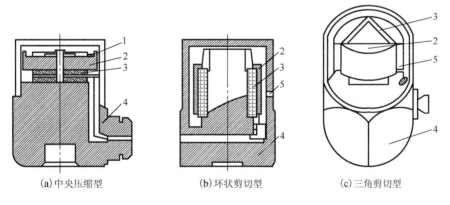

(a)中央压缩型　　　　　　(b)环状剪切型　　　　　　(c)三角剪切型

图 2-4　压电式加速度传感器的结构

1-弹簧；2-质量块；3-压电晶体；4-基座；5-预紧力环

加速度传感器的工作原理与惯性测振仪一样，是惯性式测振仪的一个特例。当以被测物体的绝对加速度幅值作为输入，以质量块相对于外壳的振动位移作为输出，可写出惯性测振仪的幅频特性如下：

$$|H(j\omega)| = \frac{|y|_{max}}{|x_s''|_{max}} = \frac{1/\omega_n^2}{\sqrt{\left[1-(\omega/\omega_n)^2\right]^2 + (2\xi\omega/\omega_n)^2}} \tag{2-3}$$

当运动物体的振幅为 a，则其加速度幅值为 $x_s'' = a\omega_2$。当 $\omega \ll y\omega_n^2$ 时，则 $r \ll 1$。这时输出 $|y| = \dfrac{a\omega_2}{\omega_n^2} = \dfrac{x_s''}{\omega_n^2}$，即质量块相对于外壳的振动位移与被测物体的振动加速度成正比。为了提高测振的频响范围，要求 ω_n 尽量高一些。另外，测振仪阻尼的合理选择也很重要，阻尼能扩大仪器的频率使用范围。当 $\xi = 0.65 \sim 0.7$ 时，$\omega / \omega_2 = 0 \sim 0.4$，频率范围 $\dfrac{|g|\omega_n^2}{x_s''} \approx 1$，其误差小于 0.1%。阻尼还影响仪器的性能，因为阻尼能使仪器在初始阶段自身的自由振动迅速减小。若阻尼过小，自由振动不能衰减将影响测量。

加速度计利用质量弹簧系统的线性区（静态区）工作。所以总希望传感器测量系统的固有频率尽可能高些。常用的压电晶体加速度传感器固有频率一般高达 10000Hz，同时具有体积小、使用频率范围宽、灵敏度高的特点。常用的压电晶体加速度传感器在质量块和基座之间加了压电晶体片，当弹簧质量系统受到振动时，质量块在惯性力的作用下产生电荷，与外力的大小成正比。在 $\omega / \omega_n \ll 1$ 时，即传感器固有频率远大于被测物体振动的频率时，质量块运动振幅与被测物体的加速度成正比。这样就可用于测量物体运动的振动加速度。

4. 噪声测量传感器

测量噪声的传感器是将噪声转换成电信号的传声器。常用的传声器有碳晶粒式麦克风、电容式和动圈式等几种。

简单普通的传声器是由碳晶粒构成的麦克风。它依靠轻微电阻的变化来测量声压。当声波传到颗粒表面时，碳颗粒密度发生变化导致电阻变化。这种声传声器的频响低、噪声大。

动圈式传声器的结构如图 2-5(a) 所示。一个轻质的振膜中部附有一个线圈，线圈放在永久磁场的气隙中。在声压的作用下，振膜和线圈移动并切割磁力线，产生电动势。电动势与线圈移动的速度成正比。尽管振膜质量很轻，机械恢复时间使其最高响应频率受到限制，一般最高约 7kHz。这种传感器的输出阻抗也比较低，幅频特性曲线不平坦，灵敏度低。

电容式的传声器的结构如图 2-5(b) 所示。振膜是一张拉紧的金属薄膜，其厚度在 2.5 $\sim$ 50μm。它在声压 p_i 的作用下发生变位，起着可变电容器的作用。可变电容器的定片是背极。背极上有若干个经过特殊设计的阻尼孔。振膜运动所造成的气流将通过这些小孔产生阻尼效应，以拟制振膜产生的共振振幅。在壳体上开有毛细孔，用来平衡振膜两侧的静压力，防止薄膜破裂。同时声压很难通过毛细孔作用于内腔，从而保证仅有振膜的外侧受到声压的作用。

电容式传声器的输出阻抗很高，需要使用前置放大器进行阻抗变换。然后进入测量放大器进行放大。电容式传声器的灵敏度高，动态范围较宽，频率特性平坦，是性能比较优良的传声器。电容式传声器在使用时往往需要在极板上加较高的直流极化电压。现在常用的传声器由于振膜采用特殊的材料制成，振膜自身提供了工作时必要的直流电压。

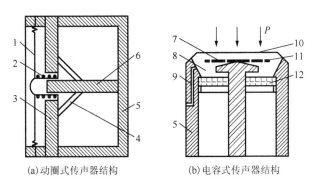

(a)动圈式传声器结构　　　　　　(b)电容式传声器结构

图 2-5　噪声测量传感器的结构

1-薄膜；2-线圈；3-磁铁；4-阻尼罩；5-壳体；6-磁铁；7-背极；8-内腔；9-毛细管；10-振膜；11-阻尼孔；12-绝缘体

习　　题

2.1　什么是确定性信号？什么是随机性信号？它们是如何分类的？

2.2　传感器一般由哪几部分组成？各组成部分的工作原理是什么？

2.3　传感器选择需要考虑哪些因素？为什么？

第3章 振动信号的处理

测量信号既可采用模拟式分析也可采用数字式分析。模拟式分析方法精度低、适应性差并且需要较多的硬件设备；数字式分析方法具有精度高、速度快、动态范围宽等优点，可以完成许多模拟式分析方法无法实现的运算和分析。近几十年来，随着数字信号处理理论的不断发展，以及专用信号处理芯片的不断开发和完善，信号的数字分析技术获得了广泛的应用，成为信号处理技术的主流。

目前振动信号处理方法主要是基于数字分析方法，它要求处理的信号是离散时间序列，尽管已经采用了一些数字式传感器，但大多数机械系统测量信号仍是连续的模拟信号，所以总需要有一个离散化，即模/数转换或采样的过程。这一过程把连续振动信号变为等间隔的离散时间序列。另外，计算机的处理过程不论如何快速，其容量和计算速度也是有限的，其处理的数据长度毕竟有限，被处理信号必然要经过截断，这样的处理必然要引入一些误差。因此，如何正确地对振动信号进行处理前的准备，即预处理是一个必须重视的问题。本章将介绍振动信号的一些基本预处理方法，如信号的放大、滤波、调制与解调、信号的数字化等。

3.1　信号的放大

在振动信号测量中，传感器或测量电路的输出信号电压是很微弱的，一般不能直接用于显示、记录或模/数转换，需要进行放大。对振动信号测量系统中使用放大器的要求有以下几点。

(1)频带宽，且能放大电流信号；

(2)精度高，线性度好；

(3)高输入阻抗，低输出阻抗；

(4)低漂移，低噪声；

(5)强的抗共模干扰的能力。

运算放大器是由集成电路组成的一种高增益的模拟电子器件，由于价格低廉、组合灵活而得到广泛应用。随着电子技术的发展，各种新型高精度的通用与专用放大器大量涌现，如测量放大器、可编程放大器及隔离放大器等。下面简要介绍几种不同性能的放大器。

3.1.1　运算放大器

图 3-1(a)所示为反相比例放大器，由 D 点输入放大器电流为零可得 $U_0 / e_a = -R_f / R_a$。若输入两路信号 e_a 和 e_b，则得到加法器 $U_0 = R_f (e_a / R_a + e_b / R_b)$。

图 3-1(b)所示为差动放大器或比较器。若 A 点接地，B 点输入 e_b，可组成同相输入

放大器 $U_0/e_a = 1 + R_f/R_b$。

图 3-1(c) 所示为积分放大器 $U_0 = -\dfrac{1}{RC}\displaystyle\int e\,dt$。

图 3-1(d) 所示为微分放大器 $U_0 = -RC\dfrac{de}{dt}$。

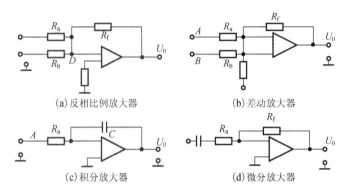

(a) 反相比例放大器　　　　　　　(b) 差动放大器

(c) 积分放大器　　　　　　　(d) 微分放大器

图 3-1　运算放大器

3.1.2　测量放大器

普通运算放大器对微弱信号的放大，仅适用于信号回路不受干扰的情况。实际测量中在传感器的传输线上经常产生较大的干扰信号(噪声)，有时是完全相同的干扰，称共模干扰。测量放大器具有高的线性度、高的共模抑制比与低噪声，它广泛用于传感器的信号放大，特别是微弱信号具有较大共模干扰的场合。

测量放大器的基本电路如图 3-2 所示，它是一种两级串联放大器。前级由两个对称结构的同相放大器组成，它允许输入信号直接加到输入端，从而具有高抑制共模干扰的能力和高输入阻抗。后级是差动放大器，它不仅切断共模干扰的传输，还将双端输入方式变化成单端方式输出，适应对地负载的需要。

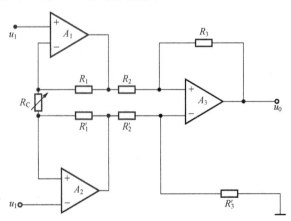

图 3-2　测量放大器的基本电路

3.1.3　电荷放大器

电荷放大器是供压电式传感器专用的一种前置放大器。它实际上是一个带电容深度负反馈的高增益运算放大器，能将压电式传感器的输出电荷转换成一定比例关系的低阻抗电压，并进行放大。其输入阻抗高达 $10^{10} \sim 10^{12} \Omega$，而输出阻抗小于 100Ω。

常用电荷放大器一般由电荷放大级，归一化电压放大级，低、高通滤波器，输出放大级，电平指示和稳压电源等部分组成。压电式传感器与电荷放大器连接的等效电路如图 3-3 所示。其中，q 为传感器电荷；C_a 为传感器固有电容；R_a 为传感器绝缘电阻；C_c 为连接电缆的等效电容；C_i 为放大器输入电容；R_i 为放大器输入电阻；C_f 为反馈电容；K 为运算放大器的开环增益。

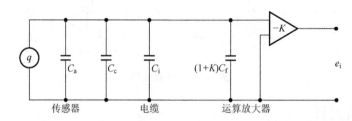

图 3-3　压电式传感器、电缆、运算放大器等效电路

由于传感器的绝缘电阻 R_a、电荷放大器的输入电阻 R_i 极高，所以可认为电荷 q 没有在 R_a 和 R_i 上产生泄漏。根据"虚地"的概念，反馈电容 C_f 折算到放大器输入端的有效电容 $(1+K)C_f$。由于放大器的输入电容 C_i、折算反馈电容 $(1+K)C_f$、传感器的固有电容 C_a 和电缆电容 C_c 并联。因此，压电元件产生的电荷 q 不仅对反馈电容充电，同时也对其他所有电容充电。放大器输入端的电压 e_i 为

$$e_i = \frac{q}{C_a + C_c + C_i + (1+K)C_f} \tag{3-1}$$

放大器输出端的电压为

$$e_y = -Ke_i = \frac{Kq}{C_a + C_c + C_i + (1+K)C_f} \tag{3-2}$$

如果放大器的开环增益足够高，满足：

$$(1+K)C_f \gg C_a + C_c + C_i \tag{3-3}$$

则电缆电容 C_c 压电传感器的固有电容 C_a 和放大器的输入电容 C_i 可略去不计，此时放大器的输出电压为

$$e_y \approx -\frac{q}{C_f} \tag{3-4}$$

式 (3-4) 表明，在一定条件下，电荷放大器的输出电压与传感器的电荷量成正比，并且与电缆、分布电容无关，这是电荷放大器的一个突出优点。因此采用电荷放大器时，允许使用很长的电缆，即使电缆长达数百米，灵敏度也无明显的变化。这就扩大了压电式传感器在现场使用的范围。当然，电缆也不能无限长。为了使电缆的分布电容 C_c 保持

在可忽略的范围内，一般取 $KC_f > 10 \times (C_a + C_c + C_f)$，对于长电缆可取 $KC_f > 10 \times C_c$。式(3-4)还表明，改变 C_f 即可改变灵敏度。它的作用是将传感器输出的电荷 q 转换成电压，并有低的输出阻抗。电路中反馈电容 C_f，采用分挡切换的方式，以得到不同的输出灵敏度。反馈电阻 R_f 则是为了稳定直流工作点及保持反馈电路的时间常数不变，使电路的下限工作频率不因换挡而发生变化。当运算放大器开环输入阻抗很高时，其下限截止频率为

$$f_1 = \frac{1}{2\pi C_f R_f} \tag{3-5}$$

为保持 f_1 不变，设计电路时通常选择 $C_f R_f$ 为常数。例如，当 $C_{f1} = 100\text{pF}$，$R_{f1} = 10^{10}$ 时，$f_1 = 0.16\text{Hz}$。切换后 $C_{f2} = 1000\text{pF}$，则选用 $R_{f2} = 10^9\Omega$，仍有 $f_1 = 0.16\text{Hz}$。

当电荷放大器发生过载时，由复位开关通过继电器接通阻值很小的 R_f（1 kΩ 左右），可使仪器迅速复位。

3.2　信号的滤波

在对测得的振动信号进行分析和处理时，经常会遇到有用信号叠加上无用噪声的问题，这些噪声有些是与信号同时产生的，有些是在信号传输时混入的，噪声有时会大于有用信号从而湮没有用信号。所以，从原始信号中消除或减弱干扰噪声就成为信号处理中的一个重要问题。

根据有用信号的不同特性，消除或减弱干扰噪声，提取有用信号的过程称为滤波，而把实现滤波功能的系统称为滤波器。经典滤波器是一种具有选频特性的电路，当噪声和有用信号处于不同的频带时，噪声通过滤波器将被极大地减弱或消除，而有用信号得以保留。但是当噪声和有用信号频率混叠时，经典滤波器就无法实现上述功能。实际的需要刺激了另一类滤波器的发展，即从统计的概念出发，对所提取的信号从时域里进行估计，在统计指标最优的意义下，用估计值最优去逼近有用信号，噪声也在统计最优的意义下得以减弱或消除。这两类滤波器在许多领域都有广泛的应用，本节仅介绍前者。

根据滤波器幅频特性的通带和阻带的范围，可以将其划分为低通、高通、带通、带阻和全通等类型。根据最佳逼近特性标准分类可以分为巴特沃斯(Butterworth)滤波器、切比雪夫(Chebykshev)滤波器、贝塞尔(Bessel)滤波器等类型。根据滤波器处理信号的性质，又可以分为模拟滤波器和数字滤波器。模拟滤波器用于处理模拟信号(连续时间信号)，数字滤波器用于处理离散时间信号。

3.2.1　理想模拟滤波器

理想模拟滤波器是一个理想化的模型，在物理上不可实现，但是对它的讨论可以有助于进一步了解实际滤波器的传输特性，这是因为从理想滤波器得出的概念对实际滤波器都有普通意义，而且，也可以利用一些方法来改善实际滤波器的特性，从而达到逼近理想滤波器的目的。理想模拟滤波器的幅频特性曲线如图3-4所示。

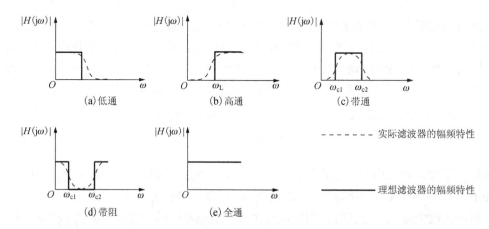

图 3-4　理想模拟滤波器的幅频特性曲线

在图 3-4 中，理想低通滤波器能使低于某一频率 ω_c 的信号的各频率分量以同样的放大倍数通过，使高于 ω_c 的频率成分减小为零。通常把 ω_c 称为滤波器的截止频率，$\omega < \omega_c$ 的频率范围称为低通滤波器的通带，$\omega > \omega_c$ 的频率范围称为低通滤波器的阻带。高通滤波器和低通滤波器正好相反，它的通带为 $\omega > \omega_c$ 的频率范围，阻带为 $\omega < \omega_c$ 的频率范围。带通滤波器的通带在 ω_{c1} 和 ω_{c2} 之间，带阻滤波器的阻带在 ω_{c1} 和 ω_{c2} 之间。对于全通滤波器而言，它可以使各频率成分的信号以同样的放大倍数通过。

理想低通滤波器是一种最常见的滤波器，具有矩形幅频特性和线性相位特性。由于理想高通、带通和带阻均可以由理想低温串并联得到，所以下面可通过理想低通滤波器的单位冲击响应来研究其时域特性。

理想低温滤波器具有矩形幅频特性和线性相位特性，可表示为

$$\begin{cases} A(\omega) = 1, & |\omega| < \omega_c \\ \varphi(\omega) = -t_0 \omega, & |\omega| > \omega_c \end{cases} \tag{3-6}$$

其图形如图 3-5 所示。

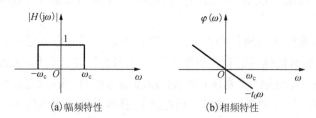

图 3-5　模拟滤波器特性

求 $H(\omega) = A(\omega) e^{j\varphi(\omega)}$ 的傅里叶逆变换，可以得到理想低通滤波器的单位冲击响应为

$$h(t) = \frac{\omega_c}{\pi} \frac{\sin[\omega_c(t - t_0)]}{\omega_c(t - t_0)} = \frac{\omega_c}{\pi} \mathrm{sinc}x\left[\omega_c(t - t_0)\right] \tag{3-7}$$

式 (3-7) 表明，理想低通滤波器的单位冲击响应，是一个延时了 t_0 的抽样函数 $\mathrm{sinc}x\,[\omega_c(t - t_0)]$，其波形如图 3-6 所示。由于冲击响应在激励出现之前 $t < 0$ 就已经出现，因此理想低通滤波器是一个非因果系统，它在物理上是不可实现的。

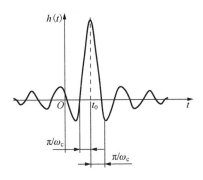

图 3-6　理想滤波器的冲击响应

当理想低通的截止频率 ω_c 越小，它的输出 $h(t)$ 与输入冲击信号 $\delta(t)$ 相比，失真越大。而当理想低通的截止频率 ω_c 增大时，冲击响应 $h(t)$ 在 $t=t_0$ 处两边的第一零点 $t_0\pm\pi/\omega_\mathrm{c}$ 逐渐靠近于点 t_0，并且有当 $\omega_\mathrm{c}\to\infty$ 时 $h(t)\to\delta(t)$。从频谱上看，输入信号 $\delta(t)$ 频谱的频带宽度为无限的，而理想低通滤波器的带宽是有限的，所以必然产生失真。

3.2.2　实际模拟滤波器及其基本参数

由前面的论述可知，理想的滤波器是物理不可实现的系统，工程上用的滤波器都不是理想滤波器。但是按照一定规则构成的实际滤波器，如巴特沃斯滤波器、切比雪夫滤波器和椭圆滤波器等，其幅频特性可以逼近于理想滤波器的幅频特性。图 3-7 分别给出了这三类低通滤波器的幅频特性。它们的幅频特性分别具有通带变化平坦、通带等起伏变化及阻带和通带均等起伏变化的特性。

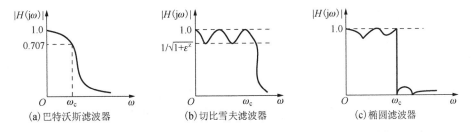

图 3-7　常用三种低通滤波器的幅频特性

对于理想滤波器，只需规定截止频率就可以说明它的性能，也就是说只需根据截止频率就可以选择理想滤波器，因为在截止频率内其幅频特性为一个常数，而在截止频率之外则为零。对于实际的模拟滤波器，其特性曲线没有明显的转折点，通带中也不是常数，实际带通模拟滤波器的基本参数如图 3-8 所示。所以，就需要更多的特性参数来描述和选择实际滤波器，这些参数除截止频率外还主要有波纹幅度、带宽、品质因数和倍频程选择性等。

1.　波纹幅度 d

在一定的频率范围内，实际滤波器的幅频特性可能会出现波纹状变化，其波动幅度 d

与幅频特性平均值 A 的比值越小越好，一般情况下应远小于-3dB，也就是说，要有 $20\lg(d/A) \ll -3\text{dB}$，即 $d \ll A/\sqrt{2}$。

2. 截止频率

幅频特性值等于 $A/\sqrt{2}$ 所对应的频率称为滤波器的截止频率，如图 3-8 所示的 f_{c1} 和 f_{c2}。若以信号幅值的二次方表示信号功率，则该点正好是半功率点。

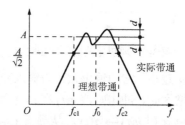

图 3-8　实际带通模拟滤波器的基本参数

3. 带宽 B

上下截止频率之间的频率范围称为滤波器带宽，或-3dB 带宽，单位为 Hz。带宽决定着滤波器分离信号中相邻频率成分的能力，即频率分辨率。

4. 品质因数 Q

在电工中常用 Q 代表振荡回路的品质因数。在二阶振荡环节中，品质因数相当于谐振点的幅值增益系数，即 $Q=1/2\varepsilon$（ε 为阻尼比）。对于带通滤波器，通常把中心频率 f_0 和带宽 B 之比称为滤波器的品质因数。

5. 倍频程选择性

在两截止频率的外侧，实际滤波器有一个过渡带，这个过渡带的幅频特性曲线倾斜程度反映了幅频特性衰减的快慢，它决定着滤波器对带宽外频率成分衰减的能力，通常用倍频程选择性表征。倍频程选择性，就是上截止频率 f_{c2} 和 $2f_{c2}$ 之间，或者是下截止频率 f_{c1} 和 $f_{c1}/2$ 之间幅频特性的衰减值，即频率变化一个倍频程时的衰减量，以 dB 表示。衰减越快，滤波器选择性越好。而对于远离截止频率的衰减性可以用 10 倍频程衰减数来表示。

滤波器选择性的另一种表示方法，是用滤波器幅频特性-60dB 带宽与-3dB 带宽的比值 λ 来表示，即

$$\lambda = \frac{B_{-60\text{dB}}}{B_{-3\text{dB}}} \tag{3-8}$$

理想滤波器的 $\lambda=1$，通常所用滤波器的 $\lambda=1\sim5$。而对有些滤波器，因元器件的影响，阻带衰减倍数达不到-60dB，则以标明的衰减倍数（如-40dB 或-30dB）带宽与-3dB 带宽的比值来表示其选择性。

3.3 信号的调制与解调

调制是工程测试信号在传输过程中常用的一种调理方法，主要是为了解决微弱缓变信号的放大以及信号的传输问题。例如，被测物理量（如温度、位移、力等）参数，经过传感器交换以后，多为低频缓变的微弱信号，对这样一类信号，直接送入直流放大器或交流放大器放大会遇到困难，这是因为采用级间直接锅合式的直流放大器放大，将会受到零点漂移的影响，当漂移信号大小接近或超过被测信号时，经过逐级放大后，被测信号会被零点漂移湮没。为了很好地解决缓变信号的放大问题，信号处理技术中采用了一种对信号进行调制的方法，即先将微弱的缓变信号加载到高频交流信号中去，然后利用交流放大器进行放大，最后再从放大器的输出信号中取出放大了的缓变信号。上述信号传输中的变换过程称为调制与解调，如图 3-9 所示。在信号分析中，信号的截断、窗函数加权等，也是一种振幅调制；在声音信号测量中，由于回声效应所引起的声音信号叠加、乘积、卷积，其中声音信号的乘积就属于调幅现象。

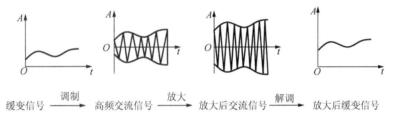

缓变信号 $\xrightarrow{\text{调制}}$ 高频交流信号 $\xrightarrow{\text{放大}}$ 放大后交流信号 $\xrightarrow{\text{解调}}$ 放大后缓变信号

图 3-9　信号的调制与解调

信号调制的类型，一般可分为幅度调制、频率调制、相位调制三种，简称为调幅（AM）、调频（FM）、调相（PM）。

3.3.1　幅度调制

调幅是将一个高频正弦信号（或称为载波）与测试信号相乘，使载波信号幅值随测试信号的变化而变化。现以频率为 f_z 的余弦信号 $z(t)$ 作为载波进行讨论。

由傅里叶变换的性质知，在时域中两个信号相乘，则对应于在频域中这两个信号进行卷积，即

$$x(t) \cdot z(t) \leftrightarrow X(f) * Z(f) \tag{3-9}$$

余弦函数的频谱是一对脉冲谱线，即

$$z(t) = \cos(2\pi f_z t) \leftrightarrow \frac{1}{2}\delta(f - f_z) + \frac{1}{2}\delta(f + f_z) \tag{3-10}$$

一个函数与单位脉冲函数卷积的结果，就是将其图形由坐标原点平移至该脉冲函数处。所以，若以高频余弦信号作载波，把信号 $x(t)$ 和载波信号 $z(t)$ 相乘，其结果就相当于把原信号频谱图形由原点平移至载波频率处，其幅值减半，如图 3-10 所示，所以调幅过程就相当于频率"搬移"过程。

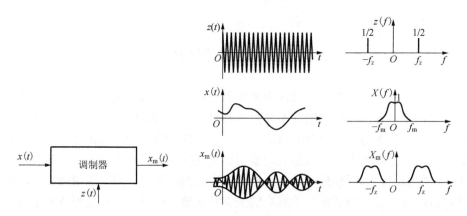

图 3-10 信号调幅过程的图解

$$X_{\mathrm{m}}(f)=\frac{1}{2}X(f)*\delta(f+f_{\mathrm{z}})+\frac{1}{2}X(f)*\delta(f-f_{\mathrm{z}}) \tag{3-11}$$

若把调幅波 $x_{\mathrm{m}}(t)$ 再次与载波 $z(t)$ 信号相乘，则频率图形格再一次进行"搬移"，即 $x_{\mathrm{m}}(t)$ 与 $z(t)$ 相乘积的傅里叶变换为

$$F\left[x_{\mathrm{m}}(t)z(t)\right]=\frac{1}{2}X(f)+\frac{1}{4}X(f)*\delta(f+2f_{\mathrm{z}})+\frac{1}{4}X(f)*\delta(f-2f_{\mathrm{z}}) \tag{3-12}$$

这一结果如图 3-11 所示。若用一个低通滤波器滤除中心频率为 $2f_{\mathrm{z}}$ 的高频成分，那么将可以复现原信号的频谱(只是其幅值减小了一半，这可用放大处理来补偿)，这一过程称为同步解调。"同步"是指解调时所乘的信号与调制时的载波信号具有相同的频率和相位。

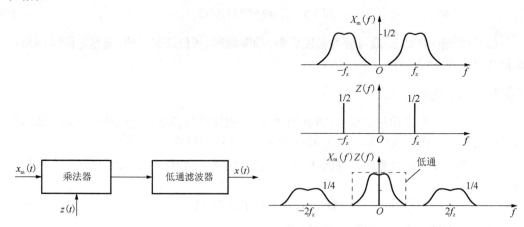

图 3-11 信号解调过程的图解

上述的调制方法，是将调制信号 $x(t)$ 直接与载波信号 $z(t)$ 相乘。这种调幅波具有极性变化，即在信号过零线时，其幅值发生由正到负(或由负到正)的突然变化，此时调幅波的相位(相对于载波)也相应地发生 $180°$ 的相位变化。此种调制方法称为抑制调幅。抑制调幅波须采用同步解调或相敏检波解调的方法，方能反映出原信号的幅值和极性。

若把调制信号 $z(t)$ 进行偏置，叠加一个直流分量 A，使偏置后的信号都具有正电压，此时调幅波表达式为

$$x_m(t) = [A + x(t)]\cos(2\pi f_z t) \tag{3-13}$$

这种调制方法称为非抑制调幅，或偏置调幅。其调幅波的包络线具有原信号形状，如图 3-12(a) 所示。对于非抑制调幅波，一般采用整流、滤波(或称包络法检波)以后，就可以恢复原信号。

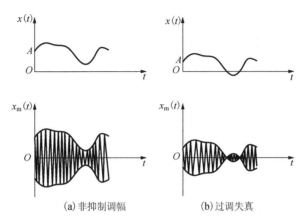

(a) 非抑制调幅　　　　　(b) 过调失真

图 3-12　非抑制调幅

1. 调幅波的波形失真

信号经过调制以后，有下列情况可能出现波形失真现象。

1) 失真

对于非抑制调幅，要求其直流偏置必须足够大，否则 $x(t)$ 的相位将发生 180° 倒相，如图 3-12(b) 所示，称为过调。此时，如果采用包络法检波，则检出的信号就会产生失真，而不能恢复出原信号。

2) 重叠失真

调幅波是由一对每边为 f_m 的双边带信号组成的。当载波频率 f_z 较低时，正频端的下边带将与负频端的下边带相重叠，这类似于采样频率较低时所发生的频率混叠效应(图 3-13)。因此，要求载波频率 f_z 必须大于调制信号 $x(t)$ 中的最高频率，即 $f_z > f_m$。实际应用中，往往选择载波频率至少数倍甚至数十倍于信号中的最高频率。

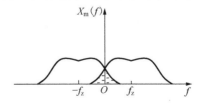

图 3-13　频率混叠效应

3) 调幅波通过系统时的失真

调幅波通过系统时，还将受到系统频率特性的影响。

2. 典型调幅波及其频谱

为了便于熟悉和了解调幅波的时、频域关系，图 3-14 列出了一些典型调幅波的波形的频谱。

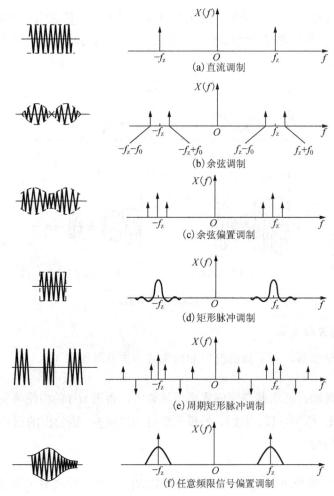

图 3-14　典型调幅波的波形及频谱

（1）直流调制。

$$\begin{cases} x_{\mathrm{m}}(t) = 1 \times \cos(2\pi f_{\mathrm{z}} t) \\ X_{\mathrm{m}}(f) = \dfrac{1}{2}\big[\delta(f + f_{\mathrm{z}}) + \delta(f - f_{\mathrm{z}})\big] \end{cases} \tag{3-14}$$

（2）余弦调制。

$$\begin{cases} x_{\mathrm{m}}(t) = \cos(2\pi f_0)\cos(2\pi f_{\mathrm{z}} t) \\ X_{\mathrm{m}}(f) = \dfrac{1}{4}\big[\delta(f + f_{\mathrm{z}} + f_0) + \delta(f + f_{\mathrm{z}} - f_0)\big] + \delta(f - f_{\mathrm{z}} - f_0) + \delta(f - f_{\mathrm{z}} + f_0) \end{cases} \tag{3-15}$$

（3）余弦偏置调制。

$$
\begin{cases}
x_{m}(t) = \left[\cos\left(2\pi f_0\right)+1\right]\cos\left(2\pi f_z t\right) \\
X_{m}(f) = \dfrac{1}{2}\left[\delta\left(f+f_z\right)+\delta\left(f-f_z\right)\right]+\dfrac{1}{4}\left[\delta\left(f+f_z+f_0\right)+\delta\left(f+f_z-f_0\right)\right] \\
\qquad\quad + \delta\left(f-f_z-f_0\right)+\delta\left(f-f_z+f_0\right)
\end{cases}
\tag{3-16}
$$

（4）矩形脉冲调制。

$$
x_{m}(t) = x(t)\cos\left(2\pi f_z t\right)
\tag{3-17}
$$

矩形脉冲的表达式为

$$
\begin{cases}
x(t) = \begin{cases} 1, & |t| \leqslant \tau/2 \\ 0, & \text{其他} \end{cases} \\
X_{m}(f) = \dfrac{\tau}{2}\left\{\operatorname{sinc}\left[\pi\left(f+f_z\right)\tau\right]+\operatorname{sinc}\left[\pi\left(f-f_z\right)\tau\right]\right\}
\end{cases}
\tag{3-18}
$$

（5）周期矩形脉冲调制。

$$
x_{m}(t) = x(t)\cos\left(2\pi f_z t\right)
\tag{3-19}
$$

周期矩形脉冲信号在一周期内的表达式及其傅里叶变换为

$$
x(t) = \begin{cases} 1, & |t| \leqslant \tau/2 \\ 0, & |t| > \tau/2 \end{cases}
\tag{3-20}
$$

$$
X(f) = 4\pi^2 \sum_{n=-\infty}^{\infty} \frac{A\tau}{T}\operatorname{sinc}(\pi n f_0 \tau)\delta(f-2f_0)
\tag{3-21}
$$

则

$$
\begin{aligned}
X_{m}(f) &= X(f) * Z(f) \\
&= 4\pi^2 \sum_{n=-\infty}^{\infty} \frac{A\tau}{T}\operatorname{sinc}(\pi n f_0 \tau)\delta(f-2f_0) * \frac{1}{2}\left[\delta\left(f+f_z\right)+\delta\left(f-f_z\right)\right] \\
&= 2\pi^2 \sum_{n=-\infty}^{\infty} \frac{A\tau}{T}\operatorname{sinc}(\pi n f_0 \tau)\delta\left(f-n f_0 - f_z\right)+\operatorname{sinc}(\pi n f_0 \tau)\delta\left(f-n f_0 + f_z\right)
\end{aligned}
\tag{3-22}
$$

（6）任意频率信号偏置调制。

$$
\begin{cases}
x_{m}(t) = \left[1+x(t)\right]\cos\left(2\pi f_z t\right) \\
X_{m}(f) = \dfrac{1}{2}\left[\delta\left(f+f_z\right)+\delta\left(f-f_z\right)\right]+\dfrac{1}{2}\left[X\left(f+f_z\right)+X\left(f-f_z\right)\right]
\end{cases}
\tag{3-23}
$$

3. 幅度调制在测试仪器中的应用

图 3-15 所示为动态电阻应变仪方框图。其中，贴于试件上的电阻应变片在外力 $x(t)$ 的作用下产生相应的电阻变化，并接于电桥。振荡器产生高频正弦信号 $z(t)$ ，作为电桥的工作电压。根据电桥的工作原理可知，它相当于一个乘法器，其输出就应是信号 $x(t)$ 与载波信号 $z(t)$ 的乘积，所以电桥的输出即为调制信号 $x_{m}(t)$ 。经过交流放大以后，为了得到力信号原来的波形，需要相敏检波，即同步解调。此时由振荡器供给相敏检波器的电压信号 $z(t)$ 与电桥工作电压同频、同相位。经过相敏检波和低通滤波以后，可以

得到与原来极性相同，但经过放大处理的信号 $\hat{x}(t)$。该信号可以推动仪表或接入后续仪器。

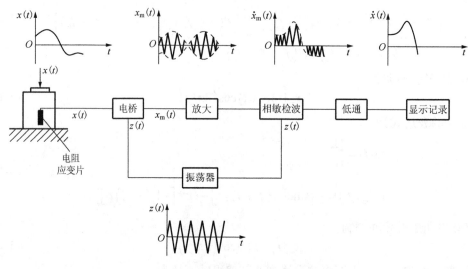

图 3-15　动态电阻应变仪方框图

3.3.2　频率调制

调频是利用信号 $x(t)$ 的幅值调制载波的频率，或者说，调频波是一种随信号 $x(t)$ 的电压幅值而变化的疏密度不同的等幅波，如图 3-16 所示。

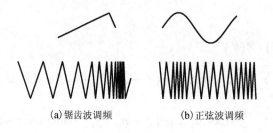

(a)锯齿波调频　　　　　　(b)正弦波调频

图 3-16　调频波

频率调制较之幅值调制的一个重要的优点是改善了信噪比。分析表明，在调幅情况下，若干扰噪声与载波同频，则有效的调幅波相对被干扰的功率比必须在 35dB 以上。但在调频的情况下，满足上述调幅的相同性能指标时，有效的调频波对干扰的功率比只要 6dB 即可。调频波之所以改善了信号传输过程中的信噪比，是因为调频信号所携带的信息包含在频率的变化之中，并非振幅之中，而干扰波的干扰作用则主要表现在振幅之中。这种由于干扰引起的振幅变化，往往可以通过限幅器而有效地消除掉。

调频方法也存在着严重的缺点：调频波通常要求很宽的频带，甚至为调幅所要求带宽的 20 倍，调频系统较之调幅系统复杂，因为频率调制是一种非线性调制，它不能运用叠加原理。因此，分析调频波要比分析调幅波困难，实际上，对调频波的分析是近似的。

　　频率调制是使载波频率对应于调制信号 $x(t)$ 的幅值的变化。由于信号 $x(t)$ 的幅值是一个随时间变化的函数，因此，调频波的频率就应是一个"随时间变化的频率"。这似乎不好理解，因为"频率"一词是指每秒钟周期数的度量。然而在力学上也有相同的概念，速度是指物体在每秒内的位移，但速度可以随时间连续地变化，并定义为位移 x 对时间 t 的导数。因而对于频率，与速度一样，可定义为相位对时间的导数，即

$$\omega = \frac{\mathrm{d}\varphi}{\mathrm{d}t} \tag{3-24}$$

式中，ω 为角速度，称为角频率（rad/s），或简称为频率，式（3-24）中的相位角是表达式

$$u(t) = A\cos(\varphi) \tag{3-25}$$

中的 φ，通常在单一频率时，

$$\varphi = \omega t + \theta \tag{3-26}$$

式中，θ 为初相位，是一常数。因此它的导数 $\mathrm{d}\varphi / \mathrm{d}t = \omega$，此即所谓角频率。频率调制就是利用瞬时频率 $\mathrm{d}\varphi / \mathrm{d}t$ 来表示信号的调制，即

$$\frac{\mathrm{d}\varphi}{\mathrm{d}t} = \omega_0 \left[1 + x(t) \right] \tag{3-27}$$

式中，ω_0 为载波中心频率；$x(t)$ 为调制信号 $\omega_0 x(t)$ 为载波被信号所调制的部分。式（3-27）表明，瞬时频率是载波中心频率 ω_0 与随信号 $x(t)$ 幅值而变化的频率 $\omega_0 x(t)$ 之和。对式（3-27）进行积分可得

$$\varphi = \omega_0 t + \omega_0 \int x(t)\mathrm{d}t \tag{3-28}$$

　　如果设定调制信号是单一余弦波，即

$$x(t) = A\cos(\omega t) \tag{3-29}$$

　　则调频波表达式为

$$
\begin{aligned}
g(t) &= G\sin\varphi = G\sin\left[\omega_0 t + \omega_0 \int x(t)\mathrm{d}t \right] \\
&= G\sin\left[\omega_0 t + \omega_0 \int A\cos(\omega t)\mathrm{d}t \right] \\
&= G\sin\left[\omega_0 t + \frac{A\omega_0}{\omega} \int \sin(\omega t)\mathrm{d}t \right] \\
&= G\sin\left[\omega_0 t + m_{\mathrm{f}}\sin(\omega t) \right]
\end{aligned}
\tag{3-30}
$$

式中，$m_{\mathrm{f}} = A\omega_0 / \omega$ 称为调频指数；$A\omega_0$ 为实际变化的频率幅度，称为最大频率偏移，或表示为 $\Delta\omega = A\omega_0$。为了研究调频波的频谱，将式（3-30）展开，此时，须要利用贝塞尔函数式：

$$\cos\left[m_{\mathrm{f}\sin(\omega t)} \right] = J_0(m_{\mathrm{f}}) + 2\sum_{n=1}^{\infty} J_{2n}(m_{\mathrm{f}})\cos(n\omega t) \tag{3-31}$$

$$\sin\left[m_{\mathrm{f}\sin(\omega t)} \right] = 2\sum_{n=1}^{\infty} J_{2n+1}(m_{\mathrm{f}})\sin\left[(2n+1)\omega t \right] \tag{3-32}$$

由简单的计算可得

$$
\begin{aligned}
g(t) = G\big\{ &J_0(m_\mathrm{f})\sin(\omega_0 t) + J_1(m_\mathrm{f})\sin[(\omega_0+\omega)t] \\
&- J_1(m_\mathrm{f})\sin[(\omega_0-\omega t)] + J_2(m_\mathrm{f})\sin[(\omega_0+2\omega)t] \\
&+ J_2(m_\mathrm{f})\sin[(\omega_0-2\omega)t] + J_2(m_\mathrm{f})\sin[(\omega_0+2\omega)t] \\
&+ (1)^n J_{n(m_\mathrm{f})}\sin[(\omega_0-n\omega)t] \big\}
\end{aligned}
\tag{3-33}
$$

式中，$J_n(m_\mathrm{f})$ 为 m_f 的 n 阶贝塞尔函数；m_f 为自变量；而下标 n 为整数。因为 $m_\mathrm{f} = A\omega_0/\omega$ 不仅依赖于最大频率偏移 $\Delta\omega = A\omega_0$，而且取决于调制信号频率本身。

根据式(3-33)求得调频波的频谱，如图 3-17 所示，并由此可得出如下结论。

(1)用单一频率 ω 表示时，调频波可用载频 ω_0 与许多对称的位于载频两侧的边频之和 $\omega_0 \pm n\omega$ 的形式来表示，邻近的边频彼此之间相差 ω。

(2)每一个频率分量的幅值等于 $GJ_n(m_\mathrm{f})$，当 n 为偶数时，高低对称边频有相同的符号；当 n 为奇数时，它们的符号相反。

(3)在理论上，边频数目无穷多。不过，由于从 $n = m_\mathrm{f}+1$ 开始，随 n 的增加，边频幅值很快衰减，实际上可以认为，有效边频数为 $2(m_\mathrm{f}+1)$。

图 3-17　调频波的频谱

3.4　信号的数字化方法

数字信号处理是一个非常复杂的工作，涉及系统分析、传感器及其特性、信号采样等内容。一般而言，数字信号处理的原理框图如图 3-18 所示。

图 3-18　数字信号处理原理框图

在用数字式分析仪或计算机分析处理连续测量的振动信号时，都需要对连续测量的动态信号经过数字化处理，转换成离散的数字序列。数字化的过程主要包括对模拟信号离散采样和幅值量化和编码。首先，采用传感器把预处理后的模拟信号已选定的采样间隔采样为离散序列，此时的信号变为时间离散而幅值连续的采样信号。然后，量化编码装置将每一个采样信号的幅值转换为数字码，最后把采样信号变为数字序列。

3.4.1　采样、混频和采样定理

采样是把连续信号离散化的过程。时域采样的过程如图 3-19 所示。其中，模拟信号为 $x(t)$，采样周期为 T 的采样冲击函数为 $p(t)$。

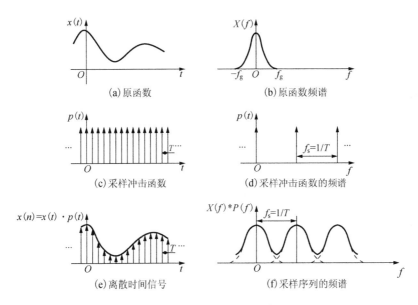

图 3-19　时域采样过程示意图

$x(t)$ 和 $p(t)$ 相乘可得离散时间信号 $x(n)$，故有

$$x(n) = \sum_{n=-\infty}^{+\infty} x(nT)\delta(t-nT) \tag{3-34}$$

式中，$x(nT)$ 为模拟信号在 $t=nT$ 时的值。设 $x(t)$ 的傅里叶变换为 $X(f)$，而冲击函数 $p(t)$ 的傅里叶变换 $P(f)$ 也是脉冲序列，脉冲间距为 $1/T$，表示为

$$P(f) = \frac{1}{T} \sum_{m=-\infty}^{+\infty} \delta\left(t-\frac{m}{T}\right) \tag{3-35}$$

根据频域卷积定理可知：两个时域函数的乘积的傅里叶变换等于两者傅里叶变换的卷积，则离散序列 $x(n)$ 的傅里叶变换 $X(\mathrm{e}^{\mathrm{j}2\pi f})$ 可以写为

$$X(\mathrm{e}^{\mathrm{j}2\pi f}) = \frac{1}{T} \sum_{m=-\infty}^{+\infty} X\left(f-\frac{m}{T}\right) \tag{3-36}$$

式 (3-36) 就是 $x(t)$ 经过时间间隔为 T 的采样之后所形成的采样信号的频谱。一般而言，此频谱和原连续信号的频谱 $X(f)$ 并不一定相同，但有联系。它是将原信号的频谱 $X(f)$ 依次平移 $1/T$ 至各采样脉冲对应的频域序列点上，然后全部叠加而成，如图 3-19 (f) 所示。由此可见，信号经时域采样之后成为离散信号，新信号的频域函数相应地变为周期函数，周期为 $f_s=1/T$。

如果采样的间隔太大，即采样频率太小，使得平移距离 $1/T$ 过小，那么移至各采样脉冲处的频谱 $X(f)$ 就会有一部分相互重叠，新合成的 $X(f)*P(f)$ 图形与原 $X(f)$ 不一致，这种现象称为混叠。发生混叠后，改变了原来频谱中的部分幅值（见图 3-19 (f) 中的虚线部分），这样就不可能从离散信号 $x(n)$ 准确恢复原来的时域信号 $x(t)$。

如果 $x(t)$ 是一个限带信号，即信号最高频率 f_c 为有限值，如图 3-19 (b) 所示，如果采样频率 $f_s > 2f_c$，那么采样后的频谱就不会发生混叠。若把该频谱通过一个中心频率为零，

带宽为 $\pm f_s / 2$ 的理想低通滤波器，就可以把原信号的频谱提取出来，也就是说有可能从离散序列中准确恢复原模拟信号 $x(t)$。

　　通过上面的论述可知，为了避免混叠以便采样处理后仍有可能准确反映其原信号，采样频率 f_s 必须大于处理信号中最高频率 f_c 的两倍。即有 $f_s > 2f_c$，这就是采样定理。在实际工作中，采样频率的选择往往留有余地，一般应选取处理信号中最高频率的 3～4 倍。另外，如果能够确定测量信号中的高频部分是由干扰噪声引起的，为了满足采样定理而不至于使采样频率过高，可以对被测信号先进行低通滤波处理。

3.4.2　量化和量化误差

　　模/数转换器的位数是一定的，只能表达有一定间隔的电平。当模拟信号采样点的电平落在两个相邻的电平之间时，就要舍入到相近的一个电平上，通常把这一过程称为量化。假设两个相邻电平之间的增量为 Δ，那么量化误差 ε 的最大值就为 $\pm\Delta / 2$。而且可以认为 ε 在 $(-\Delta / 2，+\Delta / 2)$ 区间内出现的概率相等，概率分布密度为 $1 / \Delta$，均值为零，则其均方值为

$$\sigma_\varepsilon^2 = \int_{-\frac{\Delta}{2}}^{\frac{\Delta}{2}} \varepsilon^2 \frac{1}{\Delta} d\varepsilon = \frac{\Delta^2}{12} \tag{3-37}$$

　　若设模/数转换器的位数为 N，采用二进制编码，转换器的转换范围为 $\pm V$，则可以表示出相邻电平之间的增量为

$$\Delta = \frac{V}{2^{N-1}} \tag{3-38}$$

　　由量化误差的讨论及式(3-38)可知，对于 N 位二进制的模/数转换模块，实际全量程内的相对量化误差为

$$\delta = \frac{V}{2^{N-1}} \times 100\% \tag{3-39}$$

　　量化误差是叠加在采样信号上的随机误差，但为了简化后续问题的讨论，暂且认为模/数转换器的位数为无限多，使得采样点所采集到的幅值就是原模拟信号上的幅值。

3.4.3　截断、泄漏和窗函数

　　信号的历程是无限的，而我们不可能对无限长的整个信号进行处理，所以要进行截断。截断就是在时域里将无限长的信号乘以有限宽的函数，这个函数就称为窗函数。最简单的窗函数是矩形窗，如图 3-20(a) 所示。

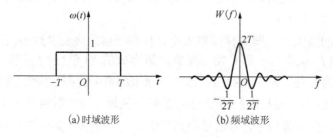

(a)时域波形　　　　　　　　(b)频域波形

图 3-20　矩形窗函数

矩形窗函数 $\omega(t)$ 及其幅频特性 $W(t)$ 分别为

$$\omega(t)=\begin{cases}1, & |t|<T\\ 0.5, & |t|=T\\ 0, & |t|>T\end{cases} \tag{3-40}$$

$$W(f)=2T\frac{\sin(2\pi fT)}{2\pi fT} \tag{3-41}$$

若原信号为 $x(t)$，其频谱函数为 $X(f)$，根据频域卷积定理可知，用矩形窗函数截断后的信号其频谱为 $X(f)$ 和 $W(f)$ 的卷积。由于 $W(f)$ 为一个频带无限的函数，所以即使 $x(t)$ 为限带信号，截断后的频谱必然为无限带宽的函数，说明信号的能量分布扩展广；而且由于截断后的信号是无限带宽信号，所以无论采样频率选择得多高，都不可避免地会产生混频，由此可见，信号截断必然导致一定的误差，这一现象称为泄漏。

如果增大截断长度，即把图 3-20(a) 中的 T 增大，则从图 3-20(b) 中可以看出 $W(f)$ 图形将被压缩变窄，虽然理论上其频谱范围仍为无穷宽，但中心频率以外的频率分量其衰减速度加快，因而泄漏误差将减少。而当 $T\to\infty$ 时，$W(f)$ 函数将变为 $\delta(f)$ 函数，$W(f)$ 与 $\delta(f)$ 的卷积仍然为 $W(f)$，这说明不截断就没有泄漏误差。另外，泄漏还和窗函数频谱的旁瓣有关。如果窗函数的旁瓣小，相应的泄漏也小。除了矩形窗外，振动信号测量中常用的窗函数还有三角窗和汉宁窗，如图 3-21 所示。

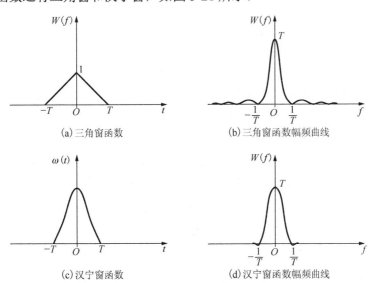

(a) 三角窗函数　　　　　　　　(b) 三角窗函数幅频曲线

(c) 汉宁窗函数　　　　　　　　(d) 汉宁窗函数幅频曲线

图 3-21　三角窗、汉宁窗及它们的幅频特性

三角窗函数 $\omega(t)$ 及其幅频特性 $W(f)$ 分别为

$$\omega(t)=\begin{cases}1-\dfrac{1}{T}|t|, & |t|<T\\ 0, & |t|\geqslant T\end{cases} \tag{3-42}$$

$$W(f)=T\left[\frac{\sin(\pi fT)}{\pi fT}\right]^{2} \tag{3-43}$$

汉宁窗函数 $\omega(t)$ 及其幅频特性 $W(f)$ 分别为

$$\omega(t) = \omega(t) = \begin{cases} \dfrac{1}{2} + \dfrac{1}{2}\cos\left(\dfrac{\pi t}{T}\right), & |t| < T \\ 0, & |t| \geqslant T \end{cases} \tag{3-44}$$

$$W(f) = \frac{1}{2}Q(f) + \frac{1}{4}\left[Q\left(f + \frac{\pi t}{T}\right) + Q\left(f - \frac{\pi t}{T}\right)\right] \tag{3-45}$$

式中，

$$Q(f) = \frac{\sin(2\pi f T)}{\pi f T} \tag{3-46}$$

上面所讨论两种窗函数的旁瓣，尤其是汉宁窗的旁瓣要比矩形窗小得多，从而对泄漏误差有较好的抑制作用。在实际的振动信号处理中，常用单边窗函数对信号进行截断，这等于把双边窗函数进行了时移，时域的时移对应着在频域作相移而幅值的绝对值并不改变，所以单边窗函数截断所产生泄漏误差的研究结论与上述相同。

3.4.4　选择模/数转换模块的基本技术指标

在测量系统中，将模拟信号转换为数字信号的单元称为模/数转换模块。市场上现有的模/数转换模块很多，在此，简单介绍一下它的基本技术指标，以便能够根据测量要求合理地进行选择。

1. 转换时间和最高采样频率

采样频率 f_s 选择过高将会使数据量增大并导致后续分析处理工作量的急剧增加。根据采样定理，采样频率 f_s 只要大于处理信号中最高频率 f_c 的两倍，就可以不丢失原信号中所合的信息。在实际工作中一般选取 $f_s = (3\sim4)f_c$，这样就可以确定采样间隔 $T = 1/f_s$。

对模/数转换模块来说，必须在采样间隔 T 内完成转换工作。模/数转换的工作要有一定的转换时间，这就限制了它能处理的最高信号频率。假如一个单通道的模/数转换器可以在10μs完成一次转换工作（转换字长 16bit），则它的最高采样频率为 100kHz，通常用它来对最高频率分量小于 30kHz 的一路信号进行16bit 采样。另外，转换速度还和转换字长有关，转换字长短则转换速度高，但量化误差就会增大。

2. 转换位数

在选择模/数转换器的位数时，要根据它的测量范围和要求的测量精度来确定转换位数。而实际应用的有些模/数转换器，其末位的数字并不可靠，需要舍弃，这样测量精度就会降低一半，这一点应该在选择转换位数时予以充分考虑。

模/数转换器输入电压的范围是由转换电路确定的，如果输入信号的电压范围与之不匹配，则需要经过运算放大电路作线性放大（衰减）或平移。另外还需要注意信号中含有噪声，不仅要估计有用信号的幅值，还要估计到可能的噪声幅值，务必要使整个的测量信号在经过运放电路后，其电压幅值处于模/数转换器的工作范围以内。

3. 采样通道数

模/数转换器的采样通道数是指同时能输入的模拟信号路数。在考察模/数转换器的采样通道数时，需要注意这样一个情况，即通道是同时并行输入的，还是顺序输入的。当同时并行输入时，它是由多路模/数转换电路并行地按同一时钟节拍工作，如果各路模/数转换电路的特性相同，则多路模/数转换器的最高采样频率和单通道的相同。

另一种可能是只有一路的模/数转换，它是通过逻辑电路进行控制的，顺序地对每一路信号进行转换并将转换数据送向相应的输出通道。这样每两路采样信号之间都会有一个时移。假设完成一次采样的时间为 T_s，则相邻两路采样信号之间的时移就是 T_s。这种时间差在后续的信号处理中应该予以重视。显然，这种工作方式的多路模/数转换器在多通道工作时所允许的最高采样频率要比单通道工作时要低。如一个 8 路顺序输入的模/数转换器，其采样时钟频率为 40kHz，如果 8 路均工作，则每路允许的最高采样频率为 5kHz；如果只有 2 路工作，则每路允许的最高采样频率为 20kHz；而如果只有 1 路工作则其允许的最高采样频率就是 40kHz。

习　　题

3.1　振动信号对测量系统中使用的放大器有什么要求？

3.2　信号的预处理包括哪些环节？

3.3　实际滤波器的选择应该考虑哪些参数？这些参数是如何影响滤波器选择的？

3.4　信号调制的类型有哪些？

3.5　什么是数字调制？如何进行分类？

3.6　什么叫调制？无线电通信为什么要进行调制？

3.7　若已知输入信号 $u_i(t) = 3(1 + 0.1\sin 2\pi \times 10^3 t) \cdot \sin 2\pi \times 10^6 t(\text{V})$，该信号处理电路如图题 3.7 所示。

(1) 求 $u_0(t)$ 和 $u_L(t)$；

(2) 当电容 C 的容值增大时，$u_0(t)$ 会出现何种失真？

(3) 该电路的功能是什么？

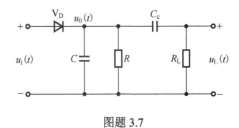

图题 3.7

3.8　某调幅波 $u(t)$ 的频谱如图题 3.8 所示。

(1) 该调幅波为何种调制的调幅波，写出其表达式 $u(t)$。

(2) 定性画出该调幅波的波形图。

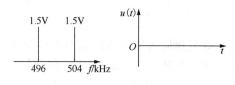

图题 3.8

3.9　已知某调制信号 $u(t) = 6\cos(2\pi \times 10^8 t - 3\cos 2\pi \times 10^4 t)(\text{V})$。

（1）若 $u(t)$ 为调频信号，问载波频率 f_c、调制频率 F、调频指数 M_f 和最大频偏 Δf_m 是多少？

（2）若将调制信号的频率增大一倍，作为调频信号时，其带宽 BW 是多少？而作为调相信号时，其带宽 BW 是多少？

第4章 线性信号分析算法

4.1 傅里叶变换

信号包含着信息，这种信息通常反映一个物理系统的状态和特征。一般实测的信号是一个时间历程波形，或者说是以时间为独立变量的时间函数。在每个科学技术领域里，为了提取信息，都必须对时域信号进行变换，使之从一种形式变换成更易于分析和识别的形式。在某种意义上这种新的信号形式比原始信号更符合提取信息的要求。

信号变换的理论根据是数学上的变换原理，本章介绍几种常用的数学变换，作为信号处理的数学基础。

4.1.1 傅里叶级数

1. 周期函数与三角函数

弹簧质量系统的简谐振动、内燃机活塞的往复运动等都是周而复始的运动，这种运动称为周期运动，它反映在数学上就是周期函数的概念。对于函数 $x(t)$，若存在着不为零的常数 T，对于时间 t 的任何值，都有

$$x(t+T)=x(t) \tag{4-1}$$

则称 $x(t)$ 为周期函数，而满足式(4-1)的最小正数 T 称为 $x(t)$ 的周期。

正弦函数是一种常见的描述简谐振动的周期函数，表达式为

$$x(t) = A\sin(\omega t + \varphi) \tag{4-2}$$

它是一个以 $2\pi/\omega$ 为周期的函数，式中，x 为动点的位置；t 为时间；A 为最大振幅；φ 为相角；ω 为角频率，$\omega=2\pi$。

除了正弦函数之外，还有更复杂的周期函数，它可以分解成若干个三角函数之和。也就是说，一个比较复杂的周期运动可以看作多个不同频率的简谐运动的叠加。

2. 周期函数的傅里叶级数展开

任何一个周期为 T 的周期函数 $x(t)$，如果在 $[-T/2, T/2]$ 上满足狄利克雷(Dirichlet)条件，即函数在 $[-T/2, T/2]$ 上满足：①连续或只有有限个第一类间断点；②只有有限个极值点。则该周期函数可以展开为如下的傅里叶级数，即

$$x(t) = \frac{a_0}{2} + \sum_{n=1}^{+\infty}\left[a_n\cos(n\omega t) + b_n\sin(n\omega t)\right] \tag{4-3}$$

式中，

$$\omega = \frac{2\pi}{T} \tag{4-4a}$$

$$\begin{cases} a_0 = \dfrac{2}{T}\displaystyle\int_{-T/2}^{T/2} x(t)\mathrm{d}t \\[2mm] a_n = \dfrac{2}{T}\displaystyle\int_{-T/2}^{T/2} x(t)\cos(n\omega t)\mathrm{d}t \end{cases} \tag{4-4b}$$

$$b_n = \frac{2}{T}\int_{-T/2}^{T/2} x(t)\sin(m\omega t)\mathrm{d}t \quad (n = 1,2,3,\cdots) \tag{4-4c}$$

4.1.2　傅里叶积分

傅里叶级数是对周期信号进行频谱分析的数学工具，当它以角频率 $n\omega$ $(n=1,2\cdots)$ 为横坐标，分别以振幅 A_n 和相角 φ_n 为纵坐标作图，形成幅频图和相频图，就可以对各次谐波分量加以研究。由于振幅和相角值仅在 $n\omega$ 点上存在，所以由傅里叶级数展开式所形成的是离散频谱。位于 $n\omega$ 点的纵坐标值表示第 n 次谐波的振幅或相角，该谐波的频率是基波领率 $\dfrac{1}{T}\left(\dfrac{1}{T}=\dfrac{\omega}{2\pi}\right)$ 的 n 整数倍，相邻谐波之的间隔为 ω。如图 4-1 所示的周期性矩形波，其宽度 r 保持不变，而周期 T 增加时，ω 必然缩小，离散谱线加密。

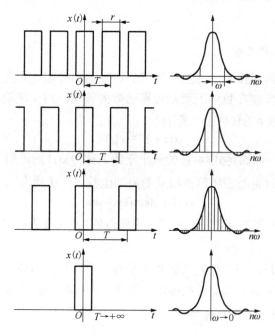

图 4-1　矩形波的谱图

如果 $T \to +\infty$，$\omega \to 0$，离散的频谱就变成了连续的频谱。那么如何对单个脉冲信号进行 T 频谱分析，如何将它作类似傅里叶级数的展开呢？根据上述分析可知，任何一个非周期函数 $x(t)$ 都可看成是由周期为 T 的函数当 $T \to +\infty$ 时转化而来的。

由傅里叶级数的复数形式可知：

$$x_T(t) = \sum_{n=-\infty}^{+\infty} c_n \mathrm{e}^{jn\omega t} \tag{4-5}$$

式中，

$$c_n = \frac{1}{T}\int_{-T/2}^{T/2} x(\tau)\mathrm{e}^{-jn\omega\tau}\mathrm{d}\tau \tag{4-6}$$

得

$$x_T(t) = \frac{1}{T}\sum_{n=-\infty}^{+\infty}\left[\int_{-T/2}^{T/2} x(\tau)\mathrm{e}^{-jn\omega\tau}\mathrm{d}\tau\right]\mathrm{e}^{-jn\omega\tau} \tag{4-7}$$

令 $T \to +\infty$ ，上式就可以看作 $x(t)$ 的展开式，即

$$x(t) = \lim_{T \to \infty}\frac{1}{T}\sum_{n=-\infty}^{+\infty}\left[\int_{-T/2}^{T/2} x(\tau)\mathrm{e}^{-jn\omega\tau}\mathrm{d}\tau\right]\mathrm{e}^{jn\omega\tau} \tag{4-8}$$

令 $\omega = n\omega$ ，$\Delta\omega = \omega_n - \omega_{n-1} = 2\pi/T$ ，在 $T \to +\infty$ ，$\Delta\omega \to 0$ 的条件下，从形式上考察上式：积分式 $\int_{-T/2}^{T/2} x_T(\tau)\mathrm{e}^{-jn\omega\tau}\mathrm{d}\tau$ 和积分上、下限分别变成$-\infty$ 和$+\infty$，$x_T(t)$ 变成 $x(t)$。离散的频率分布 $\{\omega_n\}$ 在整个 ω 轴上密布，变成连续的分布 $\{\omega_n\}$，和式又是无限地累加，因此可以把这一和式看作积分，即

$$x(t) = \frac{1}{2\pi}\int_{-\infty}^{+\infty}\left[\int_{-\infty}^{+\infty} x(\tau)\mathrm{e}^{-jn\omega\tau}\mathrm{d}\tau\right]\mathrm{e}^{j\omega_n t}\mathrm{d}t \tag{4-9}$$

这就是 $x(t)$ 的展开式，称为傅里叶积分公式。傅里叶积分存在的条件是函数 $x(t)$ 分段连续，且在区间上绝对可积。

4.1.3　离散傅里叶变换的性质

离散傅里叶变换(DFT)有许多有用的性质。这些性质许多起因于 DFT 表达式中隐含的周期性。

在讨论中，假定 $x(n)$ 与 $y(n)$ 都是长度为 N 的有限长序列，它们各自的 N 点 DFT 分别为 $X(k)$ 与 $Y(k)$。

1. 线性

$$\mathrm{DFT}\big[ax(n)+by(n)\big] = aX(k)+bY(k) \tag{4-10}$$

式中，a、b 为任意常数。

2. 循环移位

设有限长度的序列 $x(n)$ 如图 4-2(a)所示，$\tilde{x}(n)$ 是 $x(n)$ 的周期延拓，如图 4-2(b)所示，持 $\tilde{x}(n)$ 移位，得 $\tilde{x}(n+m)$（图中 $m=2$），如图 4-2(c)所示，再对移位后的序列 $\tilde{x}(n+m)$ 取主值序列，得

$$f(n) = x\big[(n+m)\big]_N R_N(n) \tag{4-11}$$

$f(n)$ 仍然是一长度为 N 的有限长序列，如图 4-2(d)所示。

从图 4-2 中可以看出，$x(n)$ 与循环移位序列已不相同，也就是说，$f(n)$ 并不对应于 $x(n)$ 的线性移位。可以看到，对 $x(n)$ 的循环移位，当一个样本从 0 到 $N-1$ 这个区间的某一个端点移出去时。它又从另一个端点处移了进来。

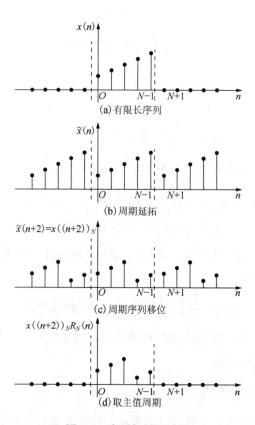

图 4-2　序列的循环移位

利用周期序列的移位特性：

$$\mathrm{DFT}\left[\tilde{x}(n+m)\right]=W\bar{N}^{nk}\tilde{X}(k) \tag{4-12}$$

和 $X(k)$ 与 $\tilde{X}(k)$ 的关系：

$$X(k)=\tilde{X}(k)R_N(k) \tag{4-13}$$

不难得到

$$F(k)=\mathrm{DFT}[f(n)]=W\bar{N}^{nk}X(k) \tag{4-14}$$

同样，对于频域有限长序列 $X(k)$ 也可进行循环移位，利用 $x(n)$ 与 $X(k)$ 的对偶特性不难证明：

$$\mathrm{IDFT}\left[X((k+l))_{NR_N(k)}\right]=W_N^{nl}x(n) \tag{4-15}$$

3. 循环卷积

有限长序列 $x(n)$、$y(n)$ 的 DFT 分别为 $X(k)$、$Y(k)$。

若 $F(k)=X(k)Y(k)$，则 $F(k)$ 的 IDFT 为

$$f(n)=\mathrm{IDFT}\left[F(k)\right]=\sum_{m=0}^{N-1}x(m)y((n-m))_N R_N(n) \tag{4-16}$$

或

$$f(n) = \text{IDFT}\big[F(k)\big] = \sum_{m=0}^{N-1} y(m) x\big((n-m)\big)_N R_N(n) \tag{4-17}$$

这个卷积可以看作周期序列 $\tilde{x}(n)$ 与 $\tilde{y}(n)$ 周期卷积后再取其主值序列，即

$$f(n) = \left[\sum_{m=0}^{N-1} \tilde{x}(m) \tilde{y}\big((n-m)\big)_N\right] R_N(n)$$

$$= \left[\sum_{m=0}^{N-1} x\big((m)\big)_N y\big((n-m)\big)_N\right] R_N(n)$$

因 $0 \le m \le N-1$，$x\big((m)\big)_N = x(m)$，因此

$$f(n) = \left[\sum_{m=0}^{N-1} x(m) y\big((n-m)\big)_N\right] R_N(n) \tag{4-18}$$

同样，也可以证明

$$f(n) = \left[\sum_{m=0}^{N-1} y(m) x\big((n-m)\big)_N\right] R_N(n) \tag{4-19}$$

以上两式卷积的物理意义可以这样来理解：把序列 $x(n)$ 分布在 N 等分的圆周上，而序列 $y(n)$ 经翻转后也分布在另一个具有 N 等分的同心圆的圆周上。两圆上对应的数两两相乘后求和得 $f(0)$。然后将一个圆相对于另一个圆旋转移位。依次在不同位置上相乘求和，就得到全部卷积序列。这个卷积过程便称作循环卷积，记作 $x(n) * y(n)$，以便与线性卷积 $x(n) * y(n)$ 相区别，或者记为 $x(n) y(n)$，其中 N 为循环卷积的点数。由此可见，循环卷积和周期卷积的过程是一样的，不同的是循环卷积仅取周期卷积的主值序列。式(4-7)所表示的结果表明用 DFT 可以实现两个序列的循环卷积，故也称作离散卷积定理，即两个时域序列 $x(n)$ 和 $y(n)$ 的循环卷积，等于各个 DFT 的乘积。

4. 共轭对称性

对于一长度为 N 的有限长序列 $x(n)$，其 DFT 为 $X(k)$。于是其复数共轭序列 $x^*(n)$ 的 DFT 为

$$\text{DFT}\big[x^*(n)\big] = X^*\big((-k)\big)_N R_N(k) \tag{4-20}$$

式(4-20)习惯写成

$$\text{DFT}\big[x^*(n)\big] = X^*(N-k), \quad 0 \le k \le N-1 \tag{4-21}$$

当 $k=0$ 时，$X^*(N-k) = X^*(N)$ 已超出主值范围区间，但用式(4-20)去理解式(4-21)，此时 $X^*(N) = X^*(0)$。

利用上述性质，不难得到复序列 $x(n)$ 实部的 DFT 和虚部的 DFT：

$$\text{DFT}\big[\text{Re}\{x(n)\}\big] = \text{DFT}\left[\frac{1}{2}\{x(n) + x^*(n)\}\right] = \frac{1}{2}\big[X(k) + X^*(N-k)\big] \tag{4-22}$$

称 $\frac{1}{2}[X(k) - X^*(n-k)]$ 为 $X(k)$ 的共轭对称分量，记作 $X_{\text{ep}}(k)$，即

$$X_{\text{ep}}(k) + X_{\text{op}}(k) = X(k) \tag{4-23}$$

现在再来讨论 $X_{\mathrm{ep}}(k)$ 和 $X_{\mathrm{op}}(k)$ 本身的一些对称性质。

由于

$$X_{\mathrm{ep}}(k) = \frac{1}{2}\Big[X(k) - X^*(N-k)\Big] \tag{4-24}$$

则

$$X_{\mathrm{ep}}^*(N-k) = \frac{1}{2}\Big[X(N-k) + X^*(N-N-k)\Big]^*$$
$$= \frac{1}{2}\Big[X^*(N-k) + X(k)\Big] \tag{4-25}$$

从而

$$X_{\mathrm{ep}}(k) = X_{\mathrm{ep}}^*(N-k), \quad 0 \leqslant k \leqslant N-1 \tag{4-26}$$

这表明 $X_{\mathrm{ep}}(k)$ 存在共轭对称特性，这就是将 $X_{\mathrm{ep}}(k)$ 称作 $X(k)$ 的共轭对称分量的原因。由式(4-26)又得到

$$\begin{cases} \big|X_{\mathrm{ep}}(k)\big| = \big|X_{\mathrm{ep}}(N-k)\big| \\ \arg\big[X_{\mathrm{ep}}(k)\big] = -\arg\big[X_{\mathrm{ep}}(N-k)\big] \end{cases}, \quad 0 \leqslant k \leqslant N-1 \tag{4-27}$$

应用相同方法，可以得到

$$X_{\mathrm{op}}(k) = -X_{\mathrm{op}}^*(N-k), \quad 0 \leqslant k \leqslant N-1 \tag{4-28}$$

这表明 $X_{\mathrm{op}}(k)$ 存在共轭对称特征，还可得到

$$\begin{cases} \mathrm{Re}\big[X_{\mathrm{op}}(k)\big] = -\mathrm{Re}\big[X_{\mathrm{op}}(N-k)\big] \\ \mathrm{Im}\big[X_{\mathrm{op}}(k)\big] = \mathrm{Im}\big[X_{\mathrm{op}}(N-k)\big] \end{cases}, \quad 0 \leqslant k \leqslant N-1 \tag{4-29}$$

如果 $x(n)$ 是纯实数序列，那么 $X(k)$ 只有共轭对称分量，即 $X(k) = X_{\mathrm{ep}}(k)$。这也说明实序列的 DFT 满足式(4-26)的共轭对称性，利用这一特性，只要知道一半数目的 $X(k)$，就可以得到另一半 $X(k)$。实序列的 DFT 为一复序列，数据量虽然增加了一倍，但只要知道 $X(k)$ 的一半即含有所有 $x(n)$ 的信息量，变换并没有增加总的数据量。实序列的这一对称性可以用来提高运算效率。

5. 选频性

设复序列 $x(n)$ 是对一个复指数函数 $x(t) = \mathrm{e}^{\mathrm{j}\Omega_0 t}$ 采样得来的，即

$$x(n) = \mathrm{e}^{\mathrm{j}q\omega_0 n}, \quad 0 \leqslant n \leqslant N-1$$

式中，q 是一整数。当 $\omega_0 = 2\pi/N$ 时，上式可以写成

$$x(n) = \mathrm{e}^{\mathrm{j}2\pi nq/N} \tag{4-30}$$

则 $x(n)$ 的离散傅里叶变换是

$$X(k) = \sum_{n=0}^{N-1} \mathrm{e}^{\mathrm{j}2\pi n(q-k)/N}, \quad 0 \leqslant k \leqslant N-1 \tag{4-31}$$

则

$$X(k) = \frac{1 - \mathrm{e}^{\mathrm{j}2\pi(q-k)}}{1 - \mathrm{e}^{\mathrm{j}2\pi(q-k)/N}} = \begin{cases} N, & q = k \\ 0, & q \neq k \end{cases} \tag{4-32}$$

当输入频率为 $q\omega_0$ 时，变换后的 N 个值只有 $X(q)=N$，其余皆为零。如果输入信号是若干个不同频率的信号的组合，经过离散傅里叶变换后。不同 $X(k)$ 上将有一一对应的输出。因此，离散傅里叶变换算法实质上对频率具有选择性。

4.1.4　卷积与相关函数

上面介绍了傅里叶变换的一些重要性质，基本序列的傅里叶变换如表 4-1 所示。

表 4-1　基本序列的傅里叶变换

序列	傅里叶变换
$\delta(n)$	1
$a^n u(n)$，$\lvert a\rvert<1$	$(1-a\mathrm{e}^{-\mathrm{j}\omega})^{-1}$
$R_N(n)$	$\mathrm{e}^{-\mathrm{j}(N-1)\omega/2}\dfrac{\sin(\omega N/2)}{\sin(\omega/2)}$
$u(n)$	$(1-\mathrm{e}^{-\mathrm{j}\omega})^{-1}+\displaystyle\sum_{k=-\infty}^{\infty}\pi\delta(\omega-2\pi k)$
$x(n)=1$	$2\pi\displaystyle\sum_{k=-\infty}^{\infty}\delta(\omega-2\pi k)$
$\mathrm{e}^{\mathrm{j}\omega_0 n}$，$2\pi/\omega_0$ 为有理数	$2\pi\displaystyle\sum_{k=-\infty}^{\infty}\delta(\omega-\omega_0-2\pi l)$
$\cos\omega_0 n$，$2\pi/\omega_0$ 为有理数	$\pi\displaystyle\sum_{l=-\infty}^{\infty}\left[\delta(\omega-\omega_0-2\pi l)+\delta(\omega+\omega_0-2\pi l)\right]$
$\sin\omega_0$，π/ω_0 为有理数	$-\mathrm{j}\pi\displaystyle\sum_{l=-\infty}^{\infty}\left[\delta(\omega-\omega_0-2\pi l)-\delta(\omega+\omega_0-2\pi l)\right]$

下面介绍傅里叶变换另一类重要性质，它们是分析线性系统极为有用的工具。

1. 卷积的概念

若已知函数 $x_1(t)$，$x_2(t)$，则称积分

$$\int_{-\infty}^{+\infty}x_1(\tau)x_2(t-\tau)\mathrm{d}\tau \tag{4-33}$$

为函数 $x_1(t)$ 和 $x_2(t)$ 的卷积，记为 $x_1(t)*x_2(t)$，即

$$x_1(t)*x_2(t)=\int_{-\infty}^{+\infty}x_1(\tau)x_2(t-\tau)\mathrm{d}\tau \tag{4-34}$$

显然，

$$x_1(t)*x_2(t)=x_2(t)*x_1(t)$$

即卷积满足交换律。卷积在傅里叶分析的应用中有着重要的作用，这是由下面的卷积定理所决定的。

2. 卷积定理

假定函数 $x_1(t)$、$x_2(t)$ 都满足傅里叶变换条件，且

$$X_1(\omega)=F[x_1(t)],\quad X_2(\omega)=F[x_2(t)] \tag{4-35}$$

则

$$F\left[x_1(t) * x_2(t)\right] = X_1(\omega)X_2(\omega) \tag{4-36}$$

或

$$F^{-1}\left[X_1(\omega) * X_2(\omega)\right] = x_1(t) * x_2(t) \tag{4-37}$$

这个性质表明，两个函数卷积的傅里叶变换等于这两个函数傅里叶变换的乘积。
同理可得

$$\int_{-\infty}^{+\infty} x_1(t)x_2(t+\tau)dt \tag{4-38}$$

为两个函数 $x_1(t)$ 和 $x_2(t)$ 的互相关函数，用记号 $R_{12}(\tau)$ 表示，即

$$R_{12}(\tau) = \int_{-\infty}^{+\infty} x_1(t)x_2(t+\tau)dt \tag{4-39}$$

当 $x_1(t) = x_2(t) = x(t)$ 时，则称积分

$$\int_{-\infty}^{+\infty} x(t)x(t+\tau)dt \tag{4-40}$$

为函数 $x(t)$ 的自相关函数，用记号 $R(\tau)$ 表示，即

$$R(\tau) = \int_{-\infty}^{+\infty} x(t)x(t+\tau)dt \tag{4-41}$$

3. 相关函数与能量谱密度的关系

若 $G(\omega) = F[x(t)]$，则有

$$\int_{-\infty}^{+\infty} |x(t)|^2 dt = \frac{1}{2\pi}\int_{-\infty}^{+\infty} |X(\omega)|^2 d\omega \tag{4-42}$$

即帕塞瓦尔等式，令

$$S(\omega) = |G(\omega)|^2 \tag{4-43}$$

称 $S(\omega)$ 为能量谱密度函数（或称能量谱密度），它决定函数 $x(t)$ 的能量分布规律，将它对所有的频率积分就得到 $x(t)$ 的总能量。

自相关函数 $R(\tau)$ 和能量谱密度 $S(\omega)$ 构成一个傅里叶变换时，即

$$R(\tau) = \frac{1}{2\pi}\int_{-\infty}^{+\infty} S(\omega)e^{j\omega\tau}d\omega \tag{4-44a}$$

$$S(\omega) = \int_{-\infty}^{+\infty} R(\tau)e^{-j\omega\tau}d\tau \tag{4-44b}$$

若 $G_1(\omega) = F_1\left[x_1(t)\right]$，$G_2(\omega) = F\left[x_2(t)\right]$，根据乘积定理，可得

$$R_{12}(\tau) = \int_{-\infty}^{+\infty} x_1(t)x_2(t+\tau)dt = \frac{1}{2\pi}\int_{-\infty}^{+\infty} \overline{G_1(\omega)}G_2(\omega)d\omega \tag{4-45}$$

称 $S_{12}(\omega) = \overline{G_1(\omega)}G_2(\omega)$ 为互能量谱密度。它和互相关函数构成一个傅里叶变换对，即

$$R_{12}(\tau) = \frac{1}{2\pi}\int_{-\infty}^{+\infty} S_{12}(\omega)e^{j\omega\tau}d\omega \tag{4-46a}$$

$$S_{12}(\omega) = \int_{-\infty}^{+\infty} R_{12}(\tau)e^{-j\omega\tau}d\tau \tag{4-46b}$$

可以发现互能量谱密度有如下性质，即

$$S_{21}(\omega) = \overline{S_{12}(\omega)} \tag{4-47}$$

4.2　快速傅里叶变换

一百多年前就已发现了傅里叶变换，并应用于对信号的频谱分析和系统计算中，其结果显示了一定的优越性。通过前几章的分析，了解了离散傅里叶变换是连续傅里叶变换的近似计算。随着数字电子计算机的普遍应用，人们自然寻求用计算机计算傅里叶变换的途径，离散傅里叶变换在理论上起到了桥梁作用。可以利用 DFT 计算信号的频谱，也可以利用 DFT 计算信号的卷积和自相关，因此 DFT 在信号分析与信号处理中是极其重要的内容。但是当采样点 N 很大时，DFT 的计算工作量非常大。

计算时间可观，以致使一些实时处理的要求不宜实现，否则对计算机的计算速度要求过于苛刻。因此，寻找 DFT 的快速算法就成为迫切需要解决的问题。1965 年库利(Cooley)和图基(Tukey)提出了 DFT 的快速算法，称为快速傅里叶变换(FFT)，大大减少了 DFT 的计算工作量，即加快了 DFT 的运算速度，从而使 DFT 进行实时信号处理成为可能。DFT 是 FFT 的理论基础，FFT 仅是 DFT 的一种快速高效算法，并无新的物理概念。但由于 FFT 的问世，促进了数字信号处理这门新学科的成熟，为数字信号处理技术应用于各种信号的实时处理创造了条件，大大推动了数字信号处理技术的发展。

人类的求知欲和科学的发展是永无止境的。多年来，人们继续寻求更快、更灵活的好算法。1984 年，法国的杜哈梅尔(Dohamel)和霍尔曼(Hollmann)提出的分裂基快速算法，使运算效率进一步提高。本章主要讨论基-2FFT 算法。

4.2.1　时间抽取基-2FFT 算法

在以下的讨论中，设 $N=2^M$，其中 M 为整数。若不满足此条件，可在序列的尾部补上若干个零。通常称 $N=2^M$ 的 FFT 算法为基-2FFT 算法。N 点序列 $x(n)$ 的 DFT 为

$$X(k) = \mathrm{DFT}\big[x(n)\big] = \sum_{n=0}^{N-1} x(n)W_N^{nk}, \ k = 0,1,\cdots,N-1 \tag{4-48}$$

把 $x(n)$ 分成奇数与偶数两个子序列：

$$\begin{cases} \text{偶数序列为} x(2r) \\ \text{奇数序列为} x(2r+1) \end{cases}, \quad r = 0,1,2,\cdots,\frac{N}{2}-1 \tag{4-49}$$

于是式(4-48)可改写为

$$
\begin{aligned}
X(k) = \mathrm{DFT}\big[x(n)\big] &= \sum_{n=0}^{N-1} x(n)W_N^{nk} = \underset{(n\text{为偶数})}{\sum_{n=0}^{N-1} x(n)W_N^{nk}} + \underset{(n\text{为奇数})}{\sum_{n=0}^{N-1} x(n)W_N^{nk}} \\
&= \sum_{r=0}^{N/2-1} x(2r)W_N^{2rk} + \sum_{r=0}^{N/2-1} x(2r+1)W_N^{(2r+1)k} \\
&= \sum_{r=0}^{N/2-1} x_1(r)(W_N^2)^{rk} + W_N^k \sum_{r=0}^{N/2-1} x_2(r)(W_N^2)^{rk}
\end{aligned}
\tag{4-50}
$$

因为 $W_N^2 = \mathrm{e}^{-\mathrm{j}\frac{2\pi}{N/2}}$，所以上式又可以写成

$$X(k) = \sum_{r=0}^{N/2-1} x_1(r)W_{N/2}^{rk} + W_N^k \sum_{r=0}^{N/2-1} x_2(r)W_{N/2}^{rk} = X_1(k) + W_N^k X_2(k) \tag{4-51}$$

式中，

$$X_1(k) = \sum_{r=0}^{N/2-1} x_1(r) W_{N/2}^{rk} = \sum_{r=0}^{N/2-1} x(2r) W_{N/2}^{rk} \tag{4-52}$$

$$X_2(k) = \sum_{r=0}^{N/2-1} x_2(r) W_{N/2}^{rk} = \sum_{r=0}^{N/2-1} x(2r+1) W_{N/2}^{rk} \tag{4-53}$$

式(4-52)说明 $X_1(k)$ 是 $x(n)$ 的偶数点序列的 DFT，长度为 $N/2$ 点；式(4-53)说明 $X_2(k)$ 是 $x(n)$ 奇数点序列的 DFT，长度也为 $N/2$ 点。所以式(4-51)表明一个 N 点 DFT 可以分解成两个 $N/2$ 点 DFT，或者说两个 $N/2$ 点 DFT 可以组合而成一个 N 点 DFT。在式(4-52)和式(4-53)中， $x_1(n)$ 和 $x_2(n)$ 均为 $N/2$ 点序列，它们的 DFT 即 $X_1(k)$ 和 $X_2(k)$ 也是 $N/2$ 点序列，即 $k=0,1,2,\cdots,N/2-1$ ，而 $X(k)$ 为 N 点序列，即 $k=0,1,2,\cdots,N-1$ ，所以按照式(4-51)计算 $X(k)$ ，只能得到 $X(k)$ 前一半的序列值 $X(1)$ ， $X(2)$ ，…， $X(N/2-1)$ 。要想得到 $X(k)$ 后一半的序列值，还要考虑 W_n 的周期性和对称性。由于

$$W_{N/2}^{rk} = W_{N/2}^{r(k+N/2)} \tag{4-54}$$

所以有

$$X_1\left(k + \frac{N}{2}\right) = \sum_{r=0}^{N/2-1} x_1(r) W_{N/2}^{r\left(k+\frac{N}{2}\right)} = \sum_{r=0}^{N/2-1} x_1(r) W_{N/2}^{(rk)} \tag{4-55}$$

即

$$X_1\left(k + \frac{N}{2}\right) = X_1(k) \tag{4-56}$$

同理可得

$$X_2\left(k + \frac{N}{2}\right) = X_2(k) \tag{4-57}$$

另外考虑到 W_N^k 的对称性：

$$W_N^{r\left(k+\frac{N}{2}\right)} = W_N^{\frac{N}{2}} W_N^k = -W_N^k \tag{4-58}$$

同时考虑式(4-56)和式(4-58)的关系，就可得到 $X(k)$ 的全部序列值。于是可写出 $X(k)$ 完整的表达式为

$$X(k) = X_1(k) + W_N^k X_2(k), \quad k = 0,1,2,\cdots,\frac{N}{2}-1 \tag{4-59}$$

$$X\left(k + \frac{N}{2}\right) = X_1(k) - W_N^k X_2(k), \quad k = 0,1,2,\cdots,\frac{N}{2}-1 \tag{4-60}$$

式(4-59)是 $X(k)$ 的前 $N/2$ 点 $k=0,1,2,\cdots,N/2-1$ ，式(4-60)是 $X(k)$ 的后 $N/2$ 点 $(N/2,\cdots,\ N-1)$ 。

　　式(4-59)和式(4-60)所示的运算过程，可以用信号流图表示在图4-3中。因为这个图形呈蝶形，故称蝶形计算结构，它是 FFT 运算中的一个基本单元。蝶形如图4-3所示。左边的两个节点叫输入节点，右边的两个节点叫输出节点。支路上的箭头表示信号流的方向，支路旁的数字表示该支路的传输函数，未注数字的即为1。在节点上标有该节点的

变量。由图可以看出，完成一个蝶形运算需要以此复数乘法 $W_n^k X_2(k)$ 和两次复数加法，$X_1(k) + W_n^k X_2(k)$ 与 $X_1(k) - W_n^k X_2(k)$。

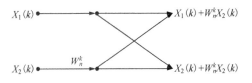

图 4-3 蝶形运算的信号流图

设 $N=2^3=8$，根据式(4-59)和式(4-60)可知，8 点 DFT 可分解成两个 $N/2=4$ 点 DFT，$X(k)$ 的前半部分 $k=0,1,2,3$ 由式(4-59)决定。$X(k)$ 的后半部分即 $k=4,5,6,7$ 由式(4-60)决定，其以图 4-3 蝶形运算算形式表示的信号流图如图 4-4 所示。

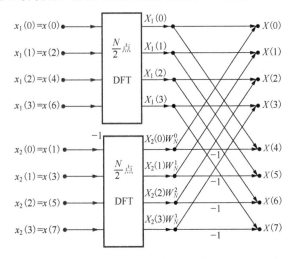

图 4-4 N 点 DFT 分解成两个 $N/2$ 点 DFT（设 $N=8$）

直接运算 $N=8$ 点 DFT，需要 $N^2=64$ 次复数乘法和 $N(N-1)=56$ 次复数加法。当分成两个 $N/2=4$ 点 DFT 时，每个 $N/2=4$ 点 DFT 需要 $4^2=16$ 次复数乘法和 $4\times(4-1)=12$ 次复数加法。总共需要 32 次复数乘法和 24 次复数加法。由此看出将大点数 DFT 分解为小点数 DFT，仅仅分解一次就使运算次数几乎减少一半。照此原则，继续可将 $N/2$ 点 DFT 分解成两个 $N/4$ 点 DFT，同理每个 $N/4$ 点 DFT 再分解成两个 $N/8$ 点 DFT……如此分解下去，直到分解成两点 DFT 就终止。所以 $N=8$ 的情况，分解两次就够了。

对于 $N=8$ 点 DFT，将时域输入序列按偶数点和奇数点进行第一次分解后形成的两个子序列为

偶数序列	奇数序列
$x(2r)=x_1(r)$	$x(2r+1)=x_2(r), \quad r=0,1,2,\cdots,\dfrac{N}{2}-1$
$x_1(0)=x(0)$	$x_2(0)=x(1)$
$x_1(1)=x(2)$	$x_2(1)=x(3)$

$$x_1(2) = x(4) \qquad\qquad x_2(2) = x(5)$$

$$x_1(3) = x(6) \qquad\qquad x_2(3) = x(7)$$

进一步把每 $N/2$ 点子序列再按奇数与偶数分解成两个 $N/4$ 点子序列。

偶序列中的偶数序列　　　　　　　　　偶序列中的奇数序列

$$x_1(2l) = x_3(l) \qquad\qquad x_1(2l+1) = x_3(l),\quad l=0,1,2,\cdots,\frac{N}{4}-1$$

$$x_3(0) = x_1(0) = x(0) \qquad\qquad x_4(0) = x_1(1) = x(2)$$

$$x_3(1) = x_1(2) = x(4) \qquad\qquad x_4(1) = x_1(3) = x(6)$$

奇序列中的偶数序列　　　　　　　　　奇序列中的奇数序列

$$x_2(2l) = x_5(l) \qquad\qquad x_2(2l+1) = x_6(l),\quad l=0,1,2,\cdots,\frac{N}{4}-1$$

$$x_5(0) = x_2(0) = x(1) \qquad\qquad x_6(0) = x_2(1) = x(3)$$

$$x_5(1) = x_2(2) = x(5) \qquad\qquad x_6(1) = x_2(3) = x(7)$$

$$X_1(k) = \sum_{l=0}^{N/4-1} x_1(2l) W_{N/2}^{2lk} + \sum_{l=0}^{N/4-1} x_1(2l+1) W_{N/2}^{(2l+1)k}$$

$$= \sum_{l=0}^{N/4-1} x_3(l) W_{N/4}^{lk} + \sum_{l=0}^{N/4-1} x_4(l) W_{N/4}^{lk}$$

$$= X_3(k) + W_{N/2}^k X_4(k), \quad k=0,1,2,\cdots,\frac{N}{4}-1 \tag{4-61}$$

$$X_1\left(k+\frac{N}{4}\right) = X_3(k) - W_{N/2}^k X_4(k), \quad k=0,1,2,\cdots,\frac{N}{4}-1 \tag{4-62}$$

式中，

$$X_3(k) = \sum_{l=0}^{N/4-1} x_3(l) W_{N/4}^{lk}, \quad k=0,1,2,\cdots,\frac{N}{4}-1 \tag{4-63}$$

$$X_4(k) = \sum_{l=0}^{N/4-1} x_4(l) W_{N/4}^{lk}, \quad k=0,1,2,\cdots,\frac{N}{4}-1 \tag{4-64}$$

$N=8$ 时，同时考虑式 (4-61) 和式 (4-62) 两式，得

$$\begin{cases} X_1(0) = X_3(0) + W_{N/2}^0 X_4(0) = X_3(0) + W_N^0 X_4(0) \\ X_1(1) = X_3(1) + W_{N/2}^1 X_4(1) = X_3(1) + W_N^2 X_4(1) \\ X_1(2) = X_3(0) - W_{N/2}^0 X_4(0) = X_3(0) - W_N^0 X_4(0) \\ X_1(3) = X_3(1) - W_{N/2}^1 X_4(1) = X_3(1) - W_N^2 X_4(1) \end{cases} \tag{4-65}$$

同理可得 $X_2(k)$ 分解成

$$X_2(k) = X_5(k) + W_{N/2}^k X_6(k), \quad k=0,1,2,\cdots,\frac{N}{4}-1 \tag{4-66}$$

$$X_2\left(k+\frac{N}{4}\right)=X_5(k)-W_{N/2}^k X_6(k),\quad k=0,1,2,\cdots,\frac{N}{4}-1 \tag{4-67}$$

式中，

$$X_5(k)=\sum_{l=0}^{N/4-1}x_5(l)W_{N/4}^{lk},\quad k=0,1,2,\cdots,\frac{N}{4}-1 \tag{4-68}$$

$$X_6(k)=\sum_{l=0}^{N/4-1}x_6(l)W_{N/4}^{lk},\quad k=0,1,2,\cdots,\frac{N}{4}-1 \tag{4-69}$$

$N=8$ 时，同时考虑式(4-66)和式(4-67)，得

$$\begin{cases}X_2(0)=X_5(0)+W_{N/2}^0 X_6(0)=X_5(0)+W_N^0 X_6(0)\\X_2(1)=X_5(1)+W_{N/2}^1 X_6(1)=X_5(1)+W_N^2 X_6(1)\\X_2(2)=X_5(0)-W_{N/2}^0 X_6(0)=X_5(0)-W_N^0 X_6(0)\\X_2(3)=X_5(1)-W_{N/2}^1 X_6(1)=X_5(1)-W_N^2 X_6(1)\end{cases} \tag{4-70}$$

　　于是经二次分解后，$N=8$ 点 DFT，可由 4 个 $N/4$ 点 DFT 组成，如图 4-5 所示。在一般情况下，每个 $N/4$ 点 DFT 又可分解成两个 $N/8$ 点 DFT，若 $N=2^M$，经过 $M-1$ 次分解后得到 $N/2$ 个两点 DFT，从而构成了从已知时域序列 $x(n)$ 到频域序列 $X(k)$ 的 M 级蝶形运算过程。当 $N=8$ 时，$N/4$ 点 DFT 就是 2 点 DFT。每个 2 点 DFT 的运算过程可由一个蝶形运算来实现，如式(4-63)、式(4-64)和式(4-69)所示。根据式子可得

$$\begin{cases}X_3(0)=x(0)+W_N^0 x(4),\quad X_5(0)=x(1)+W_N^0 x(5)\\X_3(1)=x(0)-W_N^0 x(4),\quad X_5(0)=x(1)-W_N^0 x(5)\\X_4(0)=x(2)+W_N^0 x(6),\quad X_6(0)=x(3)+W_N^0 x(7)\\X_4(1)=x(2)-W_N^0 x(6),\quad X_6(0)=x(3)-W_N^0 x(7)\end{cases} \tag{4-71}$$

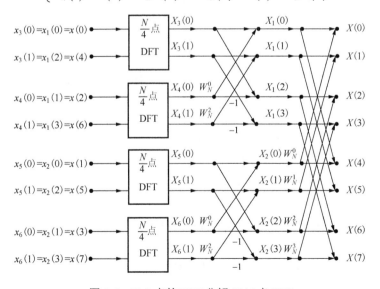

图 4-5　$N=8$ 点的 DFT 分解 $N/4$ 点 DFT

则 $N=2^3=8$ 时，完整的蝶形信号流图如图 4-6 所示。

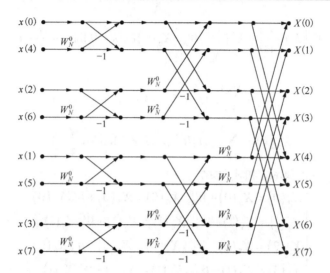

图 4-6　$N=2^3=8$ 点 DFT 的完整蝶形信号流图（按时间抽取法）

4.2.2　频率抽取基-2FFT 算法

另一种基-2FFT 为频域抽取算法 DIF-FFT，序列长度仍为 $N=2^M$，与时域抽取的分解方法不同，在频域抽取算法中，将 $x(n)$ 前后对半分开成两个子序列，这样 $X(k)$ 变成

$$X(k) = \mathrm{DFT}[x(n)] = \sum_{n=0}^{N-1} x(n)W_N^{rk} = \sum_{n=0}^{N/2-1} x(n)W_N^{rk} + \sum_{n=N/2}^{N-1} x(n)W_N^{rk}$$

$$= \sum_{n=0}^{N/2-1} x(n)W_N^{rk} + \sum_{n=N/2}^{N/2-1} x(n+N/2)W_N^{(n+\frac{N}{2})k}$$

$$= \sum_{n=0}^{N/2-1} \left[x(n) + W_N^{Nk/2} x\left(n+\frac{N}{2}\right) \right] W_N^{rk} \tag{4-72}$$

由于

$$W_N^{kN/2} = (-1)^k = \begin{cases} 1, & k \text{为偶数} \\ -1, & k \text{为奇数} \end{cases} \tag{4-73}$$

将 $X(k)$ 按 k 为奇数和偶数分为两组，当 k 取偶数 $(k=2r,\ r=0,1,\cdots,\dfrac{N}{2}-1)$ 时，则

$$X(2r) = \sum_{n=0}^{N/2-1} \left[x(n) + x(n+N/2) \right] W_N^{2rr}$$

$$= \sum_{n=0}^{N/2-1} \left[x(n) + x\left(n+\frac{N}{2}\right) \right] W_{N/2}^{rr} \tag{4-74}$$

当 k 取奇数 $(k=2r+1,\ r=0,1,\cdots,\dfrac{N}{2}-1)$ 时，则

$$X(2r+1) = \sum_{n=0}^{N/2-1} \left[x(n) - x(n+N/2) \right] W_N^{(2r+1)n}$$

$$= \sum_{n=0}^{N/2-1} \left[x(n) - x\left(n+\frac{N}{2}\right) \right] W_{N/2}^{rr} W_N^{n} \tag{4-75}$$

令

$$\begin{cases} x_1(n) = x(n) + x(n + \dfrac{N}{2}) \\ x_2(n) = \left[x(n) - x(n + \dfrac{N}{2}) \right] W_N^n \end{cases}, \quad n = 0,1,2,\cdots, N/2 - 1 \tag{4-76}$$

将 $x_1(n)$ 和 $x_2(n)$ 分别代入式(4-74)和式(4-75)，可得

$$X(2r) = \sum_{n=0}^{N/2-1} x_1(n) W_{N/2}^{rr} \tag{4-77}$$

$$X(2r+1) = \sum_{n=0}^{N/2-1} x_2(n) W_{N/2}^{rr} \tag{4-78}$$

这样求 N 点 DFT 再次化成了求两个 $N/2$ 点 DFT。$x_1(n)$ 和 $x_2(n)$ 的关系可由如图 4-7 所示的蝶形运算流图符号表示。图 4-8 所示为 $N=8$ 时的第一次分解运算流图。由于 $N/2$ 仍然为 2 的整数幂，继续将 $N/2$ 点 DFT 分成偶数组和奇数组。

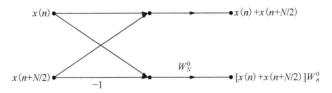

图 4-7 DIF-FFT 的蝶形运算流图

这样每个 $N/2$ 点 DFT 又可分解成两个 $N/4$ 点 DR，其输入序列分别是 $x_1(n)$ 和 $x_2(n)$ 按上下对半分开后通过蝶形运算构成的 4 个子序列，如图 4-9 所示，这样继续分解下去，经过 $M-1$ 次分解，最后分解为 $N/2$ 个两点 DFT，这 $N/2$ 个两点 DFT 的输出就是 $x(n)$ 的 N 点 DFT 的结果 $X(k)$。图 4-10 所示为 $N=8$ 时完整的 DIF-FFT 的运算流图。

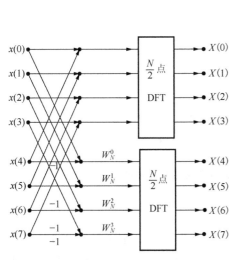

图 4-8 DIF-FFT 的一次分解运算图($N=8$)

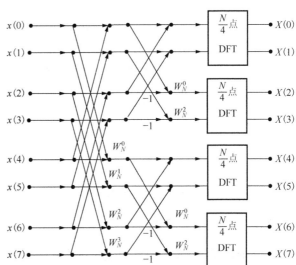

图 4-9 DIF-FFT 的二次分解运算图($N=8$)

由于这种方法是按 $X(k)$ 在频域进行奇偶分解，因此称为频域抽取 FFT 算法。比较图 4-9 与图 4-10 可见，DIF-FFT 与 DIT-FFT 类似，共有 M 级运算，每级有 $N/2$ 螺形运算。也可按原位进行计算，所以两种方法的运算次数与存储量相同。不同的是 DIF-FFT 输入序列为自然序列，而输出为码位倒置序列。因此，为了获得自然顺序的输出，在 M 级蝶形运算完成后还必须进行倒码排序。此外两种方法的蝶形运算过程也不相同，DIT-FFT 是先相乘后加减，而 DIT-FFT 为先加减后相乘。按照 4.2.1 节介绍的方法同样也可以画出 DIT-FFT 的其他形式的流图，如图 4-11 所示。

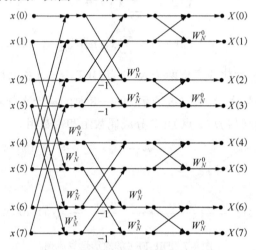

图 4-10　DIF-FFT 的运算流图（$N=8$）

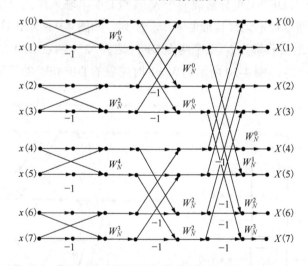

图 4-11　输入反序、输出为自然顺序的频率抽取 FFT 流图

4.2.3　基-4FFT 算法

在前面基-2FFT 算法的讨论过程中，先是将 N 点 DFT 分解为 2 个 $N/2$ 点 DFT，再分解为 4 个 $N/4$ 点 DFT，再分解为 8 个 $N/8$ 点 DFT，一直分解下去。每一次的分解后 DFT 的点数变为原来点数的 1/2，因而称为基-2FFT。类似地，基-4FFT 算法指的是每一次的分

解后点数变为原来点数的 1/4。最开始是 N 点的 DFT，第 1 次分解后是 4 个 $N/4$ 点的 DFT，第 2 次分解后是 16 个 $N/16$ 点的 DFT，按照这个规律一直分解下去。

在基-2FFT 算法中，要求 $N=2^M$，最后一直分解到 2 点的 DFT 为最小单位。类似，基-4FFT 算法中，要求 $N=4^M$，最后一直分解到 4 点的 DFT 为最小单位。基-2FFT 算法有 DIT 和 DIF 两种形式，基-4FFT 算法也同样有 DIT 和 DIF 两种形式。这里仅以 DIT 为例来介绍基-4FFT 算法。

第 1 步是按如下方式将 $x(n)$ 分为 4 段，每段长度为 $N/4$：

$$\begin{cases} x_0(n)=x(4n), & n=0,1,2,\cdots,\dfrac{N}{4}-1 \\[2mm] x_1(n)=x(4n+1), & n=0,1,2,\cdots,\dfrac{N}{4}-1 \\[2mm] x_2(n)=x(4n+2), & n=0,1,2,\cdots,\dfrac{N}{4}-1 \\[2mm] x_3(n)=x(4n+3), & n=0,1,2,\cdots,\dfrac{N}{4}-1 \end{cases} \tag{4-79}$$

第 2 步是分别计算 $X_0(k)$、$X_1(k)$、$X_2(k)$、$X_3(k)$：

$$\begin{cases} X_0(k)=\displaystyle\sum_{n=0}^{N/4-1} x_0(n)W_{N/4}^{kn}=\sum_{n=0}^{N/4-1} x(4n)W_{N/4}^{kn}, & k=0,1,\cdots,\dfrac{N}{4}-1 \\[3mm] X_1(k)=\displaystyle\sum_{n=0}^{N/4-1} x_1(n)W_{N/4}^{kn}=\sum_{n=0}^{N/4-1} x(4n+1)W_{N/4}^{kn}, & k=0,1,\cdots,\dfrac{N}{4}-1 \\[3mm] X_2(k)=\displaystyle\sum_{n=0}^{N/4-1} x_2(n)W_{N/4}^{kn}=\sum_{n=0}^{N/4-1} x(4n+2)W_{N/4}^{kn}, & k=0,1,\cdots,\dfrac{N}{4}-1 \\[3mm] X_3(k)=\displaystyle\sum_{n=0}^{N/4-1} x_3(n)W_{N/4}^{kn}=\sum_{n=0}^{N/4-1} x(4n+3)W_{N/4}^{kn}, & k=0,1,\cdots,\dfrac{N}{4}-1 \end{cases} \tag{4-80}$$

第 3 步是根据 $X_0(k)$、$X_1(k)$、$X_2(k)$、$X_3(k)$ 组合得到 $X(k)$，推导过程与基-2 算法类似，下面仅给出结论：

$$\begin{cases} X(k)=X_0(k)+W_N^k X_1(k)+W_N^{2k} X_2(k)+W_N^{3k} X_3(k) \\[1mm] X(k+N/4)=X_0(k)-\mathrm{j}W_N^k X_1(k)-W_N^{2k} X_2(k)+\mathrm{j}W_N^{3k} X_3(k) \\[1mm] X(k+N/2)=X_0(k)-W_N^k X_1(k)+W_N^{2k} X_2(k)-W_N^{3k} X_3(k) \\[1mm] X(k+3N/4)=X_0(k)+\mathrm{j}W_N^k X_1(k)-W_N^{2k} X_2(k)-\mathrm{j}W_N^{3k} X_3(k) \end{cases} \tag{4-81}$$

式 (4-81) 中 k 的取值范围为 $0,1,2,\cdots,N/4-1$。基-4FFT 算法的基本蝶形运算如图 4-12 所示。

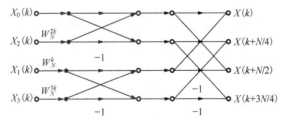

图 4-12　基-4FFT 算法基本蝶形运算流程图

经过一次分解后的蝶形图如图 4-13 所示。图中 $N=16$。

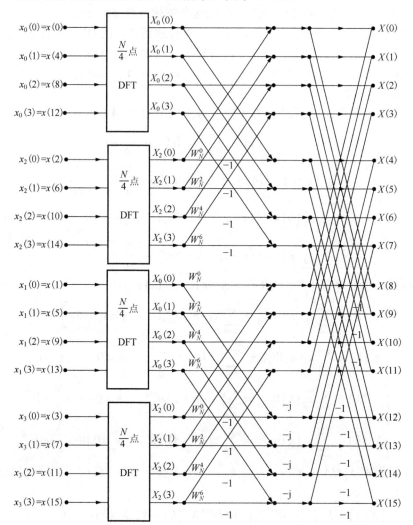

图 4-13　将 N 点 DFT 分解为 4 个 $N/4$ 点的 DFT 的按时间抽取信号流程图

按照上文所示的分解方法，可以再将 4 个 $N/4$ 点的 DFT 分解为 16 个 $N/16$ 点的 DFT。以此类推，一直分解下去，直到分解为 4 点的 DFT。图 4-14 给出了 16 点 DIT-FFT 算法的完整流程图。图中输入为倒位序，输出为正常顺序，其原因与基- 2DIT-FFT 算法的完全一致。

4.2.4　分裂基 FFT

所谓分裂基 FFT 算法实际上是一种综合使用基-2 和基-4 的 FFT 算法。它要求 $N=2^M$，基本原理仍然是将大点数的 DFT 分解为多个小点数的 DFT，但在具体做法上有所不同。先是如基-2FFT 算法一般将 $x(n)$ 分解为偶数点部分和奇数点部分，然后再将奇数点部分分解为两部分。也即是说，分裂基算法对 $x(n)$ 的偶数点部分是按基-2 算法来分解，对奇数点部分是按基-4FFT 算法来分解。分裂基 FFT 算法也同样可以按时间抽取或者按频率抽取。下面以按时间抽取为例来介绍。

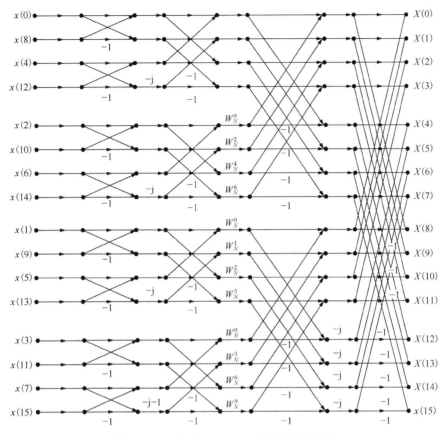

图 4-14　16 点基-4DIT FFT 算法完整流程图

第 1 步，对 $x(n)$ 的偶数点部分进行基-2FFT 分解，奇数点部分进行基-4FFT 分解，用数学公式表示如下：

$$\begin{cases} x_0(n) = x(n), & n=0,1,\cdots,\dfrac{N}{2}-1 \\ x_1(n) = x(4n+1), & n=0,1,\cdots,\dfrac{N}{2}-1 \\ x_2(n) = x(4n+3), & n=0,1,\cdots,\dfrac{N}{2}-1 \end{cases} \tag{4-82}$$

第 2 步，分别计算 $X_0(k)$、$X_1(k)$、$X_2(k)$：

$$X_0(k) = \sum_{n=0}^{N/2-1} x_0(n) W_{N/4}^{kn} = \sum_{n=0}^{N/2-1} x(2n) W_{N/2}^{kn}, \quad k=0,1,\cdots,\dfrac{N}{2}-1 \tag{4-83}$$

第 3 步，根据 $X_0(k)$、$X_1(k)$、$X_2(k)$ 组合得到 $X(k)$，推导过程与基-2FFT 及基-4FFT 算法类似下面仅给出结论：

$$\begin{cases} X(k) = X_0(k) + W_N^k X_1(k) + W_N^{3k} X_2(k) \\ X(k+N/4) = X_0(k+N/4) - jW_N^k X_1(k) + jW_N^{3k} X_2(k) \\ X(k+N/2) = X_0(k) - W_N^k X_1(k) - W_N^{3k} X_2(k) \\ X(k+3N/4) = X_0(k+N/4) + jW_N^k X_1(k) - jW_N^{3k} X_2(k) \end{cases} \tag{4-84}$$

式(4-84)中 k 的取值范围为 $0,1,\cdots,N/4-1$。分裂基 FFT 算法的基本蝶形运算如图 4-15 所示。

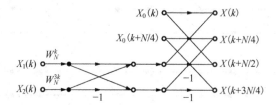

图 4-15　分裂基 FFT 算法基本蝶形运算流程图

经过一次分解后的蝶形图如图 4-16 所示,图中 $N=16$。由图可见,一次分解使整个运算由一个 $N/2$ 点 DFT、2 个 $N/4$ 点 DFT 及 $N/4$ 个基本的分裂基蝶形运算组成。

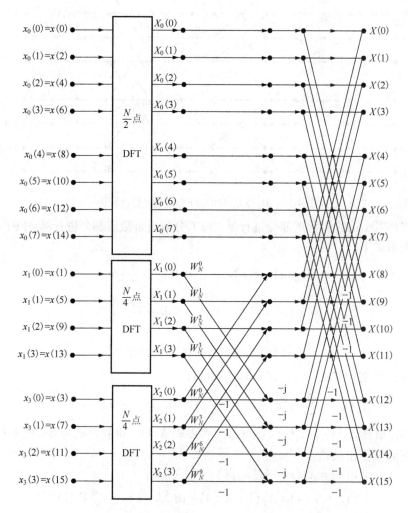

图 4-16　分裂基算法按时间抽取一次分解之后的信号流程图

像基-2 和基-4 算法一样,还可以对 $x_0(n)$、$x_1(n)$ 和 $x_2(n)$ 做类似的分解,即将 $x_0(n)$ 分

解为一个 $N/4$ 点 DFT 和两个 $N/8$ 点 DFT，将 $x_1(n)$ 分解为一个 $N/8$ 点 DFT 和两个 $N/16$ 点 DFT，将 $x_2(n)$ 也同样分解为一个 $N/8$ 点 DFT 和两个 $N/16$ 点 DFT。按照这种方法一直分解下去，直到 DFT 点数如果是 2 或 4，这样就可以直接表示成基-2 或基-4 的基本蝶形运算，此时分解结束。

例如，对 $N=2^4=16$ 点的 DFT，第 1 级分解中，16 点的 $x(n)$ 分解为一个 8 点的 $x_0(n)$ 和 4 点的 $x_1(n)$ 及 $x_2(n)$。第 2 级分解中，8 点的 $x_0(n)$ 可分解为 4 点的 $x_3(n)$ 和 2 点的 $x_4(n)$ 及 $x_5(n)$，而 $x_1(n)$ 及 $x_2(n)$ 均为 4 点，可直接用基-4 的基本蝶形运算实现，因而无需再分解。经过第 2 级分解后，$x_3(n)$ 为 4 点，可直接用基-4 的基本蝶形运算实现，也无需再分解，$x_4(n)$ 及 $x_5(n)$ 均为 2 点，可直接用基-2 的基本蝶形运算实现，因而也无需再分解。即，16 点的 DFT 用分裂基 FFT 算法，只需要两级分解。在第 1 级分解中，还包括了 4 个基本的分裂基蝶形运算；在第 2 级分解中，包括了 2 个基本的分裂基蝶形运算。

4.2.5　进一步减少运算量的措施(蝶形算法)

前面讨论的基-2DIT-FFT 和 DIF-FFT 算法，由于其算法简单、编程效率高，而得到广泛应用。下面进一步研究减少运算量的途径，以程序的复杂度换取计算量的进一步提高。

多类蝶形单元运算：$n/4$

由基-2DIT-FFT 运算流图已得出结论，$N=2^M$ 点 FFT 共需要 $MN/2$ 次复数乘法。以 L 代表级数，当 $L=1$ 时，只有一种旋转因子 $W_n^0=1$，所以第一级不需要乘法运算。当 $L=2$ 时，共有两个旋转因子 $W_n^0=1$ 和 $W_n^{n/4}=-j$，因此，第二级也不需要乘法运算。在 DFT 中，称值为 ±1 和 $\pm j$ 的旋转因子为无关紧要的旋转因子，如 W_n^0，$W_n^{n/2}$，$W_n^{n/4}$ 等。

综上所述，先除去第一、二两级后，所得复数乘法次数应是

$$C_M(2)=\frac{N}{2}(M-2) \tag{4-85}$$

进一步考虑各级中的无关紧要旋转因子。当 $L=3$ 时，有两个无关紧要的旋转因子 W_n^0 和 $W_n^{n/4}$，因为同一旋转因子对应 $2^{M-L}=N/2^L$ 个蝶形运算，所以第三级共有 $2N/2^3=4$ 个蝶形不需要复数乘法运算。依次类推，当 $L\geqslant3$ 时，第 L 级的 2 个无关紧要的旋转因子减少复数乘法的次数为 $2N/2^L=N/2^{L-1}$。这样，从 $L=3$ 至 $L=M$ 共减少复数乘法次数为

$$\sum_{L=3}^{M}\frac{N}{2^{L-1}}=2N\sum_{L=3}^{M}\left(\frac{1}{2}\right)^L=\frac{N}{2}-2 \tag{4-86}$$

因此，DIT-FFT 的复乘次数降至

$$C_M(2)=\frac{N}{2}(M-2)-\left(\frac{N}{2}-2\right)=\frac{N}{2}(M-3)+2 \tag{4-87}$$

下面再讨论 FFT 中特殊的复数运算，以便进一步减少复数乘法次数。一般实现一次复数乘法运算需要四次实数乘，两次实数加。但对 $W_n^{N/8}=(1-j)\sqrt{2}/2$ 和 $W_n^{3N/8}=(-1-j)\sqrt{2}/2$ 这种特殊复数，任一复数 $(x+jy)$ 与其相乘时，

$$\frac{\sqrt{2}}{2}(\pm1-j)(x+jy)=\frac{\sqrt{2}}{2}(\pm x\pm jy-jx+y)=\frac{\sqrt{2}}{2}\left[(\pm x+y)-j(x\mp y)\right]=R+jI \tag{4-88}$$

$$R = \frac{\sqrt{2}}{2}(\pm x + y) \tag{4-89}$$

$$I = -\frac{\sqrt{2}}{2}(x \mp y) = \frac{\sqrt{2}}{2}(\pm y - x) \tag{4-90}$$

只需要两次实数加和两次实数乘就可实现。这样，$W_n^{N/8}$ 和 $W_n^{3N/8}$ 对应的每个蝶形节省两次实数乘。在 DIT-FFT 运算流图中，从 $L = 3$ 至 $L = M$ 级，每级都包含旋转因子 $W_n^{N/8}$ 和 $W_n^{3N/8}$，第 L 级中，$W_n^{N/8}$ 和 $W_n^{3N/8}$ 对应 $N/2^L$ 个蝶形运算。因此从第三级至最后一级，旋转因子 $W_n^{N/8}$ 和 $W_n^{3N/8}$ 节省的实数乘次数与式(4-87)相同。所以从实数运算考虑，计算 $N = 2^M$ 点 DIT-FFT 所得实数乘法次数为

$$R_M(2) = 4\left[\frac{N}{2}(M-3) + 2\right] - 2\left(\frac{N}{2} - 2\right) = N(2M - 7) + 12 \tag{4-91}$$

在基-2FFT 程序中，若包含了所有旋转因子，则称该算法为一类蝶形单元运算，若去掉 $W_N^r = \pm 1$ 的旋转因子，则称为二类蝶形单元运算，若再去掉 $W_N^r = \pm j$ 的旋转因子，则称为三类蝶形单元运算；若再处理 $W_N^r = (\pm 1 - j)\sqrt{2}/2$，则称为四类蝶形运算。将后三种运算称为多类蝶形单元运算。显然，蝶形单元类型越多，编程就越复杂，但当 N 较大时，乘法运算的减少量是相当可观的。例如，$N = 4096$ 时，三类蝶形单元运算的乘法次数为一类蝶形单元运算的 75%。

4.3　序列的 Z 变换

如同在连续时间系统分析中将傅里叶变换从频域推广到复域一样，在离散时间系统分析中，也可以用类似的方法将拉普拉斯变换加以推广，得到一种通常称为 Z 变换的运算。Z 变换是求解描述离散系统差分方程的有效工具，在离散系统的分析及数字信号处理技术中都起到了非常重要的作用。

4.3.1　Z 变换的定义

对离散时间函数的 $x(n)$，其 Z 变换定义为如下列级数：

$$X(z) = \sum_{n=-\infty}^{\infty} x(n) z^{-n} \tag{4-92}$$

式中，z 是一个复变量，它所在的复平面称为 z 平面。若在 z 的某个范围内收敛，则称 $X(z)$ 为 $x(n)$ 的 Z 变换，常写成下列形式：

$$Z[x(n)] = \sum_{n=0}^{\infty} x(n) z^{-n} \tag{4-93}$$

在 Z 变换中，考虑的是采样函数值，因此，$x(t)$ 的 Z 变换与 $x(n)$ 的 Z 变换有相同的结果，即

$$Z[x(t)] = Z[x(n)] = \sum_{n=0}^{\infty} x(n) z^{-n} \tag{4-94}$$

这种单边 Z 变换的求和限是从零到无限大，因此对于因果序列，用两种 Z 变换定义计算的结果是一样的。本书中若不另外说明，均用双边 Z 变换对信号进行分析和变换。

式(4-94)中 Z 变换存在的条件是等号右边级数收敛，要求级数绝对可和，即

$$\sum_{n=-\infty}^{\infty} \left| x(n)z^{-n} \right| < \infty \tag{4-95}$$

使式(4-95)成立，Z 变量取值的域称为收敛域。一般收敛域为环状域，即

$$R_{x-} < |z| < R_{x+} \tag{4-96}$$

令 $z = re^{j\omega}$，代入上式得到 $R_{x-} < r < R_{x+}$，收敛域是分别以 R_{x-} 和 R_{x+} 为收敛半径的两个圆形成的环状域(如图 4-17 中所示的斜线部分)。当然，R_{x-} 可以小到零，R_{x+} 可以大到无穷大。收敛域的示意图如图 4-17 所示。

常用的 Z 变换是一个有理函数，用两个多项式之比表示：

$$X(z) = \frac{P(z)}{Q(z)} \tag{4-97}$$

分子多项式 $P(z)$ 的根是 $X(z)$ 的零点，分母多项式 $Q(z)$ 的根是 $X(z)$ 的极点。在极点处 Z 变换不存在，因此收敛域中没有极点，收敛域总是用极点限定其边界。

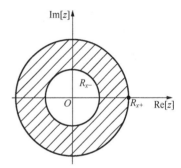

图 4-17　Z 变换的收敛域

对比序列的傅里叶变换定义式，很容易得到傅里叶变换和 Z 变换(ZT)之间的关系，用式(4-98)表示：

$$X(e^{j\omega}) = X(z)\big|_{z=e^{j\omega}} \tag{4-98}$$

式中，$z = e^{j\omega}$ 表示在 z 平面上 $r=1$ 的圆，该圆称为单位圆。式(4-98)表明单位圆上的 Z 变换就是序列的傅里叶变换。如果已知序列的 Z 变换，就可用式(4-98)很方便地求出序列的傅里叶变换，条件是收敛域中包含单位圆。

4.3.2　序列特征对收敛域的影响

序列的特性决定其 Z 变换收敛域，了解序列特性与收敛域的一般关系，对使用 Z 变换是很有帮助的。

1. 有限长序列

如序列 $x(n)$ 满足下式：

$$x(n) = \begin{cases} x(n), & n_1 \leqslant n \leqslant n_2 \\ 0, & \text{其他} \end{cases} \tag{4-99}$$

即序列 $x(n)$ 从 n_1 到 n_2 的序列值不全为零，此范围之外序列值为零，这样的序列称为有限长序列。其 Z 变换为

$$X(z) = \sum_{n=n_1}^{n_2} x(n)z^{-n} \tag{4-100}$$

设 $x(n)$ 为有界序列，由于是有限项求和，除 0 与 ∞ 两点是否收敛与 n_1、n_2 取值情况有关外，整个 z 平面均收敛。如果 $n_1<0$，则收敛域不包括 ∞ 点；如果 $n_2>0$，则收敛域不包括 $z=0$ 点；如果是因果序列，收敛域包括 $z=\infty$ 点。具体有限长序列的收敛域表示如下：

当 $n_1<0$，$n_2\leqslant 0$ 时，$0\leqslant|z|<\infty$；

当 $n_1<0$，$n_2>0$ 时，$0<|z|<\infty$；

当 $n_1\geqslant 0$，$n_2>0$ 时，$0\leqslant|z|\leqslant\infty$。

【例 4-1】 求 $x(n)=R_N(n)$ 的 Z 变换及其收敛域。

解
$$X(z)=\sum_{n=-\infty}^{\infty}R_N(n)z^{-n}=\sum_{n=0}^{N-1}z^{-n}=\frac{1-z^{-N}}{1-z^{-1}}$$

这是一个因果的有限长序列，因此收敛域为 $0\leqslant z\leqslant\infty$。但由结果的分母可以看出，似乎 $z=1$ 是 $X(z)$ 的极点，但同时分子多项式在 $z=1$ 时也有一个零点，极、零点对消，$X(z)$ 在单位圆上仍存在，求 $R_N(n)$ 的傅里叶变换，可将 $z=\mathrm{e}^{j\omega}$ 代入 $X(z)$ 得到。

2. 右序列

右序列是指在 $n\geqslant n_1$ 时，序列值不全为零，而在 $n<n_1$ 时，序列值全为零的序列。右序列的 Z 变换表示为

$$X(z)=\sum_{n=n_1}^{\infty}x(n)z^{-n}=\sum_{n=n_1}^{-1}x(n)z^{-n}+\sum_{n=0}^{\infty}x(n)z^{-n} \tag{4-101}$$

第一项为有限长序列，设 $n_1\leqslant 1$，其收敛域为 $0\leqslant|z|<\infty$。第二项为因果序列，其收敛域为 $R_{x-}<|z|\leqslant\infty$，$R_{x-}$ 是第二项最小的收敛半径。将两收敛域相与，其收敛域为 $R_{x-}<|z|<\infty$。如果是因果序列，收敛域为 $R_{x-}<|z|\leqslant\infty$。

【例 4-2】 求 $x(n)=a^nu(n)$ 的 Z 变换及其收敛域。

解
$$X(z)=\sum_{n=-\infty}^{\infty}a^nu(n)z^{-n}=\sum_{n=0}^{\infty}a^nz^{-n}=\frac{1}{1-az^{-1}}$$

在收敛域中必须满足 $|az^{-1}|<1$，因此收敛域为 $|z|>|a|$。

3. 左序列

左序列是指在 $n<n_2$ 时，序列值不全为零，而在 $n>n_2$ 时，序列值全为零的序列。左序列的 Z 变换表示为

$$X(z)=\sum_{n=-\infty}^{n_2}x(n)z^{-n} \tag{4-102}$$

如果 $n_2<0$，$z=0$ 点收敛，$z=\infty$ 点不收敛，其收敛域是在某一圆（半径为 R_{x+}）的圆内，收敛域为 $0\leqslant|z|<R_{x+}$。如果 $n_2\geqslant 0$，则收敛域为 $0<|z|<R_{x+}$。

【例 4-3】 求 $x(n)=-a^nu(-n-1)$ 的 Z 变换及其收敛域。

解 这里 $x(n)$ 是一个左序列，当 $n\geqslant 0$ 时，$x(n)=0$，

$$X(z)=\sum_{n=-\infty}^{\infty}-a^nu(-n-1)z^{-n}=\sum_{n=-\infty}^{-1}-a^nz^{-n}=\sum_{n=1}^{\infty}-a^{-n}z^n$$

$X(z)$ 存在要求 $\left|a^{-1}\right|<1$，即收敛域为 $|z|<|a|$，因此

$$X(z)=\frac{-a^{-1}z}{1-a^{-1}z}=\frac{1}{1-az^{-1}},\quad|z|<a \tag{4-103}$$

4. 双边序列

一个双边序列可以看作一个左序列和一个右序列之和，其 Z 变换表示为

$$\begin{cases}X(z)=\displaystyle\sum_{n=-\infty}^{\infty}x(n)z^{-n}=X_1(z)+X_2(z)\\[2mm]X_1(z)=\displaystyle\sum_{n_1=-\infty}^{-1}x(n)z^{-n},\quad0\leqslant|z|<R_{+x}\\[2mm]X_2(z)=\displaystyle\sum_{n=0}^{\infty}x(n)z^{-n},\quad R_{x-}<|z|\leqslant\infty\end{cases} \tag{4-104}$$

$X(z)$ 的收敛域是 $X_1(z)$ 和 $X_2(z)$ 收敛域的交集。若 $R_{x+}>R_{x-}$，则其收敛域为 $R_{x-}<|z|<R_{x+}$，是一个环状域；若 $R_{x+}<R_{x-}$，两个收敛域没有交集，则 $X(z)$ 没有收敛域，因此 $X(z)$ 不存在。

【例 4-4】　$x(n)=a^{|n|}$，a 为实数，求 $x(n)$ 的 Z 变换及其收敛域。

解　　$X(z)=\displaystyle\sum_{n=-\infty}^{\infty}a^{|n|}z^{-n}=\sum_{n=-\infty}^{-1}a^{-n}z^{-n}+\sum_{n=0}^{\infty}z^nz^{-n}=\sum_{n=1}^{\infty}a^nz^n+\sum_{n=0}^{\infty}z^na^{-n}$

第一部分收敛域为 $|az|<1$，得 $|z|<|a|^{-1}$；第二部分收敛域为 $\left|az^{-1}\right|<1$，得到 $|z|>|a|$。如果 $|a|<1$，两部分的公共收敛域为 $|a|<|z|<|a|^{-1}$，其 Z 变换如下式：

$$X(z)=\frac{az}{1-az}+\frac{1}{1-az^{-1}}=\frac{1-a^2}{(1-az)(1-az^{-1})},\quad|a|<|z|<|a|^{-1} \tag{4-105}$$

若 $|a|\geqslant1$，则无公共收敛域，因此 $X(z)$ 不存在。当 $0<a<1$ 时，$x(n)$ 的波形及 $X(z)$ 的收敛域如图 4-18 所示。

我们注意到，例 4-2 和例 4-3 的序列是不同的，即一个是左序列，一个是右序列，但其 Z 变换 $X(z)$ 的函数表示式相同，仅收敛域不同。换句话说，同一个 Z 变换函数表达式，收敛域不同，对应的序列是不相同的。所以，$X(z)$ 的函数表达式及其收敛域是一个不可分离的整体，求 Z 变换就包括求其收敛域。

此外，收敛域中无极点，收敛域总是以极点为界的。若求出序列的 Z 变换，找出其极点，则可以根据序列的特性，较简单地确定其收敛域。例如，在例 4-2 中，其极点为 $z=a$，根据 $x(n)$ 是一个因果性序列，其收敛域必为：$|z|>a$；又如在例 4-3 中，其极点为 $z=a$，但 $x(n)$ 是一个左序列，收敛域一定在某个圆内，即 $|z|<|a|$。

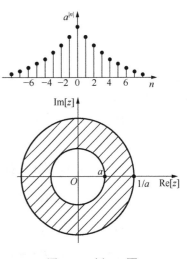

图 4-18　例 4-4 图

4.3.3　逆 Z 变换

已知序列的 Z 变换 $X(z)$ 及其收敛域，求原序列 $x(n)$ 的过程称为求逆 Z 变换。计算逆 Z 变换的方法有留数法、部分分式展开法和幂级数法（长除法）。下面仅介绍留数法和部分分式展开法，重点放在留数法。

1. 用留数定理求逆 Z 变换

序列的 Z 变换及其逆 Z 变换表示如下：

$$X(z) = \sum_{n=-\infty}^{\infty} x(n)z^{-n}, \quad R_{x-} < |z| < R_{x+}$$

$$x(n) = \frac{1}{2\pi j} \oint_c X(z)z^{n-1}\mathrm{d}z \tag{4-106}$$

式中，c 是 $X(z)$ 收敛域中一条包围原点的逆时针的闭合曲线，如图 4-19 所示。求逆 Z 变换时，直接计算围线积分是比较麻烦的，用留数定理求则很容易。为了表示简单，用 $F(z)$ 表示被积函数：$F(z) = X(z)z^{n-1}$。

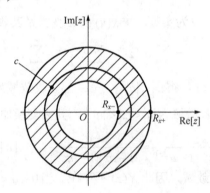

图 4-19　围线积分路径

如果 $F(z)$ 在围线 c 内的极点用 z_k 表示，则根据留数定理有

$$\frac{1}{2\pi j} \oint_c X(Z)Z^{n-1}\mathrm{d}z = \sum_k \mathrm{Re}s[F(z), z_k] \tag{4-107}$$

式中，$\mathrm{Re}s[F(z), z_k]$ 表示被积函数 $F(z)$ 在极点 $z = z_k$ 留数，逆 Z 变换是围线 c 内所有的极点留数之和。

若 z_k 是单阶极点，则根据留数定理有

$$\mathrm{Re}s[F(z), z_k] = (z - z_k) \cdot F(z)\big|_{z=z_k} \tag{4-108}$$

若 z_k 是 N 阶极点，则根据留数定理有

$$\mathrm{Re}s[F(z), z_k] = \frac{1}{(N-1)!} \frac{\mathrm{d}^{N-1}}{\mathrm{d}z^{N-1}}[(z - z_k)^N F(z)]\big|_{z=z_k} \tag{4-109}$$

对于 N 阶极点，需要求 $N-1$ 次导数，这是比较麻烦的。若 c 内有多阶极点，而 c 外没有多阶极点，则可以根据留数辅助定理改求 c 外的所有极点留数之和，使问题简单化。

如果 $F(z)$ 在 z 平面上有 N 个极点，在收敛域内的封闭曲线 c 将 z 平面上的极点分成两部分：一部分是 c 内极点，设有 N_1 个极点，用 z_{1k} 表示；另一部分是 c 外极点，有 N_2 个，用 z_{2k} 表示。$N = N_1 + N_2$。根据留数辅助定理，下式成立：

$$\sum_{k=1}^{N_1} \mathrm{Re}\,s[F(z), z_{1k}] = -\sum_{k=1}^{N_2} \mathrm{Re}\,s[F(z), z_{2k}] \tag{4-110}$$

注意：式 (4-110) 成立的条件是 $F(z)$ 的分母阶次应比分子阶次高二阶以上。设 $X(z) = P(z) / Q(z)$，$P(z)$ 和 $Q(z)$ 分别是 M 与 N 阶多项式。式 (4-110) 成立的条件是

$$N - M - n + 1 \geqslant 2 \tag{4-111}$$

因此要求：

$$n < N - M \tag{4-112}$$

如果式 (4-112) 满足，c 圆内极点中有多阶极点，而 c 圆外没有多阶极点，则逆 Z 变换的计算可以按照式 (4-110)，改求 c 圆外极点留数之和，最后加一个负号。

【例 4-5】　已知 $X(z) = (1 - az^{-1})^{-1} z^{n-1} \mathrm{d}z$，$|z| > a$，求其逆 Z 变换 $x(n)$。

解
$$x(n) = \frac{1}{2\pi \mathrm{j}} \oint_c (1 - az^{-1})^{-1} z^{n-1} \mathrm{d}z$$

$$F(z) = \frac{1}{1 - az^{-1}} z^{n-1} = \frac{z^n}{z - a}$$

为了用留数定理求解，先找出 $F(z)$ 的极点。显然，$F(z)$ 的极点与 n 的取值有关。

极点有两个：$z = a$；当 $n < 0$ 时，其中 $z = 0$ 的极点和 n 的取值有关。$n \geqslant 0$ 时，$z = 0$ 不是极点；$n < 0$ 时，$z = 0$ 是一个 n 阶极点。因此，分成 $n \geqslant 0$ 和 $n < 0$ 两种情况求 $x(n)$。

当 $n \geqslant 0$ 时，$F(z)$ 在 c 内只有 1 个极点：$z_1 = a$。

当 $n < 0$ 时，$F(z)$ 在 c 内有 2 个极点：$z_1 = a$，$a_2 = 0$（n 阶）；所以，应当分段计算 $x(n)$。

当 $n \geqslant 0$ 时，$x(n) = \mathrm{Re}\,s[F(z), a] = (z - a) \dfrac{z^n}{z - a}\Big|_{z=a} = a^n$，$n < 0$ 时，$z = 0$ 是 n 阶极点，不易求留数。

采用留数辅助定理求解，先检查式 (4-112) 是否满足。该例题中 $N = M = 1$，$N - M = 0$，所以 $n < 0$ 时，满足式 (4-112)，可以采用留数辅助定理求解，改求圆外极点留数，但对于 $F(z)$，该例题中圆外没有极点（图 4-20），故 $n < 0$，$x(n) = 0$。最后得到该例题的原序列为

$$x(n) = a^n u(n)$$

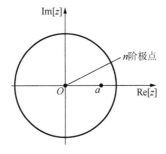

图 4-20　例 4-5 中 $n < 0$ 时 $F(z)$ 的极点分布

事实上，该例题由于收敛域是 $|z| > a$，根据前面分析的序列特性对收敛域的影响知道，$x(n)$ 一定是因果序列，这样 $n < 0$ 部分一定为零，无需再求。本例如此求解是为了证明留数辅助定理法的正确性。

【例 4-6】　已知 $X(z)\dfrac{1-a^2}{(1-az)(z-az^{-1})}$，$|a| < 1$，求其逆变换 $x(n)$。

解　该例题没有给定收敛域，为求出唯一的原序列 $x(n)$，必须先确定收敛域。分析 $X(z)$，得到其极点分布如图 4-21 所示。图中有两个极点：$z = a$ 和 $z = a^{-1}$，这样收敛域有三种选法，它们是

(1) $|z| > |a^{-1}|$，对应的 $x(n)$ 是因果序列；

(2) $|z| < |a|$，对应的 $x(n)$ 是左序列；

(3) $|a| < |z| < |a^{-1}|$，对应的 $x(n)$ 是双边序列。

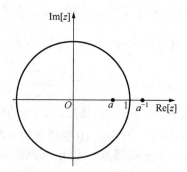

图 4-21　例 4-6 中 $X(z)$ 的极点

下面分别按照不同的收敛域求其 $x(n)$。

(1) 收敛域为 $|z| > |a^{-1}|$。

$$F(z) = \frac{1-a^2}{(1-az)(1-az^{-1})}z^{n-1} = \frac{1-a^2}{-a(z-a)(z-a^{-1})}z^n \tag{4-113}$$

这种情况的原序列是因果的右序列，无需求 $n < 0$ 时的 $x(n)$。当 $n \geqslant 0$ 时，$F(z)$ 在 c 内有两个极点：$z = a$ 和 $z = a^{-1}$，因此

$$x(n) = \operatorname{Res}[F(z), a] + \operatorname{Res}[F(z), a^{-1}]$$

$$= \frac{(1-a^2)z^n}{(z-a)(1-az)}(z-a)\bigg|_{z=a} + \frac{(1-a^2)z^n}{-a(z-a)(z-a^{-1})}(z-a^{-1})\bigg|_{z=a^{-1}}$$

$$= a^n - a^{-n} \tag{4-114}$$

最后表示成：$x(n) = (a^n - a^{-n})u(n)$。

(2) 收敛域为 $|z| < |a|$。

这种情况原序列是左序列，无需计算 $n \geqslant 0$ 情况。实际上，当 $n \geqslant 0$ 时，围线积分 c 内没有极点，因此 $x(n) = 0$。$n < 0$ 时，c 内只有一个极点 $z = 0$，且是 n 阶极点，改求 c 外极点留数之和。

当 $n < 0$ 时：

$$x(n) = -\text{Re}s[F(z), a] - \text{Re}s[F(z), a^{-1}]$$

$$= -\frac{(1-a^2)z^n}{-a(z-a)(z-a^{-1})}(z-a)\bigg|_{z=a} - \frac{(1-a^2)z^n}{-a(z-a)(z-a^{-1})}(z-a^{-1})\bigg|_{z=a^{-1}}$$

$$= -a^n - (-a^{-n}) = a^{-n} - a^n \tag{4-115}$$

最后将 $x(n)$ 表示成封闭式：

$$x(n) = (a^{-n} - a^n)u(-n-1) \tag{4-116}$$

(3) 收敛域为 $|a| < |z| < |a^{-1}|$。

这种情况对应的 $x(n)$ 是双边序列。根据被积函数 $F(z)$，按 $n \geq 0$ 和 $n < 0$ 两种情况分别求 $x(n)$。

$n \geq 0$ 时，c 内只有 1 个极点：$z = a$

$$x(n) = \text{Re}s[F(z), \ a] = a^n \tag{4-117}$$

$n < 0$ 时，c 内极点有 2 个，其中 $z = 0$ 是 n 阶极点，改求 c 外极点留数，c 外极点只有 $z = a^{-1}$，因此：

$$x(n) = -\text{Re}s[F(z), \ a^{-1}] = a^{-n} \tag{4-118}$$

最后将 $x(n)$ 表示为

$$x(n) = \begin{cases} a^n, & n \geq 0 \\ a^{-n}, & n < 0 \end{cases} \tag{4-119}$$

即

$$x(n) = a^{|n|} \tag{4-120}$$

2. 部分分式展开法

对于大多数单阶极点的序列，常常也用部分分式展开法求逆 Z 变换。

设 $x(n)$ 的 Z 变换 $X(z)$ 是有理函数，分母多项式是 N 阶，分子多项式是 M 阶，将 $X(z)$ 展成一些简单的常用的部分分式之和，通过查表（表 4-1）求得各部分的逆变换，再相加便得到原序列 $x(n)$。设 $X(z)$ 只有 N 个一阶极点，可展成下式：

$$X(z) = A_0 + \sum_{m=1}^{N} \frac{A_m z}{z - z_m} \tag{4-121}$$

$$\frac{X(z)}{z} = \frac{A_0}{z} + \sum_{m=1}^{N} \frac{A_m}{z - z_m} \tag{4-122}$$

观察式 (4-121) 和式 (4-122)，$X(z)/z$ 在 $z = 0$ 的极点留数就是系数 A_0，在极点 $z = z_m$ 的留数就是系数 A_m：

$$A_0 = \text{Re}s\left[\frac{X(z)}{z}, 0\right] \tag{4-123}$$

$$A_m = \text{Re}s\left[\frac{X(z)}{z}, z_m\right] \tag{4-124}$$

求出 A_m 系数 $(m = 0,1,2,\cdots,N)$ 后，查表 4-2 可求得 $x(n)$ 序列。

一些常见序列的 Z 变换可参考表 4-2。

表 4-2　常见序列的 Z 变换

序列	Z 变换	收敛域
$\delta(n)$	1	整体 z 平面
$u(n)$	$\dfrac{1}{1-z^{-1}}$	$\lvert z\rvert > 1$
$a^{n}u(n)$	$\dfrac{1}{1-az^{-1}}$	$\lvert z\rvert > \lvert a\rvert$
$R_{N}(n)$	$\dfrac{1-z^{-N}}{1-z^{-1}}$	$\lvert z\rvert > 0$
$-a^{n}u(-n-1)$	$\dfrac{1}{1-az^{-1}}$	$\lvert z\rvert < \lvert a\rvert$
$nu(n)$	$\dfrac{z^{-1}}{\left(1-z^{-1}\right)^{2}}$	$\lvert z\rvert > 1$
$na^{n}u(n)$	$\dfrac{az^{-1}}{\left(1-az^{-1}\right)^{2}}$	$\lvert z\rvert > \lvert a\rvert$
$\mathrm{e}^{j\omega_{0}n}u(n)$	$\dfrac{1}{1-\mathrm{e}^{j\omega_{0}}z^{-1}}$	$\lvert z\rvert > 1$
$\sin(\omega_{0}n)u(n)$	$\dfrac{z^{-1}\sin\omega_{0}}{1-2z^{-1}\cos\omega_{0}+z^{-2}}$	$\lvert z\rvert > 1$
$\cos(\omega_{0}n)u(n)$	$\dfrac{z^{-1}\cos\omega_{0}}{1-2z^{-1}\cos\omega_{0}+z^{-2}}$	$\lvert z\rvert > 1$

4.3.4　Z 变换的性质

根据 Z 变换的定义可以推导出许多性质，这些性质表达了原时间函数与其 Z 变换间的关系。

1. 线性性质

设时间函数 $X_{1}(n)$ 和 $X_{2}(n)$，其 Z 变换为

$$X_{1}(z)=\sum_{n=0}^{\infty}x_{1}(n)z^{-n},\ \ X_{2}(z)=\sum_{n=0}^{\infty}x_{2}(n)z^{-n} \tag{4-125}$$

当 a、b 为任意常数时，序列 $W(n)=aX_{1}(n)+bX_{2}(n)$ 的 Z 变换为

$$W(z)=aX_{1}(z)+bX_{2}(z) \tag{4-126}$$

2. 移序性质

（1）后移。设时间函数 $x(n)$ 与 $x(n-1)$，$x(n)$ 后移一个采样周期 T，得到时间函数 $x(n-1)$，有

$$Z[x(n-1)]=\frac{1}{z}Z\big[x(n)\big] \tag{4-127a}$$

后移 m 步时，有

$$Z\big[x(n-m)\big] = \frac{1}{z^m} Z\big[x(n)\big] \tag{4-127b}$$

（2）前移。设时间函数 $x(n)$ 与 $x(n+1)$，$x(n+1)$ 是 $x(n)$ 向前移到一个采样周期，有

$$Z\big[x(n+1)\big] = z\big\{Z\big[x(n)-x(0)\big]\big\} \tag{4-128a}$$

前移 m 步时，有

$$Z\big[x(n+m)\big] = z^m\left\{Z\left[x(n)-\sum_{k=0}^{m-1}x(k)z^{-k}\right]\right\} \tag{4-128b}$$

3. 时间序列 $x(n)$

$x(n)$ 乘以 e^{-ak} 的 Z 变换，即

$$Z\big[x(n)\mathrm{e}^{-ak}\big] = X\big(\mathrm{e}^{-ak}z\big) \tag{4-129}$$

4. 时序卷积特性

若 $x_1(n)$、$x_2(n)$ 的 Z 变换为 $X_1(z)$、$X_2(z)$，有

$$Z\big[x_1(n)*x_2(n)\big] = X_1(z)X_2(z) \tag{4-130}$$

Z 变换的这种卷积特性类似于时间函数傅里叶变换的卷积特性，实际上它是线性卷积定理在 Z 域的推广，称为 Z 域线性卷积定理。

5. 初值定理

设 $x(n)$ 是因果序列，$X(z) = ZT[x(n)]$，则

$$x(0) = \lim_{z\to\infty} X(z) \tag{4-131}$$

证明：

$$(z-1)X(z) = \sum_{n=-\infty}^{\infty}[x(n+1)-x(n)]z^{-n}$$

因此

$$\lim_{z\to\infty} X(z) = x(0)$$

6. 终值定理

若 $x(n)$ 是因果序列，其 Z 变换的极点，除可以有一个一阶极点在 $z=1$ 上，其他极点均在单位圆内，则

$$\lim_{n\to\infty} x(n) = \lim_{z\to 1}(z-1)X(z) \tag{4-132}$$

证明：

$$(z-1)X(z) = \sum_{n=-\infty}^{\infty}[x(n+1)-x(n)]z^{-n}$$

因为 $x(n)$ 是因果序列，$x(n)=0$，$n<0$，所以

$$(z-1)X(z) = \lim_{n\to\infty}\left[\sum_{m=-1}^{n}x(m+1)z^{-m}-\sum_{m=0}^{n}x(m)z^{-m}\right] \tag{4-133}$$

因为 $(z-1)X(z)$ 在单位圆上无极点，式(4-133)两端对 $z=1$ 取极限：

$$\lim_{z \to 1}(z-1)X(z) = \lim_{n \to \infty}\left[\sum_{m=-1}^{n} x(m+1) - \sum_{m=0}^{n} x(m)\right]$$

$$= \lim_{n \to \infty}[x(0) + x(1) + \cdots x(n+1)] - x(0) - x(1) - x(2) - \cdots - x(n)$$

$$= \lim_{n \to \infty} x(n+1) = \lim_{n \to \infty} x(n) \tag{4-134}$$

终值定理也可用 $X(z)$ 在 $z=1$ 点的留数表示，因为

$$\lim_{z \to 1}(z-1)X(z) = \mathrm{Re}\,s[X(z),1] \tag{4-135}$$

因此：

$$x(\infty) = \mathrm{Re}\,s[X(z),1] \tag{4-136}$$

如果在单位圆上 $X(z)$ 无极点，则 $x(\infty) = 0$。

7. 帕斯维尔 (Parseval) 定理

设

$$X(z) = ZT[x(n)], \quad R_{x-} < |z| < R_{x+}$$

$$Y(z) = ZT[x(n)], \quad R_{x-} < |z| < R_{x+}$$

$$R_{x-}R_{y-} < 1, \quad R_{x+}R_{y+} > 1$$

那么

$$\sum_{n=-\infty}^{\infty} x(n)y^*(n) = \frac{1}{2\pi \mathrm{j}}\oint_c X(\upsilon)Y^*\left(\frac{1}{\upsilon^*}\right)\upsilon^{-1}\mathrm{d}\upsilon \tag{4-137}$$

υ 平面上，c 所在的收敛域为

$$\max\left(R_{x-}, \frac{1}{R_{y+}}\right) < |\upsilon| < \min\left(R_{x+}, \frac{1}{R_{y-}}\right) \tag{4-138}$$

4.4　希尔伯特变换

希尔伯特变换是在傅里叶变换基础上的一种线性变换，它在同一域中把一个函数映射为另一个函数。

4.4.1　希尔伯特变换的定义

1. 卷积积分

设实值函数 $x(t)$，t 范围是 $(-\infty,+\infty)$，它的希尔伯特变换为

$$\hat{x}(t) = \int_{-\infty}^{+\infty} \frac{x(\tau)}{\pi(t-\tau)}\mathrm{d}\tau \tag{4-139}$$

常记作

$$\hat{x}(t) = H[x(t)] \tag{4-140}$$

由于 $\hat{x}(t)$ 是函数 $x(t)$ 与 $\dfrac{1}{\pi t}$ 的卷积积分，故可写成

$$\hat{x}(t) = x(t) * \frac{1}{\pi t} \tag{4-141}$$

2. $\pi/2$ 相移

设 $\hat{X}(f) = F[\hat{x}(t)]$，根据式 (4-141) 和傅里叶变换性质可知，$\hat{X}(f)$ 是 $x(t)$ 的傅里叶变换 $X(f)$ 和 $1/(\pi t)$ 的傅里叶变换 $F\left(\dfrac{1}{\pi t}\right)$ 的乘积。由

$$F\left(\frac{1}{\pi t}\right) = -\mathrm{j}\,\mathrm{sgn}(f) = \begin{cases} -\mathrm{j}, & f > 0 \\ \mathrm{j}, & f < 0 \end{cases} \tag{4-142}$$

得

$$\hat{X}(f) = -\left[\mathrm{j}\,\mathrm{sgn}(f)\right]X(f) \tag{4-143}$$

可将 $-\mathrm{j}\,\mathrm{sgn}(f)$ 表达为

$$B(f) = -\mathrm{j}\,\mathrm{sgn}(f) = \begin{cases} \mathrm{e}^{-\mathrm{j}\frac{\pi}{2}}, & f > 0 \\ \mathrm{e}^{\mathrm{j}\frac{\pi}{2}}, & f < 0 \end{cases} \tag{4-144}$$

或

$$B(f) = |B(f)|\mathrm{e}^{-\mathrm{j}\varphi_k(f)} \tag{4-145}$$

所以，$B(f)$ 是一个 $\pi/2$ 相移系统，即希尔伯特变换等效于 $\pm\pi/2$ 相移，对正频率产生 $\pi/2$ 的相移，对负频率产生 $-\pi/2$ 的相移。或者说，在时域信号中，每一频率成分移位 $1/4$ 波长。因此，希尔伯特变换又称 $90°$ 移相器。

3. 解析信号的虚部

为了进一步理解希尔伯特变换的意义，引入解析函数 $Z(t)$，有

$$Z(t) = x(t) + \mathrm{j}\hat{x}(t) \tag{4-146}$$

$Z(t)$ 也可以写成

$$Z(t) = A(t)\mathrm{e}^{-\mathrm{j}\varphi(t)} \tag{4-147}$$

式中，$A(t)$ 为希尔伯特变换的包络；$\varphi(t)$ 为瞬时相位信号。

希尔伯特变换包络 $A(t)$ 定义为

$$A(t) = \sqrt{x^2(t) + \hat{x}^2(t)} \tag{4-148}$$

相位定义为

$$\varphi(t) = \arctan\left[\frac{\hat{x}(t)}{x(t)}\right] \tag{4-149}$$

瞬时频率定义为

$$f_0 = \left(\frac{1}{2\pi}\right)\frac{\mathrm{d}\varphi(t)}{\mathrm{d}t} \tag{4-150}$$

根据傅里叶变换式：

$$Z(t) = F^{-1}[Z(f)] = x(t) + j\hat{x}(t)$$
$$\begin{cases} x(t) = \mathrm{Re}Z(t) \\ \hat{x}(t) = \mathrm{Im}Z(t) \end{cases} \tag{4-151}$$

为计算 $Z(f)$，由 $\hat{X}(f) = [-\mathrm{jsgn}(f)]X(f)$ 知：

$$Z(f) = \left[1 + \mathrm{sgn}(f)\right]X(f) = B_1(f)X(f) \tag{4-152}$$

式中，

$$B_1(f) = \begin{cases} 2, & f > 0 \\ 0, & f < 0 \end{cases} \tag{4-153}$$

因此，可以简单地从 $X(f)$ 得到 $Z(f)$，即

$$Z(f) = \begin{cases} 2X(f), & f > 0 \\ 0, & f > 0 \end{cases} \tag{4-154}$$

由 $Z(f)$ 的傅里叶逆变换给出 $Z(t)$，而 $Z(t)$ 虚部即 $\hat{x}(t)$。

4.4.2　希尔伯特交换的性质

1. 线性性质

若 $\hat{x}_1(t) = H[x_1(t)]$ 和 $\hat{x}_2(t) = H[x_2(t)]$，且 a，b 为任意常数，则有

$$H\left[ax_1(t) + bx_2(t)\right] = a\hat{x}_1(t) + b\hat{x}_2(t) \tag{4-155}$$

2. 移位性质

$$H\left[x(t-a)\right] = \hat{x}(t-a) \tag{4-156}$$

3. 希尔伯特变换的希尔伯特变换

$$H\left[\hat{x}(t)\right] = -x(t) \tag{4-157}$$

此性质表明，两重希尔伯特变换的结果仅使原函数加一负号。

推论

$$H^{2n}\left[x(t)\right] = (\mathrm{j})^{2n} x(t) \tag{4-158}$$

4. 希尔伯特逆变换

$$x(t) = H^{-1}\left[\hat{x}(t)\right] = -\int_{-\infty}^{+\infty} \frac{\hat{x}(t)}{\pi(t-\tau)}\mathrm{d}\tau \tag{4-159}$$

$x(t)$ 为 $\hat{x}(t)$ 与 $-1/(\pi t)$ 的卷积，可表示为

$$x(t) = F^{-1}\mathrm{jsgn}(f)\hat{X}(f) \tag{4-160}$$

式中，

$$\hat{X}(f) = F\left[\hat{x}(t)\right] \tag{4-161}$$

5. 奇偶特性

如果原函数 $x(t)$ 是 t 的偶（奇）函数，则其希尔伯特变换 $\hat{x}(t)$ 就是 t 的奇（偶）函数，即

$$\begin{cases} x(t)\text{偶} \leftrightarrow \hat{x}(t)\ \text{奇} \\ x(t)\text{奇} \leftrightarrow \hat{x}(t)\ \text{偶} \end{cases} \tag{4-162}$$

6. 相似性质

$$H\big[x(at)\big]=\hat{x}(at)\quad\text{（}a\text{ 为常数）}\tag{4-163}$$

7. 能量守恒

根据帕塞瓦尔定理可知

$$\int_{-\infty}^{+\infty}x^2(t)\mathrm{d}t=\int_{-\infty}^{+\infty}\big|X(f)\big|^2\,\mathrm{d}f\tag{4-164}$$

和

$$\int_{-\infty}^{+\infty}\hat{x}^2(t)\mathrm{d}t=\int_{-\infty}^{+\infty}\big|\hat{X}^2(f)\big|\,\mathrm{d}f\tag{4-165}$$

因而有

$$\int_{-\infty}^{+\infty}x^2(t)\mathrm{d}t=\int_{-\infty}^{+\infty}\big|\hat{x}^2(t)\big|\,\mathrm{d}t\tag{4-166}$$

8. 正交性质

$$\int_{-\infty}^{+\infty}x(t)\hat{x}(t)\mathrm{d}t=0\tag{4-167}$$

9. 调制性质

对于任意函数 $x(t)$，其傅里叶变换 $X(f)$ 是带限的，即

$$X(f)=\begin{cases}X(f),&|f|\leqslant f_m\\0,&\text{其他}\end{cases}\tag{4-168}$$

则有

$$\begin{cases}H\big[x(t)\cos(2\pi f_0 t)\big]=x(t)\sin(2\pi f_0 t)\\H\big[x(t)\sin(2\pi f_0 t)\big]=x(t)\cos(2\pi f_0 t)\end{cases}\tag{4-169}$$

10. 卷积性质

$$H\big[x_1(t)*x_2(t)\big]=\hat{x}_1(t)*\hat{x}_2(t)\tag{4-170}$$

另外，希尔伯特变换具有周期性和同域性，即希尔伯特变换不改变原函数的周期性也不改变域表示，不像傅里叶变换那样，把时间函数（信号）从时域表示变换成频域表示。

4.4.3　希尔伯特变换表

由傅里叶变换特性可知，$\dfrac{1}{\pi t}\overset{\mathrm{FT}}{\longleftrightarrow}-\mathrm{jsgn}(f)$，有

$$F\big[\hat{x}(t)\big]=X(f)\big[-\mathrm{jsgn}(f)\big]=\begin{cases}-\mathrm{j}X(f),&f>0\\\mathrm{j}X(f),&f<0\end{cases}\tag{4-171}$$

因此，只要对上式作傅里叶逆变换，即可得到 $x(t)$ 的希尔伯特变换 $\hat{x}(t)$，即

$$\hat{x}(t)=F^{-1}\big\{X(f)\big[-\mathrm{jsgn}(f)\big]\big\}\tag{4-172}$$

这样利用卷积特性及双曲线的傅里叶变换，与快速傅里叶算法，就可实现高效的希

尔伯特变换运算法，实现过程如图 4-22 所示。希尔伯特变换表(表 4-3)给出了常用信号的希尔伯特变换及包络供读者参考。

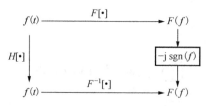

图 4-22　高效希尔伯特变换

表 4-3　希尔伯特变换表

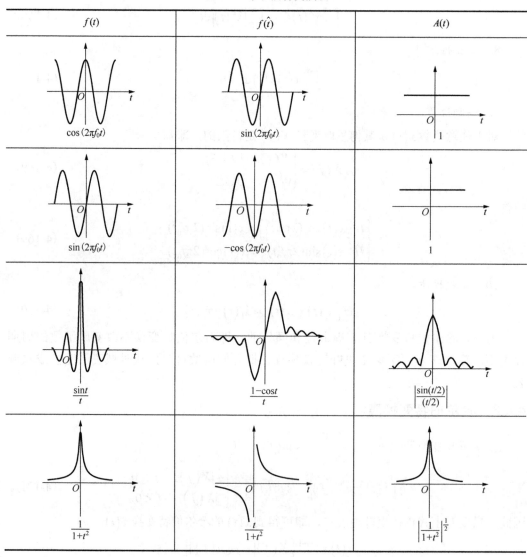

续表

$f(t)$	$\hat{f}(t)$	$A(t)$
$e^{-c|t|}\cos(2\pi f_0 t)$	$e^{-c|t|}\sin(2\pi f_0 t)$	$e^{-c|t|^3}$

习　　题

4.1　设 $X(e^{j\omega})$ 和 $Y(e^{j\omega})$ 分别是 $x(n)$ 和 $y(n)$ 的傅里叶变换，试求下面序列的傅里叶变换：

(1) $x(n-n_0)$；

(2) $x*(n)$；

(3) $x(-n)$；

(4) $x(n)*y(n)$；

(5) $x(n)y(n)$；

(6) $nx(n)$；

(7) $x(2n)$；

(8) $x^2(n)$；

(9) $x_9(n) = \begin{cases} x\left(\dfrac{n}{2}\right), & n = 偶数 \\ 0, & n = 奇数 \end{cases}$。

4.2　已知：

$$X\left(e^{j\omega}\right) = \begin{cases} 1, & |\omega| < \omega_0 \\ 0, & \omega_0 < \omega \leqslant \pi \end{cases}$$

求 $X\left(e^{j\omega}\right)$ 的傅里叶逆变换 $x(n)$。

4.3　若序列 $h(n)$ 是实因果序列，$h(0) = 1$，其傅里叶变换的虚部为

$$H_{\mathrm{I}}\left(e^{j\omega}\right) = -\sin\omega$$

求序列 $h(n)$ 及其傅里叶变换 $H\left(e^{j\omega}\right)$。

4.4　若序列 $h(n)$ 是实因果序列，$h(0) = 1$，其傅里叶变换的实部如下式：

$$H_{\mathrm{R}}\left(e^{j\omega}\right) = 1 + \cos\omega$$

求序列 $h(n)$ 及其傅里叶变换 $H\left(\mathrm{e}^{\mathrm{j}\omega}\right)$。

4.5　计算以下序列的 N 点 DFT，在变换区间 $0 \leqslant n \leqslant N-1$ 内，序列定义为

(1) $x(n) = 1$；

(2) $x(n) = \delta(n)$；

(3) $x(n) = \delta(n - n_0)$，$0 < n_0 < N$；

(4) $x(n) = R_m(n)$，$0 < m < N$；

(5) $x(n) = \mathrm{e}^{\mathrm{j}\frac{2\pi}{N}mn}$，$0 < m < N$；

(6) $x(n) = \cos\left(\dfrac{2\pi}{N}mn\right)$，$0 < m < N$；

(7) $x(n) = \cos(\omega_0 n) \cdot R_N(N)$；

(8) $x(n) = nR_N(N)$。

4.6　已知长度为 $N = 10$ 的两个有限长序列：

$$x_1(n) = \begin{cases} 1, & 0 \leqslant n \leqslant 4 \\ 0, & 5 \leqslant n \leqslant 9 \end{cases}$$

$$x_2(n) = \begin{cases} 1, & 0 \leqslant n \leqslant 4 \\ -1, & 5 \leqslant n \leqslant 9 \end{cases}$$

作图表示 $x_1(n)$、$x_2(n)$、$x_1(n)$ 和 $x_2(n)$ 的 10 点和 20 点循环卷积。

4.7　已知 $x(n)$ 长度为 N，

$$X(k) = \mathrm{DFT}\big[x(n)\big]$$

$$x(n) = \begin{cases} x(n), & 0 \leqslant n \leqslant N-1 \\ 0, & N \leqslant n \leqslant mN-1, \ m\text{为自然数} \end{cases}$$

$$Y(k) = \mathrm{DFT}\big[y(n)\big]_{mN}, \quad 0 \leqslant k \leqslant mN-1$$

求 $Y(k)$ 与 $X(k)$ 的关系式。

4.8　如果某通用单片计算机的速度为平均每次复数乘需要 4 μs，每次复数加需要 1 μs，用来计算 $N = 1024$ 点 DFT，问直接计算需要多少时间。用 FFT 计算呢？照这样计算，用 FFT 进行快速卷积来对信号进行处理时，估计可实现实时处理的信号最高频率为多大？

4.9　如果将通用单片机换成数字信号处理专用单片机 TMS320 系列，计算复数乘和复数加各需要 10ns。请重复做题 4.8。

4.10　设 $x(n)$ 是长度为 $2N$ 的有限长实序列，$X(k)$ 为 $x(n)$ 的 $2N$ 点 DFT。

(1) 试设计用一次 N 点 FFT 完成计算 $X(k)$ 的高效算法；

(2) 若已知 $X(k)$，试设计用一次 N 点 IFFT 实现求 $X(k)$ 的 $2N$ 点 IDFT 运算。

4.11　求出以下序列的 Z 变换及收敛域：

(1) $2^{-n}u(n)$；　(2) $-2^{-n}u(-n-1)$；　(3) $2^{-n}u(-n)$；　(4) $\delta(n)$；　(5) $\delta(n-1)$；

(6) $2^{-n}[u(n)-u(n-10)]$。

4.12 已知

$$X(z)=\frac{3}{1-\frac{1}{2}z^{-1}}+\frac{2}{1-2z^{-1}}$$

求出对应 $X(z)$ 的各种可能的序列表达式。

第5章 振动信号的时域处理

在实际的振动信号测量中，测量的信号中往往混有各种无用的信号（统称为噪声），使得许多有用信息都被"湮没"了。一般噪声的来源十分复杂，可能是机构的缺陷，也可能是测量系统有其他的输入源，因而测量信号只有经过必要的分析和处理，才能提取出其中有用的特征信息。目前，振动信号的分析和处理方法有很多，其中直接利用测量信号波形的时域方法是提取设备和机构振动信息的有效手段之一，在故障诊断中已获得广泛的应用。

本章将着重介绍振动信号的时域统计指标、相关分析等时域处理方法及其应用。

5.1 时域波形的合成分解

为了从时域波形了解信号的性质，可以从不同的角度将复杂信号分解为若干简单信号，然后对信号进行分析和处理。下面介绍几种常用的分解。

5.1.1 稳态分量与交变分量

信号 $x(t)$ 可以分解为稳态分量 $x_d(t)$ 与交变分量 $x_a(t)$ 之和，如图 5-1 所示。即

$$x(t) = x_d(t) + x_a(t) \tag{5-1}$$

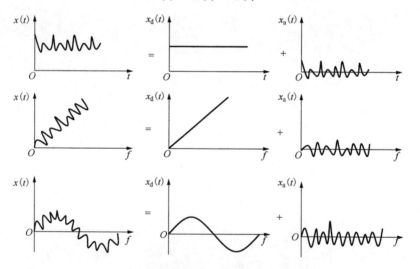

图 5-1 信号分解为稳态分量与交变分量之和

稳态分量是一种有规律变化的且有时称为趋势量，而交变分量可能包含了所研究物理过程的幅值、频率、相位信息，也可能是随机干扰噪声。

5.1.2　偶分量与奇分量

信号 $x(t)$ 可以分解为偶分量 $x_e(t)$ 与奇分量 $x_o(t)$ 之和，如图 5-2 所示。即

$$x(t) = x_e(t) + x_o(t) \tag{5-2}$$

偶分量关于纵轴对称，奇分量且关于原点对称。

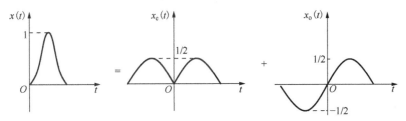

图 5-2　信号分解为奇、偶分量之和

5.1.3　实部分量与虚部分量

对于瞬时值为复数的信号 $x(t)$，可将其分解为实、虚两部分之和，即

$$x(t) = x_R(t) + j x_i(t) \tag{5-3}$$

一般实际产生的信号多为实信号。但在信号分析理论中，常借助复信号来研究某些实信号问题，因为这种处理方法可以建立某些有意义的概念和简化运算。例如，关于轴回转精度的测量与信号处理，将回转轴沿半径方向上的误差运动看作点在平面上的周期运动，它可以用一个时间为自变量的复数 $x(t)$ 来表示，实部 $x_R(t)$ 与虚部 $x_i(t)$ 则可用相互垂直的径向测量装置测量，所得信号为 $x(t) = x_R(t) + x_i(t)$，特此形式换写为极坐标形式，则

$$x(t) = r(i) e^{j\varphi(t)} \tag{5-4}$$

$$\begin{cases} r(t) = \sqrt{[x_R(t)]^2 + [x_1(t)]^2} \\ \varphi(t) = \arctan \dfrac{x_1(t)}{x_R(t)} \end{cases} \tag{5-5}$$

由于误差运动的轨迹随着轴的旋转而大致重复。因此，可将 $x(t)$ 近似为周期函数，用傅里叶级数展开为

$$\begin{cases} x(t) = \displaystyle\sum_{n=0}^{\infty} C_n e^{jn\omega_0 t}, \quad n = 0, \pm 1, \pm 2, \cdots \\ C_n = r_n e^{j\varphi_n} = \dfrac{1}{T} \displaystyle\int_0^T x(t) e^{-jn\omega_0 t} dt \end{cases} \tag{5-6}$$

式 (5-6) 表明：周期性径向误差运动可分解成许多做圆周运动的频率分量，如图 5-3 所示。这些圆周运动的角速度为 $n\omega_0$（$n > 0$）（$n > 0$ 时与轴的旋转同向，$n < 0$ 时反向），周期误差运动的各次频率分量可用 FFT 方法来计算。显然，这样一种分解方法，概念清楚，有利于分析问题和处理测试信号。

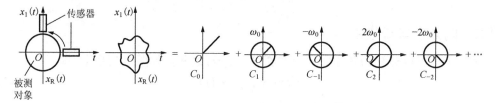

图 5-3　周期性径向误差分解

5.1.4　正交函数分量

信号 $x(t)$ 可以用正交函数集来表示，即

$$x(t) \approx c_1 x_1(t) + c_2 x_2(t) + \cdots + c_n x_n(t) \tag{5-7}$$

各分量正交的条件为

$$\int_{t_1}^{t_2} x_i(t) x_j(t) \mathrm{d}t = \begin{cases} 0, & i \neq j \\ 1, & i = j \end{cases} \tag{5-8}$$

即不同分量在区间 (t_1, t_2) 内乘积的积分为零，任一分量在区间 (t_1, t_2) 内的能量有限。式(5-7)中各分量的系数 c_i，是在满足最小均方差的条件下由式(5-9)求得

$$c_i = \frac{\int_{t_1}^{t_2} x(t) x_i(t) \mathrm{d}t}{\int_{t_1}^{t_2} x_i^2(t) \mathrm{d}t} \tag{5-9}$$

满足正交条件的函数集有三角函数、复指数函数、沃尔什(Walsh)函数等。例如，用三角函数集描述信号时，可以把信号 $x(t)$ 分解为许多正(余)弦三角函数之和(这就是前面介绍的周期信号的傅里叶级数展开)。

5.2　时域统计特征参数处理方法

通过时域波形可以得到的一些统计特征参数，它们常用于对机械进行快速评价和简易诊断。

5.2.1　有量纲型的幅值参数

有量纲型的幅值参数包括方根幅值、平均幅值、均方幅值和峰值等。若随机过程 $x(t)$ 符合平稳、各态历经条件且均值为 0，设 x 为幅值，$p(x)$ 为幅值概率密度函数，有量纲型幅值参数可定义为

$$x_\mathrm{d} = \left[\int_{-\infty}^{+\infty} |x|^l p(x) \mathrm{d}x \right]^{1/l} = \begin{cases} x_\mathrm{r}, & l = \dfrac{1}{2} \\ \overline{x}, & l = 1 \\ x_\mathrm{rms}, & l = 2 \\ x_\mathrm{p}, & l \to \infty \end{cases} \tag{5-10}$$

式中，x_r 为方根幅值；$\overline{x}$ 为均值；x_rms 为均方值，x_p 为峰值。当 $t \in (0, T)$ 时，上述参数的另一种时域定义方法为

$$x_d = \begin{cases} x_r = \left[\dfrac{1}{T}\displaystyle\int_0^T \sqrt{|x(t)|}\,dt\right]^2 \\[2mm] \bar{x} = \dfrac{1}{T}\displaystyle\int_0^T |x(t)|\,dt \\[2mm] x_{rms} = \left[\dfrac{1}{T}\displaystyle\int_0^T x^2(t)\,dt\right]^{\frac{1}{2}} \\[2mm] x_p = E\left[\max|x(t)|\right] \end{cases} \tag{5-11}$$

上述四种幅值参数如图 5-4 所示。由于用有量纲型幅值参数来描述机械状态，不但与机器的状态有关，而且与机器的运动参数(如转速、载荷等)有关，因此直接用它们评价不同工况的机械无法得出统一的结论。

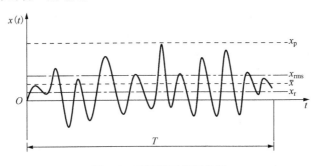

图 5-4　有量纲型幅值参数

5.2.2　无量纲型参数

无量纲型的参数具有对机械工况变化不敏感的特点，这就意味着，理论上它们与机器的运动条件无关，它们只依赖于概率密度函数 $p(x)$ 的形状，所以无量纲型参数是一种较好的评价参数。一般它可定义为

$$\zeta_x = \frac{\left[\displaystyle\int_{-\infty}^{+\infty}|x|^l\,p(x)\,dx\right]^{\frac{1}{l}}}{\left[\displaystyle\int_{-\infty}^{+\infty}|x|^m\,p(x)\,dx\right]^{\frac{1}{m}}} \tag{5-12}$$

由式(5-12)的一般定义，可以得到如下的一些指标。

(1)波形指标 $l=2$，$m=1$：

$$K = \frac{x_{rms}}{\bar{x}}$$

(2)峰值指标 $l \to \infty$，$m=2$：

$$c = \frac{x_p}{x_{rms}}$$

(3)脉冲指标 $l \to \infty$，$m=1$：

$$I = \frac{x_p}{\bar{x}}$$

(4)裕度指标$l \to \infty$，$m = 1/2$：

$$L = \frac{x_{\mathrm{p}}}{x_{\mathrm{r}}}$$

另外，还可以利用高阶统计量，如四阶矩$\alpha_4 = \int_{-\infty}^{+\infty} x^4(t) p(x) \mathrm{d}x$进行定义。

(5)峭度指标：

$$K = \frac{\alpha_4}{\sigma_x^4}$$

式中，σ_x为信号标准差，$\sigma_x = \left\{ \int_{-\infty}^{+\infty} \left[x(t) - \overline{X} \right]^2 p(x) \mathrm{d}x \right\}^{\frac{1}{2}}$。

上述基于有量纲型幅值参数构造的无量纲指标虽然都不是通过严格的函数关系或方程推出的，但它们力图从不同方面反映设备状态变化的物理本质，并且满足对设备的状态敏感和运行参数不敏感的要求。例如，峭度指标主要用于检测振动信号中的冲击成分。当设备运行工况变化，如转速和载荷增大时，信号幅值和标准差也随之增大，但它们的比值变化相比幅值和标准差变化要小得多，因此，峭度指标对设备工况变化的敏感性下降。另外，当信号出现冲击脉冲时，峭度表达式中的分子含信号幅值的四次方因子，而分母则为幅值的二次方因子，此时峭度值就会增加而偏离正常状态的峭度值，因此，峭度对信号冲击敏感具有很好的诊断能力。

图 5-5 所示为滚动轴承正常和故障状态的无量纲和有量纲指标变化曲线，可以看出，正常和外圈故障两种状态峭度值分布范围不同，而相同数据的有效值曲线分布范围存在交叠。可见，峭度指标相比有效值，对机器运行参数的敏感性减小。因此，峭度指标可以达到分类效果。然而，由信号的幅值参数比值得到的无量纲指标在实际使用时，敏感性和稳定性常常不能兼顾，导致对一些故障、特别是对早期故障的诊断结果不理想。对这些无量纲指标的敏感性和稳定性的评价如表 5-1 所示，评价等级分为优、良、中、差四级。因此，开发或构造性能良好的无量纲指标对振动信号处理具有重要意义。

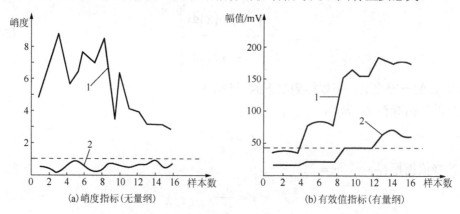

图 5-5　滚动轴承正常和故障状态的无量纲和有量纲指标变化曲线

1-正常；2-外圈故障

表 5-1 无量纲指标的敏感性和稳定性的评价

指标	敏感性	稳定性
波形指标	差	优
峰值指标	中	中
脉冲指标	良	中
裕度指标	优	中
峭度指标	优	差

5.2.3　高阶统计量指标

假定时间序列是零均值的(一个非零均值的时间序列可通过减去均值估计变成零均值序列)。对一个零均值的平稳随机过程 $\{x(t)\}$ 而言,三阶和四阶累积量定义为

$$c_{3x}(\tau_1,\ \tau_2) \equiv E\{x(n)x(n+\tau_1)x(n+\tau_2)\} \tag{5-13}$$

$$c_{4x}(\tau_1,\tau_2,\tau_3) \equiv E\big[x(n)x(n+\tau_1)x(n+\tau_2)x(n+\tau_3)\big] - R_x(\tau_1)R(\tau_2-\tau_3)$$
$$-R_x(\tau_2)R(\tau_3-\tau_1) - R_x(\tau_3)R_x(\tau_1-\tau_2) \tag{5-14}$$

式中,$E[\cdot]$ 为数学期望;$R_x(\tau)$ 是二阶矩即自相关函数,$R_x(\tau) = E[x(n)x(n+\tau)]$。上述累积量属于高阶统计量,高阶累积量具有很多重要的性质,它们是高阶统计量应用的重要基础,现介绍如下几个。

(1)若 $\{x(t)\}$ 是高斯(Gauss)过程,则高于三阶的累积量恒等于 0。

$$c_k \equiv 0, \quad k \geqslant 3 \tag{5-15}$$

(2)如果 $\lambda_i (i=1,2,\cdots,k)$ 为常数,$x(k)$ 为随机变量,则有

$$\mathrm{cum}(\lambda_1 x_1, \lambda_2 x_2, \cdots, \lambda_k x_k) = \mathrm{cum}(x_1, x_2, \cdots, x_k)\prod_i \lambda_i \tag{5-16}$$

式中,cum () 表示累积量。

(3)累积量对所有变元对称,即

$$\mathrm{cum}(x_1, x_2, \cdots, x_k) = \mathrm{cum}(x_i, x_j, \cdots, x_q) \tag{5-17}$$

式中,$(i, j, \cdots, q)$ 是 $(1,2, \cdots, k)$ 的任意一种排列形式。

由高阶累积量的性质(3)可知,对于三阶累积量有结论:

$$c_{3x}(\tau_1,\ \tau_2) = c_{3x}(\tau_1, \tau_2) = c_{3x}(-\tau_2, \tau_1-\tau_2)$$
$$= c_{3x}(\tau_2-\tau_1, -\tau_1) = c_{3x}(\tau_1-\tau_2, -\tau_2)$$
$$= c_{3x}(-\tau_1, \tau_2-\tau_1)$$

即一个实序列的三阶累积量有六个对称区,如图 5-6 所示。这意味着,如果知道了六个扇形区中的任何一区的累积量,就能求出整个三阶累积量序列。

(4)累积量的变量是可加的。设 x_0 和 y_0 为两个不同变量,则有

$$\mathrm{cum}(x_0+y_0, z_1, z_2, \cdots, z_k) = \mathrm{cum}(x_0, z_1, z_2, \cdots, z_k) + \mathrm{cum}(y_0, z_1, z_2, \cdots, z_k) \tag{5-18}$$

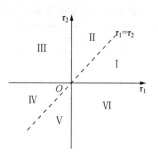

图 5-6　三阶累积量的对称区

（5）如果 λ 为一常数，则有

$$\mathrm{cum}(\lambda + x_1, x_2, \cdots, x_k) = \mathrm{cum}(x_1, x_2, \cdots, x_k) \tag{5-19}$$

（6）如果随机变量 $\{x_i\}$ 和 $\{y_i\}$ 彼此独立，则有

$$\mathrm{cum}(x_1 + y_1, x_2 + y_2, \cdots, x_k + y_k) = \mathrm{cum}(x_1, x_2, \cdots, x_k) + \mathrm{cum}(y_1, y_2, \cdots, y_k) \tag{5-20}$$

由上述性质，可以得到一个非常重要的结论：如果一个测量信号中含加性高斯噪声，利用高阶累积量作为分析工具，理论上可以完全抑制高斯噪声的影响，提取出有用的信号。这一点常常是应用高阶统计量的重要动机之一，尤其是用在振动信号处理中，提取的信号常常含有加性随机噪声的情况。

图 5-7 所示为滚动轴承信号的三阶累积量处理结果，其中滞后量 τ_1、τ_2 变化范围为 $[-1,1]\mathrm{ms}$。由此可见，正常信号和故障信号的图形差别很大，因此，可以将此作为指标，对不同故障类型进行分类。

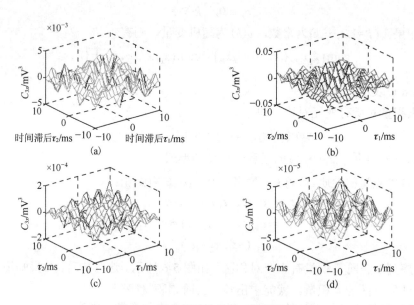

图 5-7　滚动轴承信号的三阶累积量

5.3　信号的幅值分布特性

5.3.1　概率密度定义

1. 函数幅值的概率

如图 5-8 所示，各态历经过程的样本函数 $x(t)$ 的值在 x 和 $(x+\Delta x)$ 范围内的概率可表示为

$$p_{\text{rob}}\left[x \leqslant x(t) < x+\Delta x\right] = \lim_{T\to\infty}\frac{\Delta t}{T} \tag{5-21}$$

式中，$\Delta t = \sum_{i=1}^{n}\Delta t_i$ 为 $x(t)$ 落在间隔 $x \sim x+\Delta x$ 内的总时间；T 为总的观察时间。换言之 $x(t)$ 范在 $x \sim x+\Delta x$ 内的概率。可由 $\Delta t / T$ 比例的权限唯一确定。

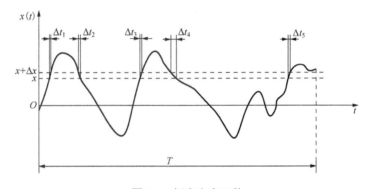

图 5-8　概率密度函数

2. 概率分布函数

参照图 5-9(a) 对于各态历经的随机信号，$x(t)$ 的值小于或等于振幅 δ 的概率为

$$P(x) = p_{\text{rob}}\left[x(t) \leqslant \delta\right] = \lim_{T\to\infty}\frac{\Delta t\left[x(t) \leqslant \delta\right]}{T} \tag{5-22}$$

式 (5-22) 表示的概率函数，称为概率分布函数。由于 δ 必定有某个下限（可以是负无穷大）使 $x(t)$ 总是大于它，因此，在 δ 变得越来越小时，概率分布函数 $p(x)$ 的值总会达到零。同样，由于 δ 值必然有一个上限使 $x(t)$ 总是不能超过它，因此，在 δ 变得越来越大时，$p(x)$ 的值总会达到 1。所以概率分布函数曲线在 $0\sim1$ 变化，如图 5-9(b) 所示。

3. 概率密度函数

上述概率分布函数变化曲线，虽然只限制在 $0\sim1$ 变化，但不同的形状代表不同概率结构的数据。为了区分，一般用分布函数的斜率来描述其概率结构数据的不同，即

$$p(x) = \frac{\text{d}P(x)}{\text{d}x} \tag{5-23}$$

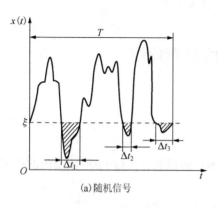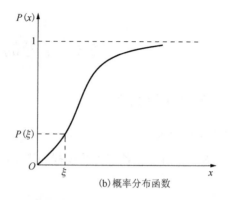

(a)随机信号　　　　　　　　　　　　(b)概率分布函数

图 5-9　概率分布函数

ξ-某一幅值；$P(\xi)$-该值的概率分布函数

这样得到的函数称为概率密度函数。其变化曲线如图 5-8 所示，式(5-23)也可写成如下的关系：

$$p(x) = \lim_{\Delta x \to 0} \frac{P(x + \Delta x) - P(x)}{\Delta x} \tag{5-24}$$

式中，$p(x)$ 为 $x(t)$ 瞬时值小于 x 水平的概率分布函数；$P(x + \Delta x)$ 为 $x(t)$ 瞬时值小于 $x + \Delta x$ 水平的概率分布函数。

依据概率表达式(5-21)可知：

$$p_{\text{rob}}\left[x \leqslant x(t) < x + \Delta x \right] = P(x + \Delta x) - P(x) = \lim_{T \to \infty} \frac{\Delta t}{T}$$

所以式(5-24)可写成

$$p(x) = \lim_{\Delta x \to \infty} \frac{1}{\Delta x} \left[\lim_{T \to \infty} \lim_{T \to \infty} \frac{\Delta t}{T} \right] \tag{5-25}$$

由式(5-25)求出所有 $x(t)$ 值的 $p(x)$ 便可得到概率密度函数或概率密度曲线。概率密度函数全面地描述随机振动瞬时值，它有很多的优点。$p(x)$ 曲线下的面积 $p(x)\mathrm{d}x$（图 5-10），

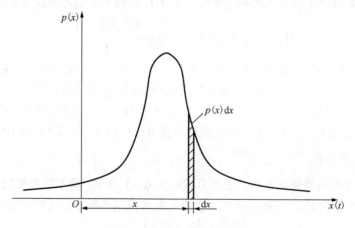

图 5-10　概率密度函数曲线

便是瞬时幅值落在 $x \sim x + \Delta x$ 内的概率。 $p(x)$ 不受所取幅值间隔大小的影响，即概率密度函数表示了概率相对幅值的变化率，或说是单位幅值的概率，故有密度的概念，其量纲是 $1/\Delta x$。还可由 $p(x)$ 曲线求概率分布函数，即

$$P(x) = \int_{-\infty}^{x} p(x)\mathrm{d}x \qquad (5\text{-}26)$$

概率分布函数有时也称为累积极率分布函数。

5.3.2　二维联合概率密度函数

当两个随机样本记录 $x_1(t)$、$x_2(t)$ 的取值由实验结果而定，且对任意实数 $x_1(t)$ 的取值小于 x_1 以及同时 $x_2(t)$ 的取值小于 x_2 有确定的概率，则称 $x_1(t)$、$x_2(t)$ 为二维随机变量。且

$$P(x_1,\ x_2) = p_{\mathrm{rob}}\left[x_1(t) < x_1, x_2(t) < x_2\right] \qquad (5\text{-}27)$$

就是二维概率分布函数。

例如，对于实数 $a_1 \leqslant a_2$，$b_1 \leqslant b_2$，有

$$P(a_2, b_2) + P(a_1, b_1) - P(a_2, b_1) - P(a_1, b_2) = A \geqslant 0$$

如图 5-11 所示，A 即二维随机变量的取值落在图中阴影线面积之内的概率。

当二维概率分布函数 $P(x_1,\ x_2)$ 可表示为

$$P(x_1, x_2) = \int_{-\infty}^{x_1}\int_{-\infty}^{x_2} P(x_1, x_2)\mathrm{d}x_1\mathrm{d}x_2 \qquad (5\text{-}28)$$

时，$P(x_1, x_2)$ 即为二维随机变量 $x_1(t)$、$x_2(t)$ 的二维概率密度函数。其典型图形如图 5-12 所示。

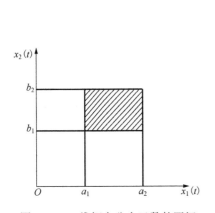

图 5-11　二维概率分布函数的区间

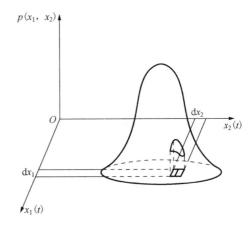

图 5-12　二维概率密度函数

考虑两个随机变量的取值落在 x_1 和 $x_1 + \mathrm{d}x_1$ 之间，同时 $x_2(t)$ 的取值落在 x_2 和 $x_2 + \mathrm{d}x_2$ 之间的概率为

$$p_{\mathrm{rob}}\left[x_1 \leqslant x_1(t) < x_1 + \mathrm{d}x_1,\ x_2 \leqslant x_2(t) < x_2 + \mathrm{d}x_2\right]$$

就等于如图 5-12 所示以微元面积 $\mathrm{d}x_1\mathrm{d}x_2$ 为截面、以 $P(x_1, x_2)$ 为高度的体积。

二维概率密度函数的量纲是 $1/(\mathrm{d}x_1 \cdot \mathrm{d}x_2)$ 的量纲。$P(x_1, x_2)$ 只有乘以长、宽分别为 $\mathrm{d}x_1$，$\mathrm{d}x_2$ 的矩形面积才能得到概率。二维概率密度函数为密度的意思。

5.3.3 典型信号的概率密度函数

与实际物理现象相联系的真正概率密度函数，在数量上是无穷无尽的。但只要掌握如下的三类典型信号概率密度函数就可以完全近似地反映大部分感兴趣的数据。这三类概率密度函数是：正态(高斯)噪声的概率密度函数，正弦波的概率密度函数，噪声加正弦波的概率密度函数。由于这些情况是大家所熟悉的，所以这里不加推导地列出它们。

1. 正态(高斯)噪声

描述实际中大多数随机物理现象的数据，差不多都可以用如下的概率密度函数进行精确地近似，即

$$p(x) = \frac{1}{\sqrt{2\pi}\sigma_x} \exp\left[-\frac{(x-\mu_x)^2}{2\sigma_x^2}\right] \tag{5-29}$$

式中，μ_x 和 σ_x 分别为数据的均值和标准差。此关系式是于 1733 年作为生物概率函数的极限提出来的。一般称为正态或高斯概率密度函数。高斯概率密度曲线和概率分布曲线如图 5-13 所示。

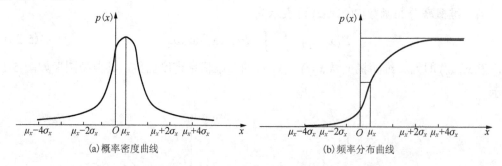

图 5-13 高斯信号的概率密度曲线和概率分布曲线

高斯概率密度曲线的特点如下。

(1)单峰，在峰 $x=\mu_x$ 处，曲线以 x 轴为渐近线，即当 $x \to \pm\infty$ 时，$p(x) \to 0$。

(2)曲线以 $x=\mu_x$ 为对称轴。

(3)$x=\mu_x \pm \sigma_x$ 为曲线的拐点。

(4)在 $(\mu_x - \sigma_x，\mu_x + \sigma_x)$ 范围内 $p(x)$ 曲线下的面积与 $p(x)$ 曲线下总面积之比为 0.68，即

$$p_{\text{rob}}\left[\mu_x - \sigma_x \leqslant x(t) < \mu_x + \sigma_x\right] = 0.68$$

同理，有

$$p_{\text{rob}}\left[\mu_x - 2\sigma_x \leqslant x(t) < \mu_x + 2\sigma_x\right] = 0.95$$

$$p_{\text{rob}}\left[\mu_x - 3\sigma_x \leqslant x(t) < \mu_x + 2\sigma_x\right] = 0.995$$

正态分布的重要性，来自统计学中的中心极限定理。这个定理可以叙述为：如果一个随机变量 $x(t)$ 实际上纯粹是 N 个统计独立随机变量 $x_1, x_2, \cdots, x_N$ 的线性和，则无论这些变量的概率密度函数如何，$x = x_1 + x_2 + \cdots + x_N$ 的概率密度在 N 趋于无穷时将趋于正态形

式。由于大多数物理现象是许多随机事件之和，因此正态公式可为随机数据的概率密度函数提供一个合理的近似。

2. 正弦信号

对于一个正弦信号，出于对任何未来瞬间的精确振幅可以用 $x(t) = A\sin(2\pi ft + \varphi)$ 完全确定，因此理论上没必要研究它的概率分布问题。但是，如果假定相角 φ 是一个在 $\pm\pi$ 间服从均匀分布的随机变量，则可把正弦函数看作一个随机过程。假定均值为零，则可以证明正弦随机过程的概率密度函数为

$$p(x) = \begin{cases} \pi\sqrt{\left(2\sigma_x^2 - x^2\right)^{-1}}, & |x| < A \\ 0, & |x| \geqslant A \end{cases} \tag{5-30}$$

式中，σ^2 为正弦波的标准差，$\sigma^2 = A/\sqrt{2}$。当 $\sigma = 1$ 时，正弦波的标准化概率密度函数如图 5-14 所示，在图中还对正弦波概率密度函数具有"盘状"特征给予说明。

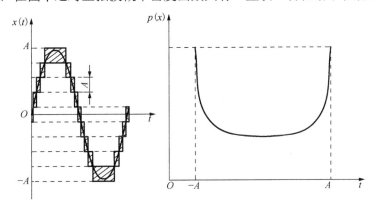

图 5-14　正弦波的标准化概率密度函数

由前述已知，概率密度可以看作 $x(t)$ 落在 $\Delta x(\mathrm{d}x)$ 内的概率极限运算得到的结果，也就是 $x(t)$ 落在 Δx 内的时间所占的比例。从图 5-14 可见，对任意给定的 Δx 来说，每周期上的正弦波在峰值 $\pm A$ 处占有的时间最多，而在均值 $\mu_x = 0$ 处占有的时间最少。

与高斯随机噪声相类似，正弦波的概率密度函数也完全由均值和标准差确定。但是与高斯噪声不同的是，正弦波概率密度在均值处的值最小而高斯噪声则最大。这就形成了正弦形波与窄带噪声之间的重要区别。无论带宽怎么窄，窄带噪声一般都是高斯的，概率密度图形是"钟形"的。而正弦波概率密度图形则为"盘形"。

3. 混有高斯噪声的正弦信号的极率密度函数

混有高斯噪声的正弦信号 $s(t) = S\sin(2\pi ft + \theta)$ 的随机信号 $x(t)$ 的表达式为

$$x(t) = n(t) + s(t) \tag{5-31}$$

式中，$n(t)$ 为零均值的高斯随机噪声，其标准差为 σ_n；$s(t)$ 的标准差为 σ_s，其概率密度表达式为

$$p(x) = \frac{1}{\sigma_n\pi\sqrt{2\pi}} \int_0^\pi \exp\left[-\frac{x - S\cos\theta}{4\sigma_n}\right]^2 \mathrm{d}\theta \tag{5-32}$$

　　图 5-15 所示为混有高斯噪声的正弦波随机信号的概率密度函数图形，图中 $R=(\sigma_s/\sigma_n)'$。对于不同的 R 值，$p(x)$ 有不同的图形。对于纯高斯噪声，$R=0$；对于正弦波，$R=\infty$；对于混有正弦波的高斯噪声，$0<R<\infty$。该图形为鉴别随机信号中是否存在正弦信号，以及从幅值统计意义上看各占多大比重提供了图形上的依据。

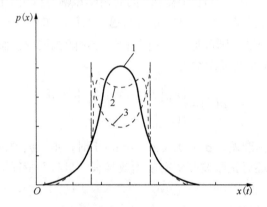

图 5-15　混有高斯噪声的正弦信号的概率密度函数

1-R=0；2-R=4；3-R=∞

典型信号的概率密度函数及其分布函数如图 5-16 所示。

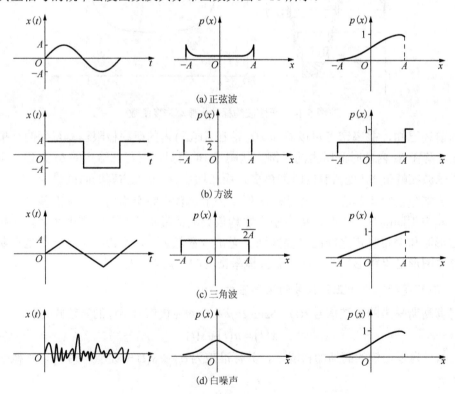

图 5-16　典型信号的概率密度函数与概率分布函数

5.4　相关分析方法及其应用

在振动信号处理中，相关是一个非常重要的概念。所谓相关，就是指变量之间的线性关系。对于确定性信号来讲，两个变量之间可以用函数关系来描述，两者一一对应并为确定的数值。两个随机变量之间就不具有这样确定的关系。但是，如果这两个变量之间具有某种内在的物理联系，那么通过大量统计就可以发现它们中间还是存在着某种虽不精确但却有相应的、表征其特性的近似关系。例如，在齿轮箱中，滚动轴承滚道上的疲劳应力和轴向载荷之间不能用确定性函数来描述，但是通过大量的统计可以发现，轴向载荷较大时疲劳应力也相应比较大，这两个变量之间有一定的线性关系。

对于一个随机振动信号，为了评价其在不同时间的幅值变化相关程度，可以采用自相关函数来描述。而对于两个随机振动信号，也可以定义相应的互相关函数来表征它们幅值之间的相互依赖关系。

5.4.1　相关函数

如果所研究的随机变量 x、y 是一个与时间有关的函数，即 $x(t)$ 与 $y(t)$，这时可引入一个与时间 τ 有关的相关系数 $\rho_{xy}(\tau)$，并可以证明：

$$\rho_{xy}(\tau) = \frac{\int_{-\infty}^{+\infty} x(t)y(t-\tau)\mathrm{d}t}{\left[\int_{-\infty}^{+\infty} x^2(t)\mathrm{d}t \int_{-\infty}^{+\infty} y^2(t)\mathrm{d}t\right]^{\frac{1}{2}}} \tag{5-33}$$

为了便于讨论，假定所研究的两个信号 $x(t)$ 与 $y(t)$ 是实能量信号，并且不合直流分量(即 $\mu_x = 0$)，在初始条件下两信号的相对延时 $\tau = 0$。如果运用最小二乘准则来研究两者之间的相关性或相似程度是易于理解的。

无论如何，所研究的两个信号之间总会存在误差，如果用误差能量 ε^2 来表达，则有

$$\varepsilon^2 = \int_{-\infty}^{+\infty} \left[y(t) - ax(t)\right]^2 \mathrm{d}t \tag{5-34}$$

式中，a 为一个参数，调整它可以得到最好的近似。如果要求参数 a 和 ε^2 最小，则应满足：

$$\frac{\mathrm{d}\varepsilon^2}{\mathrm{d}\mu} = 2\int_{-\infty}^{+\infty} \left[y(t) - ax(t)\right]\left[-x(t)\right]\mathrm{d}t = 0 \tag{5-35}$$

于是：

$$a = \frac{\int_{-\infty}^{+\infty} y(t)x(t)\mathrm{d}t}{\int_{-\infty}^{+\infty} x^2(t)\mathrm{d}t} \tag{5-36}$$

在此情况下，误差能量：

$$\varepsilon^2 = \int_{-\infty}^{+\infty}\left[y(t) - x(t)\frac{\int_{-\infty}^{+\infty}y(t)x(t)\mathrm{d}t}{\int_{-\infty}^{+\infty}x^2(t)\mathrm{d}t} \right]^2 \mathrm{d}t \tag{5-37}$$

展开化简得

$$\varepsilon^2 = \int_{-\infty}^{+\infty}y^2(t)\mathrm{d}t - \frac{\left[\int_{-\infty}^{+\infty}y(t)x(t)\mathrm{d}t\right]^2}{\int_{-\infty}^{+\infty}x^2(t)\mathrm{d}t} \tag{5-38}$$

相对误差能量：

$$\frac{\varepsilon^2}{\int_{-\infty}^{+\infty}y^2(t)\mathrm{d}t} = 1 - \frac{\left[\int_{-\infty}^{+\infty}y(t)x(t)\mathrm{d}t\right]^2}{\int_{-\infty}^{+\infty}y^2(t)\mathrm{d}t\int_{-\infty}^{+\infty}x^2(t)\mathrm{d}t} \tag{5-39}$$

令

$$\rho_{xy}(\tau) = \frac{\int_{-\infty}^{+\infty}y(t)x(t)\mathrm{d}t}{\left[\int_{-\infty}^{+\infty}y^2(t)\mathrm{d}t\int_{-\infty}^{+\infty}x^2(t)\mathrm{d}t\right]^{\frac{1}{2}}} \tag{5-40}$$

通常把 $\rho_{xy}(\tau)$ 称为 $y(t)$ 与 $x(t)$ 相关系数，根据许瓦茨(Schwarz)不等式可证明：

$$\left|\int_{-\infty}^{+\infty}y(t)x(t)\mathrm{d}t\right| \leqslant \left[\int_{-\infty}^{+\infty}y^2(t)\mathrm{d}t\int_{-\infty}^{+\infty}x^2(t)\mathrm{d}t\right]^{\frac{1}{2}} \tag{5-41}$$

因而有

$$\left|\rho_{xy}(\tau)\leqslant 1\right| \tag{5-42}$$

进一步分析式(5-39)和式(5-40)可知，对于两个能量有限信号，若它们的能量是确定值(分母)，则 $\rho_{xy}(\tau)$ 的大小由 $x(t)$ 与 $y(t)$ 乘积的积分所决定(分子)。例如，图 5-17 表示了 $x(t)$ 与 $y(t)$ 波形相关性分析的三组波形。其中：图 5-17(a)表示两个随机信号，从直观上看，都杂乱无序，很难发现 $x(t)$ 与 $y(t)$ 有相似之处，其乘积信号 $x(t)$、$y(t)$ 也是随机的。其积分结果为 0，即此时 $\rho_{xy}(\tau)=0$，说明 $x(t)$ 与 $y(t)$ 无关；图 5-17(b)中的波形相似，并且相位相同，因而乘积、积分后有最大值，相关系数 $\rho_{xy}(\tau)=1$，图 5-17(c)中的波形相似但相位相反，乘积、积分后绝对值仍为最大，此时 $\rho_{xy}(\tau)=-1$。当 $\left|\rho_{xy}(\tau)\right|=1$ 时，误差能量 $\varepsilon^2=0$，这说明 $x(t)$ 与 $y(t)$ 是完全线性相关的。因此，可以用两个信号乘积的积分作为线性相关性(或相似性)的一种量度。

实际情况下，令两个信号之间产生时差 τ，这时就可以研究两个信号在时移中的相关性，因此把相关函数定义为

$$R_{xy}(\tau) = \int_{-\infty}^{+\infty}x(t)y(t-\tau)\mathrm{d}t \tag{5-43}$$

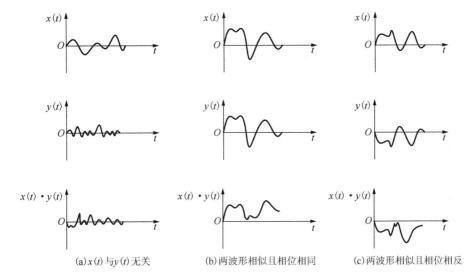

(a)$x(t)$ 与 $y(t)$ 无关　　　　(b)两波形相似且相位相同　　　　(c)两波形相似且相位相反

图 5-17　波形相关分析

或

$$R_{yx}(\tau) = \int_{-\infty}^{+\infty} y(t) x(t-\tau) dt \tag{5-44}$$

显然，相关函数是两信号之间时差的函数，通常将 $R_{xy}(\tau)$ 或 $R_{yx}(\tau)$ 称为互相关函数。如果 $x(t) = y(t)$，则 $R_{xx}(\tau)$ 或 $R_x(\tau)$ 称为自相关函数，式(5-37)变为

$$R_x(\tau) = \int_{-\infty}^{+\infty} x(t) x(t-\tau) dt \tag{5-45}$$

若 $x(t)$ 与 $y(t)$ 为功率信号，则其相关函数定义为

$$R_{xy}(\tau) = \lim_{T \to \infty} \frac{1}{T} \int_{-\frac{T}{2}}^{\frac{T}{2}} x(t) y(t-\tau) dt \tag{5-46}$$

$$R_{yx}(\tau) = \lim_{T \to \infty} \frac{1}{T} \int_{-\frac{T}{2}}^{\frac{T}{2}} y(t) x(t-\tau) dt \tag{5-47}$$

$$R_x(\tau) = \lim_{T \to \infty} \frac{1}{T} \int_{-\frac{T}{2}}^{\frac{T}{2}} x(t) x(t-\tau) dt \tag{5-48}$$

由以上分析可知，能量信号与功率信号的相关函数量纲不同，前者为能量，而后者为功率。

5.4.2　自相关函数性质及其应用

1. 自相关函数的性质

根据自相关函数的定义，若设随机信号 $x(t)$ 的均值 $m(t)$ 为零，则可以表示为

$$R(\tau) = \lim_{T \to \infty} \frac{1}{T} \int_0^T x(t) x(t+\tau) dt \tag{5-49}$$

式中，T 为观测记录时间。可见，它与随机信号在 t 时刻和 $t+\tau$ 时刻的值有关，是一个二元的非随机函数。在实际中经常用自相关系数表示，即

$$\rho(\tau) = \frac{R(\tau,\ t+\tau)}{\sigma(t)\sigma(t+\tau)} \tag{5-50}$$

平稳振动信号的自相关函数与 t 无关，即有 $R(t,t+\tau) = R(\tau)$，它主要有以下性质。

(1) $\tau = 0$ 时，$R(\tau)$ 取最大值，且等于其方差。

(2) $R(\tau)$ 为一个偶函数，即有 $R(\tau) = R(-\tau)$，因此，在实际中通常只需要得到 $\tau \geqslant 0$ 时的 $R(\tau)$ 值，而不需要研究 $\tau < 0$ 时的 $R(\tau)$ 值。

(3) 当 $\tau \neq 0$ 时，$R(\tau)$ 的值总小于 $R(0)$，即小于其方差。

(4) 均值为零的平稳振动信号，若 $\tau \to \infty$ 时 $x(t)$ 和 $x(t+\tau)$ 不相关，则 $R(\tau) \to 0$。

(5) 平稳振动信号中若含有周期成分，则它的自相关函数中也含有周期成分，且其周期与原信号的周期相同，可以证明简谐振动信号 $x(t) = x_0 \sin(\omega_0 t + \varphi)$ 的自相关函数是余弦曲线，即

$$R(\tau) = \frac{x_0^2}{2}\cos(\omega_0\tau) \tag{5-51}$$

它是不衰减的周期曲线，其周期与原简谐振动的周期相同，但却丢失了有关的相位信息。

在图 5-18 中列举了几种典型的振动信号及其自相关函数图形。其中：图 5-18(b) 所示为正弦信号的自相关函数图形；对于图 5-18(e) 所示的窄带随机信号，其自相关函数衰减得慢 (5-18(f))；而对于图 5-18(g) 所示的宽带随机信号来说，其自相关函数将衰减得很快 (图 5-18(h))；在图 5-18(a) 和 (c) 中所示的信号中均含有周期性分量。从图 5-18(b) 和 (d) 也可以看出，它们相应的自相关函数曲线均不会衰减到零。也就是说自相关函数是从干扰噪声中找出周期信号或瞬时信号的重要手段，即延长变量 τ 的取值，信号中的周期分量将会暴露出来。

2. 自相关函数的应用

当用声音信号诊断机器的运行状态时，正常运行的机器声音是由大量的、无序的、大小接近相等的随机冲击噪声组成，因此具有较宽而均匀的频谱。当机器运行状态不正常时，在随机噪声中将出现有规则的、周期性的脉冲信号，其大小要比随机冲击噪声大得多。例如，当机构中轴承磨损而使间隙增大时，轴与轴承盖之间就会有撞击现象。同样，如果滚动轴承的滚道出现剥蚀、齿轮的某一个啮合面严重磨损等情况出现时，在随机噪声中均会出现周期信号。因此，用声音诊断机器故障时首先就要在噪声中发现隐藏的周期分量，特别是在故障发生的初期，周期信号并不明显，直接观察难以发现时，就可以采用自相关分析方法，依靠 $R(\tau)$ 的幅值和波动的频率查出机器缺陷的所在之处。

如图 5-19 所示为机床变速箱噪声信号的自相关函数。图 5-19(a) 所示为正常状态下噪声的自相关函数，随着 τ 的增大 $R(\tau)$ 迅速趋近于横坐标，说明变速箱的噪声是随机噪声；相反，在图 5-19(b) 中，变速箱噪声的自相关函数 $R(\tau)$ 中含有周期分量，当 τ 增大时 $R(\tau)$ 并不向横坐标趋近，这标志着变速箱处于异常工作状态。将变速箱中各根轴的转速与 $R(\tau)$ 的波动频率进行比较，就可以诊断出这一缺陷的位置。

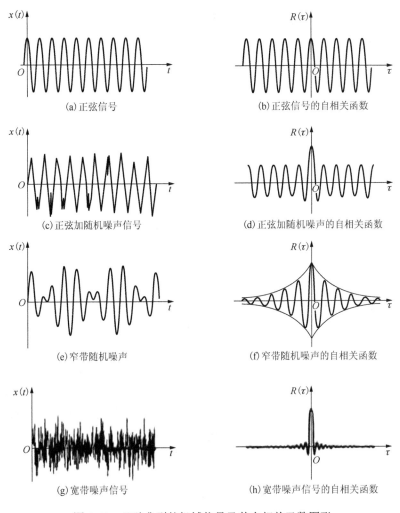

图 5-18　几种典型的机械信号及其自相关函数图形

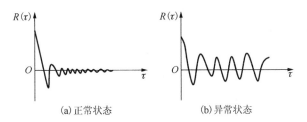

图 5-19　机床变速箱噪声信号的自相关函数

5.4.3　互相关函数性质及其应用

对于两个振动信号，可以来用互相关函数来表征它们幅值之间的相互依赖关系。设两个随机振动信号为 $x(t)$ 和 $y(t)$，则互相关函数 $R_{xy}(\tau)$ 可以定义为

$$R_{xy}(\tau) = E\left[x(t)y(t+\tau)\right] = \lim_{T \to \infty} \frac{1}{T} \int_0^T x(t)y(t+\tau)\mathrm{d}t \tag{5-52}$$

有时也用互协方差函数 $C_{xy}(\tau)$ 来表示 $x(t)$ 和 $y(t)$ 的相互关系，若 $x(t)$ 和 $y(t)$ 的均值函数分别为 u_x 和 u_y 则有

$$
\begin{aligned}
C_{xy}(\tau) &= E\left\{\left[x(t)-u_x\right]\left[y(t+\tau)-u_y\right]\right\} \\
&= \lim_{T\to\infty}\frac{1}{T}\int_0^T\left\{\left[x(t)-u_x\right]\left[y(t+\tau)-u_y\right]\right\}\mathrm{d}t
\end{aligned}
\tag{5-53}
$$

而在实际中经常用互相关系数 $\rho_{xy}(\tau)$，可以表示为

$$
\rho_{xy}(\tau)=\frac{C_{xy}(\tau)}{\sigma_x\sigma_y}
\tag{5-54}
$$

平稳振动信号的互相关函数 $R_{xy}(\tau)$ 是实函数，既可以为正也可以为负，它与自相关函数不同，不是偶函数，且在 $\tau=0$ 时不一定是最大值。$R_{xy}(\tau)$ 主要有以下性质。

（1）反对称性，即 $R_{xy}(-\tau)=R_{yx}(\tau)$。

（2）$\left[R_{xy}(\tau)\right]^2\leqslant R_x(0)R_y(0)$。

（3）对于随机信号 $x(t)$ 和 $y(t)$，若它们之间没有同频的周期成分，那么当时移 τ 很大时就彼此无关，即 $\rho_{xy}(\tau)\to0$ 而 $R_{xy}(\tau)\to u_x\cdot u_y$。

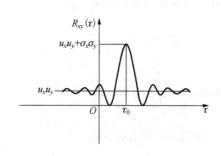

图 5-20　互相关函数示意图

图 5-20 所示的互相关函数的可能图形在某时间间隔 τ_0，$R_{xy}(\tau)$ 出现最大值，它表示 $x(t)$ 和 $y(t)$ 在 $\tau=\tau_0$ 时存在某种联系，而在其他时间间隔则没有这种联系。或者说，它反映了 $x(t)$ 和 $y(t)$ 之间主传输通道的滞后时间。而如果两个信号中具有频率相同的周期分量，则即使 $\tau\to\infty$ 也会出现该频率的周期成分。

（4）两个零均值且具有相同频率的周期信号，其互相关函数中保留了这两个信号的圆频率 ω、相应的幅值 x_0 和 y_0 以及相位差 φ 的信息。

若两个周期信号表示为

$$
\begin{cases}
x(t)=x_0\sin\sin(\omega t+\theta)\\
y(t)=y_0\sin\sin(\omega t+\theta-\varphi)
\end{cases}
\tag{5-55}
$$

式中，θ 为 $x(t)$ 相对于 $t=0$ 时刻的相位角；φ 为 $x(t)$ 和 $y(t)$ 的相位差，则可以得到两个信号的互相关函数为 $R_{xy}(\tau)=\dfrac{1}{2}x_0y_0\cos(\omega t-\varphi)$。

互相关函数的这些性质，使它在机械工程应用中具有重要的价值。

首先，互相关函数是在噪声背景下提取有用信息的一个十分有效的手段。例如，对一个线性系统激振，测得的振动信号中常常含有大量的噪声干扰。根据线性系统的频率保持性，只有和激振频率相同的分量才有可能是由激振引起的响应，其他分量均视为干扰噪声。因此，只要将激振信号和输出信号进行互相关处理。就可以得到由激振引起的响应幅值和相位差，从而消除噪声的影响。

其次，在不同频率的激励作用下，根据输入信号和输出响应之间的互相关函数就可以求出各频率下从激励点到测量点之间的幅值、相位传输特性，从而得到相应的频率响应函数。

互相关函数一个最为重要的应用，就是用来测量一种随机干扰的平均传输速度。考虑沿某一方向传播的某种干扰，当在此方向上相距为 L 的两个测点测量此干扰时，得到两个信号，用这两个信号的互相关函数即可识别出干扰传播的方向和平均传播的时间。例如，为了测量激励信号在某一个通道中的平均传输速度，可以采用如图 5-21 所示的测量方法：激励噪声 $h(t)$ 经过传感器 x 和传感器 y 的时差 τ，用测得的 $x(t)$ 和 $y(t)$ 两路信号进行互相关分析可得 $\tau = \tau_m$，若 L 已知，则激励噪声在通道中的传输速度 $V = L / \tau_m$，而 τ_m 的符号反映了激励信号在通道中的传输方向。

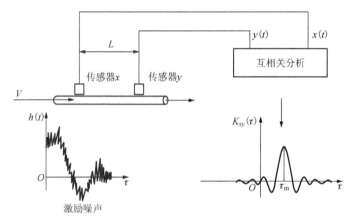

图 5-21　噪声信号沿某一个方向平均传输速度的测量

习　　题

5.1　时域中，若将复杂信号分解为若干简单信号，常用的分解方式是什么？

5.2　有量纲型的幅值参数和无量纲型的幅值参数各包括哪些？

5.3　分别介绍各无量纲型的幅值参数敏感性和稳定性。

5.4　典型信号的概率密度函数都有哪些？

5.5　平稳振动信号的互相关函数的性质有哪些？

5.6　设 $x(n)$ 为一平稳随机信号，且是各态遍历的，现用式

$$\hat{r}(m) = \frac{1}{N - |m|} \sum_{n=0}^{N-1-|m|} x_N(n) x_N(n+m)$$

估计其自相关函数，试求此估计的均值和方差。

第6章 振动信号的频域处理方法及其应用

在光学领域中，在发明了三棱镜能够将日光折射成七种不同频率的光谱后，光学研究得到了飞速的发展。而在信号处理中傅里叶变换把一个随机信号解析成不同频率的正弦波，使信号的频域分析成为可能。由于计算机技术的发展，在微机上直接使用离散傅里叶变换技术变得非常方便，这使得频谱分析成为常用的处理方法。本章将介绍振动信号的领域处理方法，包括自谱、互谱、倒谱等方法及其应用。

6.1 频谱分析方法

6.1.1 确定性信号的频谱

1. 周期信号频谱

对于周期信号，可以利用傅里叶级数展开得到离散频谱，下面举例说明。

【例 6-1】 求如图 6-1 所示周期三角波的傅里叶级数。

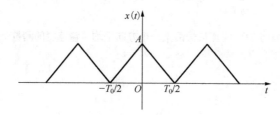

图 6-1 周期三角波

解 $x(t)$ 在一个周期的表达式为

$$x(t) = \begin{cases} A + \dfrac{2A}{T_0}t, & -\dfrac{T_0}{2} \leqslant t \leqslant 0 \\[3mm] A - \dfrac{2A}{T_0}t, & 0 \leqslant t \leqslant \dfrac{T_0}{2} \end{cases}$$

常值分量为

$$a_0 = \frac{1}{T_0}\int_{-\frac{T_0}{2}}^{\frac{T_0}{2}} x(t)\,\mathrm{d}t = \frac{2}{T_0}\int_0^{\frac{T_0}{2}}\left(A - \frac{2A}{T_0}t\right)\mathrm{d}t = \frac{A}{2}$$

余弦分量的幅值为

$$a_n = \frac{2}{T_0}\int_{-\frac{T_0}{2}}^{\frac{T_0}{2}} x(t)\cos(n\omega_0 t)\mathrm{d}t = \frac{4}{T_0}\int_0^{\frac{T_0}{2}}\left(A - \frac{2A}{T_0}t\right)\cos(n\omega_0 t)\mathrm{d}t$$

$$= \frac{4A}{n^2\pi^2}\sin^2\frac{n\pi}{2} = \begin{cases}\dfrac{4A}{n^2\pi^2}, & n=1,3,5,\cdots \\ 0, & n=2,4,6,\cdots\end{cases}$$

正弦分量的幅值为

$$b_n = \frac{2}{T_0}\int_{-\frac{T_0}{2}}^{\frac{T_0}{2}} x(t)\sin(n\omega_0 t)\mathrm{d}t = 0$$

因为 $x(t)\sin(n\omega_0 t)$ 为奇函数。因此周期三角波的傅里叶级数展开式为

$$x(t) = \frac{A}{2} + \frac{4A}{\pi^2}\sum_{\pi=1}^{\infty}\frac{1}{n^2}\cos(n\omega_0 t)$$

$$= \frac{A}{2} + \frac{4A}{\pi^2}\left[\cos(\omega_0 t) + \frac{1}{3^2}\cos(3\omega_0 t) + \frac{1}{5^2}\cos(5\omega_0 t) + \cdots\right], \quad n=1,3,5,\cdots$$

周期三角波的频谱如图 6-2 所示，其幅值谱只包含常值分量、基波和奇次谐波的频率分量，谐波幅值以 $1/n^2$ 的规律收敛，见图 6-2（a）。在相频谱中基波和各次谐波的初相位均为零，见图 6-2（b）。

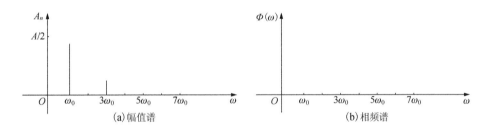

图 6-2　周期三角波的频谱

2. 非周期信号频谱

对一般的确定性信号，设为 $x(t)$，可以利用傅里叶变换方法得到其频谱 $X(f)$：

$$X(f) = \int_{-\infty}^{+\infty} x(t)\mathrm{e}^{-\mathrm{j}2\pi ft}\mathrm{d}t$$

其傅里叶逆变换为

$$x(t) = \int_{-\infty}^{+\infty} X(f)\mathrm{e}^{\mathrm{j}2\pi ft}\mathrm{d}f$$

【**例 6-2**】　求矩形窗函数的频谱。

解　矩形窗函数 $\omega(t)$ 表达式为

$$\omega(t) = \begin{cases}1, & |t| < T/2 \\ 0, & |t| > T/2\end{cases}$$

其频谱为

$$W(f) = \int_{-\infty}^{+\infty} \omega(t) e^{-j2\pi ft} dt = \int_{-\frac{T}{2}}^{\frac{T}{2}} e^{-j2\pi ft} dt = \frac{-1}{j2\pi f}(e^{-j2\pi fT} - e^{j2\pi fT})$$

根据欧拉公式：

$$\sin(\pi fT) = \frac{-1}{2j}(e^{-j\pi fT} - e^{j\pi fT})$$

得

$$W(f) = T\frac{\sin(\pi fT)}{\pi fT} = T\mathrm{sinc}(\pi fT)$$

定义 $\mathrm{sinc} \triangleq \dfrac{\sin\theta}{\theta}$，该函数在信号分析中很有用，它的数值有专门的数学表可查。它以 2π 为周期并随 θ 的增加而做衰减振荡。$\mathrm{sinc}\theta$ 函数为偶函数，在 $n\pi(n = \pm1, \pm2, \cdots)$ 处其值为零。

　　$W(f)$ 只有实部没有虚部，其幅位谱为

$$|W(f)| = T|\mathrm{sinc}(\pi fT)|$$

其相位谱视 $\mathrm{sinc}(\pi fT)$ 的符号而定，当 $\mathrm{sinc}(\pi fT)$ 为正值时相角为零，当 $\mathrm{sinc}(\pi fT)$ 为负值时相角为 π。矩形窗函数及其频谱如图 6-3 所示，在 $f = 0 \sim \pm 1/T$ 的谱峰幅值最大，称为主瓣。两侧其他各谱峰的峰值较低，称为旁瓣。主瓣宽度为 $2/T$，与时窗宽度成反比。

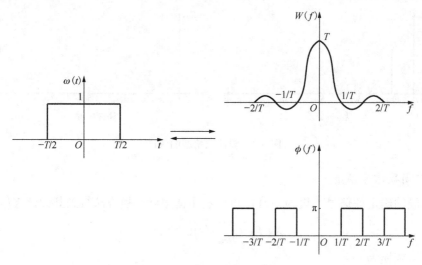

图 6-3　矩形窗函数及其频谱

3. 典型信号的频谱

1）矩形窗函数及其频谱

例 6-2 已经讨论了矩形窗函数及其频谱，由此可见，一个在时域有限区间内有值的信号，其频谱却延伸至无限频率。因此，若在时域中截取信号的一段，相当于原信号和矩形窗函数相乘，所得到的频谱将是原信号的频谱与 sinc 函数的卷积，所以，它将是连

续的、频率无限延伸的氛谱。时域窗宽越大，即截取信号的时长越长，主瓣宽度越小。

2) δ 函数及其性质

(1) δ 函数的定义。在 ε 时间内激发一个矩形脉 $S(t)$ (或三角形脉冲、双边指数脉冲等)，其面积为 1，如图 6-4 所示。当 $\varepsilon \to 0$ 时，$S(t)$ 的极限就称为 δ 函数，记为 $\delta(t)$。δ 函数也称为单位脉冲函数。$\delta(t)$ 的特点如下。

从函数值极限角度看，有

$$\delta(t) = \begin{cases} \infty, & t = 0 \\ 0, & t \neq 0 \end{cases}$$

从面积(也称为 δ 函数的强度)的角度看，有

$$\int_{-\infty}^{+\infty} \delta(t) \mathrm{d}t = \lim_{\varepsilon \to 0} \int_{-\infty}^{+\infty} S(t) \mathrm{d}t = 1 \tag{6-1}$$

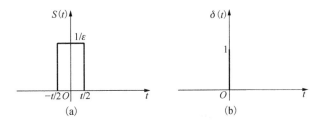

图 6-4　矩形脉冲与 δ 函数

(2) δ 函数的采样性质。如采 δ 函数与某一连续函数 $x(t)$ 相乘，其乘积仅在 $t = 0$ 处为 $x(0)\delta(t)$，其余各点均为零。其中 $x(0)\delta(t)$ 是一个强度为 $x(0)$ 的 δ 函数。

如果 δ 函数与某一连续函数 $x(t)$ 相乘，并在 $(-\infty, \infty)$ 区间中积分，则有

$$\int_{-\infty}^{+\infty} \delta(t)x(t) = \int_{-\infty}^{+\infty} \delta(t)x(0)\mathrm{d}t = x(0)\int_{-\infty}^{+\infty} \delta(t)\mathrm{d}t = x(0) \tag{6-2}$$

同理，对于延时 t_0 的 δ 函数 $\delta(t - t_0)$，它与连续函数 $x(t)$ 的乘积只有在 $t = t_0$ 时刻不等于零，而等于强度为 $x(t_0)$ 的 δ 函数。在 $(-\infty, \infty)$ 区间内积分，则有

$$\int_{-\infty}^{+\infty} \delta(t - t_0)x(t)\mathrm{d}t = \int_{-\infty}^{+\infty} \delta(t - t_0)x(t_0)\mathrm{d}t = x(t_0) \tag{6-3}$$

式(6-2)和式(6-3)表示了 δ 函数的采样性质。它表明任何函数 $x(t)$ 和 $\delta(t - t_0)$ 的乘积是一个强度为 $x(t_0)$ 的 δ 函数 $\delta(t - t_0)$，而该乘积在无限区间的积分则是 $x(t)$ 在 $t = t_0$ 时刻的函数值 $x(t_0)$。这个性质对连续信号的离散采样是十分重要的。

(3) δ 函数与其他函数的卷积。任何函数和 δ 函数的卷积是一种最简单的卷积积分。即

$$x(t) * \delta(t) = \int_{-\infty}^{+\infty} x(\tau)\delta(t - \tau)\mathrm{d}\tau = \int_{-\infty}^{+\infty} x(\tau)\delta(t - \tau)\mathrm{d}\tau = x(t) \tag{6-4}$$

同理，当函数为时，有

$$x(t) * \delta(t \pm t_0) = \int_{-\infty}^{+\infty} x(\tau)\delta(t \pm t_0 - \tau)\mathrm{d}\tau = x(t \pm t_0) \tag{6-5}$$

由此可见，函数 $x(t)$ 和 δ 函数的卷积的结果就是在发生 δ 函数的坐标位置上简单地将 $x(t)$ 重新构图，其示例图如图 6-5 所示。

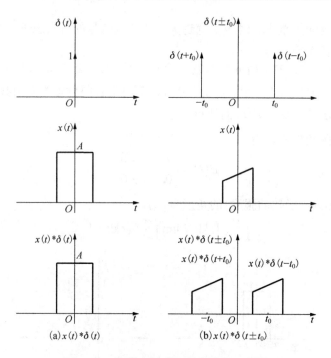

图 6-5　δ 函数与其他函数的卷积示例图

(4) δ 函数及其频谱。将 $\delta(t)$ 进行傅里叶变换得

$$\delta(f) = \int_{-\infty}^{+\infty} \delta(t) \mathrm{e}^{-\mathrm{j}2\pi ft} \mathrm{d}t = \mathrm{e}^0 = 1 \tag{6-6}$$

其逆变换为

$$\delta(t) = \int_{-\infty}^{+\infty} 1 \mathrm{e}^{\mathrm{j}2\pi ft} \mathrm{d}f \tag{6-7}$$

由此可见，δ 函数具有无限宽广的频谱，而且在所有的频段上都是等强度的，如图 6-6 所示。这种频谱常称为"均匀谱"。

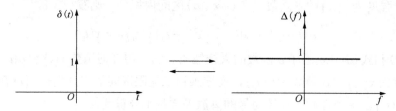

图 6-6　δ 函数及其频谱

根据傅里叶变换的性质，可以得到下列一些有用的傅里叶变换对：

$$\begin{cases} \delta(t) \leftrightarrow 1 \\ 1 \leftrightarrow \delta(f) \\ \delta(t - t_0) \leftrightarrow \mathrm{e}^{-\mathrm{j}2\pi ft_0} \\ \mathrm{e}^{\mathrm{j}2\pi f_0 t} \leftrightarrow \delta(f - f_0) \end{cases} \tag{6-8}$$

3)周期单位脉冲序列的频谱

等间隔的周期单位脉冲序列常称为梳状函数，用 $\mathrm{comb}(t, T_\mathrm{s})$ 表示，即

$$\mathrm{comb}(t, T_\mathrm{s}) = \sum_{n \to -\infty}^{\infty} \delta(t - nT_\mathrm{s}) \qquad (6\text{-}9)$$

式中，T_s 为周期；n 为整数$(n = \pm 1, \pm 2, \cdots)$。因为该函数为周期函数，所以可以把它表示为傅里叶级数的复指数展开式，即

$$\mathrm{comb}(t, T_\mathrm{s}) = \sum_{k \to -\infty}^{\infty} c_k \mathrm{e}^{\mathrm{j}2\pi kf_\mathrm{s}t}$$

式中，$f_\mathrm{s} = 1/T_\mathrm{s}$，系数 c_k 为

$$c_k = \frac{1}{T_\mathrm{s}} \int_{-T_\mathrm{s}/2}^{T_\mathrm{s}/2} \mathrm{comb}(t, T_\mathrm{s}) \mathrm{e}^{-\mathrm{j}2\pi kf_\mathrm{s}t} \mathrm{d}t$$

因为在 $(-T_\mathrm{s}/2, T_\mathrm{s}/2)$ 区间内只有一个 δ 函数，而当 $t = 0$ 时，$\mathrm{e}^{-\mathrm{j}2\pi f_\mathrm{s}t} = \mathrm{e}^0 = 1$，所以：

$$c_k = \frac{1}{T_\mathrm{s}} \int_{-T_\mathrm{s}/2}^{T_\mathrm{s}/2} \delta(t) \mathrm{e}^{-\mathrm{j}2\pi kf_\mathrm{s}t} \mathrm{d}t = \frac{1}{T_\mathrm{s}}$$

因此：

$$\mathrm{comb}(t, T_\mathrm{s}) = \frac{1}{T_\mathrm{s}} \sum_{k \to -\infty}^{\infty} \mathrm{e}^{\mathrm{j}2\pi kf_\mathrm{s}t}$$

而根据式(6-8)，有

$$\mathrm{e}^{\mathrm{j}2\pi kf_\mathrm{s}t} \leftrightarrow \delta(f - kf_\mathrm{s})$$

可得 $\mathrm{comb}(t, T_\mathrm{s})$ 的频谱 $\mathrm{comb}(t, f_\mathrm{s})$，它也是梳状函数：

$$\mathrm{comb}(f, f_\mathrm{s}) = \frac{1}{T_\mathrm{s}} \sum_{k \to -\infty}^{\infty} \delta(f - kf_\mathrm{s}) = \frac{1}{T_\mathrm{s}} \sum_{k \to -\infty}^{\infty} \delta\left(f - \frac{k}{T_\mathrm{s}}\right) \qquad (6\text{-}10)$$

由图 6-7 可见，时域周期单位脉冲序列的频谱也是周期脉冲序列。

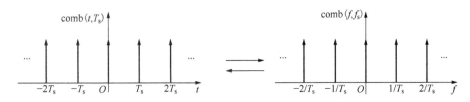

图 6-7　时域周期单位脉冲序列及其频谱

4. 频谱的表示方法

由傅里叶变换式可知，频谱是个复数，它包含实频、虚频或幅频、相频等信息，工程中为使用方便，常采用以下几种表示方法。

1)实频特性及虚频特性的表示法

将 $X(\omega)$ 写成

$$X(\omega) = R(\omega) + \mathrm{j}I(\omega) \qquad (6\text{-}11)$$

式中，$R(\omega)$ 为 $X(\omega)$ 的实部，$I(\omega)$ 为 $X(\omega)$ 的虚部。反映 $R(\omega)$ 及 $I(\omega)$ 变化规律的曲线，

分别称为实频特性曲线及虚频特性曲线，如图 6-8 所示。工程中，也将 $R(\omega)$ 称为 $X(\omega)$ 的实频谱，将 $I(\omega)$ 称为 $X(\omega)$ 的虚频谱。

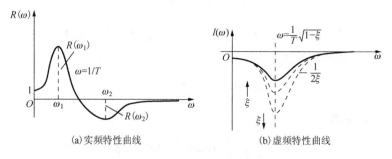

(a) 实频特性曲线　　　　　　　　　(b) 虚频特性曲线

图 6-8　实频特性和虚频特性曲线

2) 幅频特性及相频特性的表示法

将 $X(\omega)$ 写成

$$X(\omega) = A(\omega)\mathrm{e}^{\mathrm{j}\varphi(\omega)} \tag{6-12}$$

式中，$A(\omega)$ 为 $X(\omega)$ 的幅值谱；$\varphi(\omega)$ 为 $X(\omega)$ 的相位谱。反映 $X(\omega)$ 及 $\varphi(\omega)$ 随 ω 变化规律的曲线，分别称为幅频特性曲线和相频特性曲线，如图 6-9 所示。

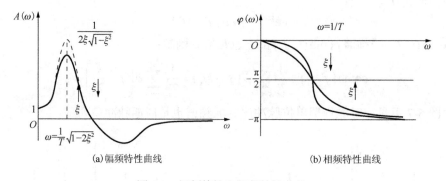

(a) 幅频特性曲线　　　　　　　　　(b) 相频特性曲线

图 6-9　幅频特性和相频特性曲线

3) 幅频特性或奈奎斯特图表示法

将 $X(\omega)$ 视为极坐标中的一矢量，用此矢量端点随频率 ω 而变化的轨迹来表示 $X(\omega)$ 的办法，称为 $X(\omega)$ 的幅相频率特性或奈奎斯特表示法。

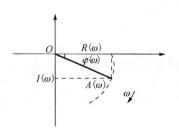

这样的一条矢端轨迹曲线，称为幅相频率特性曲线或奈奎斯特图，如图 6-10 所示。显然，其上任意一点均反映了 $X(\omega)$ 的实频、虚频及幅频相频信息。

5. 频谱幅值信息的三种表示方法及各自的特点

频谱的幅值信息，根据应用的场合不同，有以下三种表示方法。

图 6-10　幅相频率特性曲线

1) 幅值谱 A_m

它是 $X(\omega)$ 的模，即 $A_m = |X(\omega)|$。幅值谱客观地反映了信号 $X(\omega)$ 中各频率分量的实际贡献，并同等地看待它们对信号的重要性，因而是一种等权(权重均为1)谱。

2) 均方谱 S_m

它是用 $X(\omega)$ 的幅值二次方来表示的，即 $S_m = A_m^2 = |X(\omega)|^2$。它对贡献大的频率分量加大权，贡献小的频率分量加小权，突出主要矛盾。显然，这是一种变权谱(权重为每个频率分量的幅值本身)。

3) 对数谱 L_m

它是 $X(\omega)$ 的对数谱，定义为

$$L_m = \ln A_m = \ln |X(\omega)| \tag{6-13}$$

它对贡献小的频率分量加大权，而对贡献大的频率分量加小权，突出次要矛盾。显然这也是一种变权谱。

6.1.2　离散傅里叶变换与快速傅里叶变换

1. 离散傅里叶变换

用计算机进行处理的数据是有限个数值和符号，离散傅里叶变换是对有限个数据进行傅里叶变换，在信号处理中极其重要。

对于在离散时间区间内的数据 $x[n]$ ($0 \leqslant n \leqslant N$) 的傅里叶变换 $X[k]$ 可以定义为

$$x[k] = \mathrm{DFT}\{x[n]\} = \sum_{k=0}^{N-1} x[n] \mathrm{e}^{-\mathrm{j}\frac{2\pi}{N}kn} \tag{6-14}$$

式中，$\dfrac{2\pi k}{N}$ 表示离散频率；k 为离数频率点的序号；DFT 的值 $X[k]$ 对频率是周期性的，且周期为 N。当给定 DFT 的值 $X[k]$ 时，对应的信号 $x[n]$ 可由逆变换(IDFT)给出，即

$$x[n] = \mathrm{IDFT}\{X[k]\} = \frac{1}{N}\sum_{k=0}^{N-1} X[k] \mathrm{e}^{\mathrm{j}\frac{2\pi}{N}kn} \tag{6-15}$$

由 $X[k]$ 的 IDFT 给出的信号 $x[n]$ 对于时间是周期性的，且周期为 N。

DFT 是对有限长的数据序列定义的，但利用 DFT 和 IDFT 的变换表示的数据系列 $x[n]$ 和 $X[k]$ 是周期性的。DFT 具有如下的一些性质。

(1) 线性

$$\mathrm{DFT}\{ax[n] + by[n]\} = aX[k] + bY[k] \tag{6-16}$$

(2) 延迟

$$\mathrm{DFT}\{x[n-m]\} = \mathrm{e}^{-\mathrm{j}\frac{2\pi}{N}km} X[k] \tag{6-17}$$

(3) 复共轭

$$\mathrm{DFT}\{x^*[n]\} = X^*[-k] \tag{6-18}$$

(4)偶函数与奇函数

$$\text{DFT}\left\{\frac{x[n]+x[-n]}{2}\right\}=R\big(X[k]\big) \tag{6-19a}$$

$$\text{DFT}\left\{\frac{x[n]-x[-n]}{2}\right\}=-I\big(X[k]\big) \tag{6-19b}$$

(5)实数值函数

$$\text{DFT}\left\{x^*[n]\right\}=\text{DFT}\left\{x[n]\right\}=X^*[-k]=X[k] \tag{6-20}$$

2. DFT 与 Z 变换的关系

由于 DFT 是 Z 变换的特殊情况，因此，DFT 与 Z 变换有密切关系。离散时间信号 $x_0[n]$ 的 Z 变换 $X_0[Z]$ 在 Z 平面单位圆周上的值为傅里叶变换值。如图 6-11 所示，在单位圆圆周均匀 N 等分的频率离散点处，有

$$Z=\mathrm{e}^{\mathrm{j}\frac{2\pi}{N}k}$$

它的 Z 变换值可由以下公式给出：

$$X_0\left(\mathrm{e}^{\mathrm{j}\frac{2\pi}{N}k}\right)=\sum_{n=-\infty}^{\infty}x_0[n]\mathrm{e}^{-\mathrm{j}\frac{2\pi}{N}kn}=\sum_{r\to-\infty}^{\infty}\sum_{n=0}^{N-1}x_0[n+rN]\mathrm{e}^{-\mathrm{j}\frac{2\pi}{N}k(n-rN)}$$

在此式中，有

$$\mathrm{e}^{-\mathrm{j}\frac{2\pi}{N}k(n+rN)}=\mathrm{e}^{-\mathrm{j}\frac{2\pi}{N}kn}$$

若设

$$X[k]=X_0\left(\mathrm{e}^{-\mathrm{j}\frac{2\pi}{N}k}\right)$$

$$x[n]=\sum_{r\to-\infty}^{\infty}x_0[n+rN]$$

则此式与 DFT 的定义式相同。

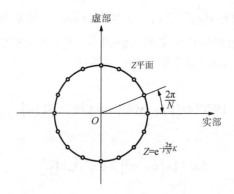

图6-11　用 Z 平面上的单位圆之圆周的 N 等分点表示的离散频率

3. 快速傅里叶变换

快速傅里叶变换是有效而快速地进行 DFT 计算的算法。将 DFT 的定义式中的 $e^{-j\frac{2\pi}{N}}$ 简化为

$$W_N = e^{-j\frac{2\pi}{N}} \tag{6-21}$$

则式 (6-14) 可改写为

$$X[k] = \text{DFT}\{x[n]\} = \sum_{n=0}^{N-1} x[n] W_n^{kn} \tag{6-22}$$

当数据序列 $x[n](n=0,1,2,\cdots,N-1)$ 的长度可用 2 整除时，则由偶数序号子样得到长度为 $N/2$ 的系列与由奇数序号子样得到的长度为 $N/2$ 的系列的 DFT 分别为

$$X_E[k] = \sum_{n=0}^{N/2-1} x[2m] W_{N/2}^{km} = \sum_{n=0}^{N/2-1} x[2m] W_{N/2}^{2km} \tag{6-23}$$

$$X_o[k] = \sum_{n=0}^{N/2-1} x[2m+1] W_{N/2}^{km} = \sum_{n=0}^{N/2-1} x[2m+1] W_{N/2}^{2km} \tag{6-24}$$

式中，$W_{N/2}$ 为

$$W_{N/2} = W_N^2 = e^{-j\frac{4\pi}{N}}$$

这样，原来的数字系列 $x[n]$ 的 DFT 的值 $X[k]$ 可表示为

$$X[k] = \sum_{m=0}^{N/2-1} x[2m] W_N^{2km} = \sum_{m=0}^{N/2-1} x[2m+1] W_N^{2km} = X_E[k] + W_N^k X_o[k] \tag{6-25}$$

在 $N=8$ 的情况下，若将此关系表示为图形方式，则如图 6-12 所示。在此图中，箭头（矢量）表示信号传播的方向，用它乘以常数可表示相似矢量，并在矢量相对的节点处进行加法运算。在 1 乘以信号的情况下或只传播信号时，只画矢量就行了。

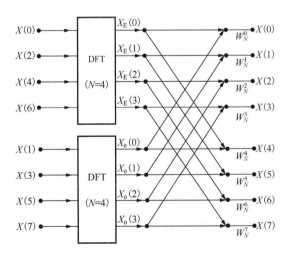

图 6-12　$N=8$ 的 DFT 的分解

当数据系列为 2 的幂指数 2^M 时，可多次重复进行将尺度为 N 的 DFT 分解成尺度为

$N/2$ 的 DFT。像这样将离散的傅里叶变换分解为数据长度短的傅里叶变换而高效地进行计算的方法称为快速傅里叶变换。

6.1.3　随机信号的功率谱密度

随机信号是时域无限信号，不具备可积分条件，因此不能直接进行傅里叶变换；又因为随机信号的频率、幅值、相位都是随机的，因此从理论上讲，一般不进行幅值谱和相位谱分析，而是用具有统计特性的功率谱密度来进行谱分析。

对随机信号的功率谱密度进行分析，首先必须对其功率谱密度进行估计。所谓功率谱密度估计问题，就是要根据随机序列的有限观察值 $\{X_n\}(n=0,1,\cdots,N-1)$ 来估计功率谱密度函数，简称功率谱，记为 G_k。

常用的功率谱估计方法有两种：一种是对原始数据直接进行快速傅里叶变换得到的，另一种是通过对相关函数做傅里叶变换得到的。下面介绍利用原始数据估计功率谱的方法。

1. 计算原理

设随机过程样本记录 $x(t)$ 的自相关函数为 $R_x(\tau)$，则双边自谱密度函数为

$$S_x(\omega)=\frac{1}{2\pi}\int_{-\infty}^{+\infty}R_x(\tau)\mathrm{e}^{-\mathrm{j}\omega\tau}\mathrm{d}\tau \tag{6-26}$$

在工程中，因 $\omega\geqslant0$，故常采用单边功率谱，即在正频率范围内

$$
\begin{aligned}
G_x(\omega)=2S_x(\omega)&=\frac{1}{\pi}\int_{-\infty}^{+\infty}R_x(\tau)\mathrm{e}^{-\mathrm{j}\omega\tau}\mathrm{d}\tau=\frac{1}{\pi}\int_{-\infty}^{+\infty}\left[\frac{1}{T}\int_0^T x(t)x(t+\tau)\mathrm{d}t\right]\mathrm{e}^{-\mathrm{j}\omega\tau}\mathrm{d}\tau\\
&=\frac{1}{\pi T}\int_{-\infty}^{+\infty}\int_0^T x(t)\mathrm{e}^{\mathrm{j}\omega\tau}\mathrm{d}t\,x(t+\tau)\mathrm{e}^{-\mathrm{j}\omega(t+\tau)}\mathrm{d}(t+\tau)\\
&=\frac{1}{\pi T}\int_0^T x(t)\mathrm{e}^{\mathrm{j}\omega\tau}\mathrm{d}t\int_{-\infty}^{+\infty}x(t+\tau)\mathrm{e}^{-\mathrm{j}\omega(t+\tau)}\mathrm{d}(t+\tau)
\end{aligned}
\tag{6-27}
$$

而 $t+\tau<0$ 时，$x(t+\tau)=0$，故

$$G_x(\omega)=\frac{1}{\pi T}\int_0^T x(t)\mathrm{e}^{\mathrm{j}\omega\tau}\mathrm{d}t\int_{-\infty}^{+\infty}x(t+\tau)\mathrm{e}^{-\mathrm{j}\omega(t+\tau)}\mathrm{d}(t+\tau)$$

若在第二个积分中将积分变量 $(t+\tau)$ 换成 t，频率用 Hz 作单位，即采用 $f=\dfrac{\omega}{2\pi}$，并考虑到 $G_x(f)=2\pi G_x(\omega)$，则

$$G_x(f)=\frac{2}{T}\int_0^T x(t)\mathrm{e}^{\mathrm{j}2\pi ft}\mathrm{d}t\int_0^{+\infty}x(t)\mathrm{e}^{-\mathrm{j}2\pi ft}\mathrm{d}t \tag{6-28}$$

设 $x(t)$ 采样点数为 N，采样间隔为 Δ，则样本长度为 $T=N\Delta$，作 FFT 时的离散频率取为

$$f_k=kf_0=k\frac{1}{T}=\frac{k}{N\Delta},\quad k=0,1,\cdots,N-1$$

$G_x(f)$ 的离散值 G_x 定义为 $G_x(f)$ 在离散频率 f_k 上的值：

$$G_k=G_x(f)/f=f_k,\quad k=0,1,\cdots,N-1 \tag{6-29}$$

将式(6-28)中的积分变成求和，则

$$G_k = \frac{2}{N\Delta}\left[\sum_{n=0}^{k-1}x_n\mathrm{e}^{\mathrm{j}\frac{2\pi kn\Delta}{N\Delta}}\Delta\right]\left[\sum_{n=0}^{N-1}x_n\mathrm{e}^{\mathrm{j}\frac{2\pi kn\Delta}{N\Delta}}\Delta\right]$$

$$= \frac{2\Delta}{N}\sum_{n=0}^{N-1}x_n\mathrm{e}^{\mathrm{j}\frac{2\pi kn}{N}}\sum_{n=0}^{N-1}x_n\mathrm{e}^{-\mathrm{j}\frac{2\pi kn}{N}}$$

$$X_k = \sum_{n=0}^{N-1}x_n\mathrm{e}^{-\mathrm{j}\frac{2\pi kn}{N}} \tag{6-30}$$

$$X_k^* = \sum_{n=0}^{N-1}x_n\mathrm{e}^{\mathrm{j}\frac{2\pi kn}{N}} \tag{6-31}$$

从而

$$G_k = \frac{2\Delta}{N}X_k * X_k^* = \frac{2\Delta}{N}|X_k|^2, \quad k = 0,1,\cdots,N-1 \tag{6-32}$$

式中，X_k^* 为 X_k 的复数共轭。按式(6-32)计算 G_k 时，k 值的范围是 $k=0,1,\cdots,N-1$。但实际上只有 $k=0,1,\cdots,N/2-1$ 时，G_k 值是独立的，因为式(6-30)的 N 个 X_k 中，只有 $N/2$ 个是独立的。即若时域采样 $N=1024$ 时，有效谱线数为 512。但为了作 IFFT 的需要，与式(6-30)一样，以后仍规定 G_k 中 $k=0,1,\cdots,N-1$。

2. 泄漏处理

用上述方法计算功率谱密度函数时，由于对时域函数 $x(t)$ 作 FFT，要截断时域函数，从而产生泄漏误差。因此，求 G_k 时也要进行加窗处理。对原始数据 $x(t)$ 乘时窗函数 $\omega(t)$，等于对原始数据进行不等加权修改，结果会使计算出来的功率谱密度函数 $G_x(\omega)$ 的值减小，因此需对最后结果乘以系数 K_0 进行修正。

3. 功率谱密度的估计误差

1) 卡埃二次方变量的特性

功率诺密度函数 $G_x(f)$ 服从什么概率分布呢？根据单边功率谱 $G_x(f)$ 的离散值 $G_x = \frac{2\Delta}{N}|X_k|^2$ $(k=0,1,\cdots,N-1)$ 可得 $G_x(f)$ 与 X_k 的实部二次方与虚部二次方之和成正比，所以 $G_x(f)$ 是服从 χ^2（读为"卡埃二次方"）分布的随机变量。

χ^2 分布函数的意义是：若 $Z_1, Z_2, \cdots, Z_n$ 为 n 个独立的、均值为零、方差为 1 的正态随机变量，则新的随机变量

$$\chi_n^2 = Z_1^2 + Z_2^2 + \cdots + Z_n^2$$

是自由度为 n 的 χ^2 变量，并具有均值 $\mu_{x^2} = n$，方差 $\sigma_{x^2}^2 = 2n$，因而有标准化随机误差 ε：

$$\varepsilon = \frac{\sigma_{x^2}}{\mu_{x^2}} = \sqrt{\frac{2}{n}} \tag{6-33}$$

2) 单样本功率谱估计的误差

前面已经指出，$G_x(f)$ 与 X_k 的实部二次方与虚部二次方之和成正比。可见它服从自

由度为 2 的 χ_2^2 分布，且

$$\mu_G = \mu_{\chi_2^2} = 2$$
$$\sigma_G^2 = \sigma_{\chi_2^2}^2 = 4$$

所以，$G_x(f)$ 的标准化随机误差为

$$\varepsilon = \frac{\sigma_G}{\mu_G} = \frac{\sqrt{4}}{2} = 1$$

这说明单样本功率谱估计的随机误差达到 100%，这个误差已大到不能容许的程度。为了减小这个误差，必须进行平滑处理。

3）减少功率谱估计误差的平滑方法

可以采用两种平滑方法来减小功率谱的估计误差。

（1）频率平滑。

取 l 个邻近频率分量的原始功率谱估计的平均值，得平滑后的谱估计：

$$G_{k(l)} = \frac{1}{l}\left[G_k + G_{k+1} + \cdots + G_{k+l-1}\right] \tag{6-34}$$

由于 G_k 服从自由度 $n=2$ 的 χ_2^2 分布，而对于接近白噪声的宽带频谱，频率间隔为 $1/T$ 的估计相互之间基本上是不相关的，即 G_k 与 G_{k+l} 是相互独立的，根据卡埃二次方分布函数的定义，$G_{k(l)}$ 应为自由度 $n = 2l$ 的卡埃二次方分布。于是，随机误差为

$$\varepsilon = \frac{\sigma_G}{\mu_G} = \frac{G_{x^2}}{\mu_{x^2}} = \sqrt{\frac{2}{2l}} = \sqrt{\frac{1}{l}} \tag{6-35}$$

频率平滑以后随机误差是平滑前的 $1/2l$ 倍，减小了很多。

值得注意的是，经平滑处理之后，其有效分辨带宽也由原来的 $B_e = \Delta f_e = 1/T$ 变为 $B_e^* = 1/T = l\Delta f_e = lB_e$。

平滑功率谱估计 $G_{k(l)}$ 可以作为频率区间 (f_k, f_{k+l-1}) 中点上的值，所以 l 应取奇数。这样就得到总数为 N/l 个这种功率谱估计。虽然 l 取得越大，随机误差降得越多，但是过大后分辨力降低太多。

（2）分段平滑。

将时域记录 $x(t)$ 的记录长度 T 平分成 q 段，每段记录长度 $T_e = T/q$。对每一段求功率谱。设 $G_{k\cdot q}$ 是第 q 段的频率处的原始功率谱估计，则分段平滑功率谱估计为

$$G_k = \frac{1}{q}\left(G_{k\cdot 1} + G_{k\cdot 2} + \cdots + G_{k\cdot q}\right) \tag{6-36}$$

是自由度为=2 的分布的随机变量。经过分段平滑以后的随机误差为

$$\varepsilon = \sqrt{\frac{2}{2q}} = \sqrt{\frac{1}{q}} \tag{6-37}$$

而有效分辨带宽约为

$$B_e^* = \frac{1}{T_e} = \frac{q}{T} = q\Delta f_c = qB_c$$

显然分辨能力也下降了。

与频率平滑一样，G_k 可作为谱窗频率中点上的估计值，可以得到总数为 N/q 个估计。为了同时应用 FFT 的分段平滑，最好总采样容量为 $N=q \cdot 2^M$，这样每个时间段长度为 2^M，q 则不必是 2 的幂。如果需要加零点，则每段上增加的零的个数应该相等。

4. 加零的影响

在对原始信号作 FFT 时，根据各种原则确定的样本容量 N_0，一般不是 2 的整数幂，因此，需要在数据的后边增加一些零值点（如增加 N_x 个零点）使得

$$N_0 + N_x = 2^M = N$$

式中，M 是正整数。增加零点，会对计算带来如下影响。

（1）样本长度增大到 $\dfrac{N_0 + N_x}{N_0} = \dfrac{N}{N_0}$，即

$$T = \frac{N_0 + N_x}{N_0} T_0$$

式中，T_0 为未加零的样本长度。由于增加了 N_x 个零点，将使 G_k 在每个频率分量上的谱估计值受到影响。为消除这一影响，应对 G_k 乘以修正系数 N/N_0。

（2）增大数据处理的空间和时间。

（3）作 DFT 后，谱线数目增加，频率分辨力提高。但总的分析带宽及随机误差并未改变。

5. 功率谱密度分析的基本步骤及参数选择

为了保证谱密度分析的精度及可靠性，在对随机信号作功率谱密度分析时，应遵守以下原则。

（1）估计要分析信号中需要的频率范围和频率上限 f_c。如有必要先对信号进行抗混滤波，去掉高于 f_c 的频率成分。

（2）决定分析要求的频率分辨率或分析带宽 $B_e = \Delta f_e$。

（3）选定采样间隔 Δ，使采样频率 $f_s \geqslant 2f_c$，即 $\Delta \leqslant \dfrac{1}{2f_c}$。

（4）按频率分辨率 Δf_e，决定单个分析长度 T_e，即 $T_e = \dfrac{1}{\Delta f_e}$。

（5）对原始数据作适当的窗处理。

（6）按 $N_0 = T_e / \Delta$ 确定单个分析长度 T_e 内的样本容量（或采样点数）N_0。并用补零法将 N_0 圆整为 $N_0 + N_x = 2^M = N$（M 为正整数）。

（7）决定分析要求的精度 $\dfrac{\sigma_G}{\mu_G} = \varepsilon$，一般取 20%～25%。

（8）根据分析的精度决定平滑处理所需的分析段数（这里以分段平滑为例），因为 $\varepsilon = \sqrt{\dfrac{1}{q}}$，所以 $q = \dfrac{1}{\varepsilon^2}$，当 $\varepsilon = \dfrac{1}{5} \sim \dfrac{1}{4}$ 时，$q = 25 \sim 16$ 段。

(9)按 $T_{\min}=qT_{\mathrm{e}}$，确定能满足以上各种条件要求的最小记录长度 $T_{\min}$（一般为给分析留有余地，实际记录长度均应大于 $T_{\min}$）。

(10)用直接进行 FFT 的算法计算单边功率谱离散值 G_k，有

$$G_k = \frac{2\Delta}{N}|X_k|^2, \quad k=0,1,\cdots,N-1$$

(11)对 G_k 作窗修正，得

$$G_k^{'} = \frac{2\Delta K_0}{N}|X_k|^2, \quad k=0,1,\cdots,N-1$$

(12)对 G_k' 作补零修正，得

$$G_k^{*} = \frac{2\Delta K_0}{N}\frac{N}{N_0}|X_k|^2 = \frac{2\Delta K_0}{N_0}|X_k|^2, \quad k=0,1,\cdots,N-1$$

(13)对 G_k'' 作平滑处理，最后求得单边功率谱离散值的估计 G_k。

6. 随机信号的互谱密度

利用与功率谱密度分析类似的方法可推得单边互谱离散值的表达式为

$$\left(G_{xy}\right)_k = \frac{2\Delta}{N}\left(X_k^* Y_k\right) \tag{6-38}$$

其幅值：

$$\left|\left(G_{xy}\right)_k\right| = \frac{2}{N}\Delta\left|X_k^* Y_k\right| \tag{6-39}$$

式中，

$$X_k^* = \sum_{n=0}^{N-1} x_n \mathrm{e}^{\mathrm{j}\frac{2\pi kn}{N}}, \quad k=0,1,\cdots,N-1$$

$$y_k = \sum_{n=0}^{N-1} x_n \mathrm{e}^{-\mathrm{j}\frac{2\pi kn}{N}}, \quad k=0,1,\cdots,N-1$$

互谱的直接 FFT 算法步骤如下。

(1)截断两数据序列 $\{x_n\}$、$\{y_n\}$（或增加零点），使每个序列的容量 $N=2^M$，M 为正整数。

(2)为减少泄漏，对序列 $\{x_n\}$、$\{y_n\}$ 进行适当窗处理。

(3)用 FFT 方法，计算加窗之后的序列的离散谱 X_k^*、Y_k^*。

(4)计算单边互谱的离散值 $(G_{xy})_k$。

(5)若对原始序列补过零，则要乘以系数对 $(G_{xy})_k$ 作补零修正，即

$$\frac{N_0 + N_x}{N_0} = \frac{N}{N_0}$$

(6)消除加窗影响，乘以窗修正系数 K_0。

(7)对以上结果作平滑处理，最终得到单边互谱离散值的平滑估计值 $(G_{xy})_k$。

6.2　功率谱方法的应用

6.2.1　从经典谱估计到现代谱估计

功率谱(简称谱)估计应用范围很广,日益受到各学科和应用领域的极大重视。以傅里叶变换为基础的传统(或经典)谱估计方法,虽然具有计算效率高的优点,但却有着频率分辨率低和旁瓣泄漏严重的固有缺点。这就迫使人们大力研究现代谱估计方法。现代谱估计方法是以参数模型为基础的方法。本章主要讨论这些方法的基本原理、主要算法、工程实现和典型应用。

谐波分析最早可追溯到古代对时间的研究,那时的人们已观察到时间具有周期性,如昼夜交替、四季更迭、月亮的阴晴圆缺等。18 世纪 Bernoulli、Euler 和 Lagrange 团队等对波动方程及其正弦解进行了研究。19 世纪初叶,Fourier 证明了在有限时间段上定义的任何函数都可以用正弦和余弦分量的无限谐波的总和来表示。以傅里叶分析为基础,1898 年 Schuster 提出用周期图的概念研究太阳黑子数的周期变化。1936 年Wiener 发表了经典性论文《广义谐波分析》,对平稳随机过程的自相关函数和功率密度谱作了精确的定义,证明了二者之间存在着傅里叶变换的关系,从而为谱分析奠定了坚实的统计学基础。可以认为这一年是谱分析发展历史中的重要转折点。由于 1934年 Khintchine 也独立地证明了自相关函数和功率谱之间的傅里叶变换关系,因此,今天的人们把这一关系称为 Wiener-Khintchine 定理。根据这个定理,平稳离散随机信号 $x(n)$ 的自相关函数

$$R_{xx}(m) = E\left[x^*(n)x(m+n)\right] \tag{6-40}$$

与功率谱 $S_{xx}(\omega)$ 之间构成一对傅里叶变换,即

$$S_{xx}(\omega) = \sum_{m \to -\infty}^{\infty} R_{xx}(m)\mathrm{e}^{-\mathrm{j}\omega m} \tag{6-41}$$

$$R_{xx}(m) = \frac{1}{2\pi}\int_{-\pi}^{\pi} S_{xx}(\omega)\mathrm{e}^{\mathrm{j}\omega m}\mathrm{d}\omega \tag{6-42}$$

若 $x(n)$ 还是各态遍历性的,则其自相关函数可由它的一个取样时间序列用时间平均的方法求出,即

$$R_{xx}(m) = \lim_{N \to \infty} \frac{1}{2N+1}\sum_{n=-N}^{N} x^*(n)x(m+n)$$

在大多数应用中 $x(n)$ 是实信号,于是上式可写成

$$R_{xx}(m) = \lim_{N \to \infty} \frac{1}{2N+1}\sum_{n=-N}^{N} x(n)x(m+n) \tag{6-43}$$

实际上一般只能观测到随机信号的一个取样时间序列的有限个取样值,表示为

$$x_N(n) = \left\{x(0), x(1), \cdots, x(N-1)\right\} = \left\{x(n), \quad n = 0,1,\cdots,N-1\right\}$$

其自相关函数只能由这 N 个取样数据进行估计，常用的一种估计是

$$\hat{R}_{xx}(m) = \frac{1}{N} \sum_{n=0}^{N-1-|m|} x(n)x(m+n), \quad |m| \leq N-1 \tag{6-44}$$

这是一种渐近无偏估计，称为取样自相关函数。

用取样自相关函数的傅里叶变换作为功率谱的估计，即将式(6-44)代入式(6-41)，这种方法是 Blackman 和 Tukey 在 1958 年提出来的，称为谱估计的自相关法。在快速傅里叶变换算法提出之前，这是一种最流行的谱估计技术方法。

式(6-44)右端实际上是 $x(n)$ 与 $x(-n)$ 的卷积运算。若 $x(n)$ 的傅里叶变换为 $X(e^{j\omega})$，则 $x(-n)$ 的傅里叶变换等于 $X^*(e^{j\omega})$。对式(6-44)两端取傅里叶变换，得到

$$\hat{S}_{xx}(m) = \frac{1}{N} X(e^{j\omega}) X^*(e^{j\omega}) = \frac{1}{N} \left| X(e^{j\omega}) \right|^2 \tag{6-45}$$

这种功率谱估计称为周期图。1965 年 Cooley 和 Tukey 完善了著名的 FFT 算法，把计算傅里叶变换的时间缩短了两个数量级，从而使离散傅里叶变换走向工程实用，同时也使周期图谱估计方法很快流行起来；周期图和自相关法以及它们的改进方法称为谱估计的经典方法。

出人意料的是，不管数据记录有多长，周期图和自相关法得到的估计都不是功率谱的良好估计。事实上，随着记录长度增加，这两种估计的随机起伏反而会更加严重。此外，它们还存在着以下两个难以克服的固有缺点。

(1)频率分辨率(区分两个邻近频率分量的能力)不高。这是因为它们的频率分辨率(以赫兹计)反比于数据记录长度(以秒计)，而实际应用中一般不可能获得很长的数据记录。

(2)经典谱估计方法在工程中都是以离散傅里叶变换为基础的，它隐含着对无限长数据序列进行加窗处理(加了一个有限宽的矩形窗)。矩形窗的频谱主瓣不是无限窄的，且有旁瓣存在，这将导致能量向旁瓣中"泄漏"，主瓣变得模糊不清。严重时，会使主瓣产生很大失真，甚至主瓣中的弱分量被旁瓣中的强泄漏所掩盖。

为了克服以上缺点，人们曾做过长期努力，提出了平均、加密平滑等办法，在一定程度上改善了经典谱估计的性能。实践证明，对于长数据记录来说，以傅里叶变换为基础的经典谱估计方法，的确是比较实用的。但是，经典方法始终无法从根本解决频率分辨率和谱估计稳定性之间的矛盾，特别是在数据记录很短的情况下，这一矛盾显得尤为突出。这就促进了现代谱估计方法研究的开展。

6.2.2　谱估计的参数模型方法

通常，人们会或多或少地掌握关于被估计过程的某些先验知识，从而有可能对它作出某些合理的假定，例如，为它建立一个准确或至少近似的模型，而不必像经典谱估计方法那样主观武断地认为凡未观测到的数据都等于零。这就从根本上摒弃了对数据序列加窗的隐含假设。

以参数模型为基础的谱估计方法一般按下列 3 个步骤进行。

(1)为被估计的随机过程确定或选择一个合理的模型。这有赖于对随机过程进行的理论分析和实验研究。

(2)根据已知观测数据估计模型的参数。这涉及对各种算法的研究。通常，模型参数的数据量比观测数据的数据量少很多，因此，为数据压缩创造了条件。

(3)用估计得到的模型参数计算功率谱。

实际应用中所遇到的随机过程大多数可以用有理传输函数模型很好地逼近。输入激励 $u(n)$ 是均值为零、方差为 σ^2 的白噪声序列，线性系统传输函数为

$$H(z) = \frac{B(z)}{A(z)} = \frac{\displaystyle\sum_{n=0}^{q} b_k z^{-k}}{\displaystyle\sum_{n=0}^{q} a_k z^{-k}} \tag{6-46}$$

式中，b_k 是前馈(或动平均)支路的系数，称为 MA 系数；a_k 是反馈(或自回归)支路的系数，称为 AR 系数。系统的输出序列是被建模的离散随机信号。

该模型的输出和输入之间满足差分方程：

$$x(n) = -\sum_{k=1}^{p} a_k x(n-k) + \sum_{k=0}^{q} b_k u(n-k), \quad a_0 = 1 \tag{6-47}$$

输出功率谱和输入功率谱之间存在下列关系：

$$S_{xx}(z) = \sigma^2 H(z) H^*\left|\frac{1}{z^*}\right| = \sigma^2 \frac{B(z) B^*\left|\dfrac{1}{z^*}\right|}{A(z) A^*\left|\dfrac{1}{z^*}\right|} \tag{6-48}$$

或

$$S_{xx}\left(e^{j\omega}\right) = \sigma^2 \left|H(e^{j\omega})\right|^2 = \sigma^2 \left|\frac{B\left(e^{j\omega}\right)}{A\left(e^{j\omega}\right)}\right|^2 \tag{6-49}$$

若 $h(n)$ 是实的，则 $H^*\left|\dfrac{1}{z^*}\right| = H^*\left|z^{-1}\right|$，于是 $S_{xx}(z) = \sigma^2 H(z) H(z^{-1}) = \sigma^2 \dfrac{B(z) B\left(z^{-1}\right)}{A(z) A\left(z^{-1}\right)}$，

以下谈论的都是这种情况。

由于 $\left|H(e^{j\omega})\right|$ 增益系数可并入 σ^2 进行考虑，所以不失一般性，可假设 $a_0 = 1$ 和 $b_0 = 1$。

(1)如果除 $a_0 = 1$ 外所有其他的 AR 系数都等于零，则式(6-47)成为

$$x(n) = \sum_{k=0}^{q} b_k u(n-k)$$

这种模型称为阶滑动平均模型或简称为模型，其传输函数为

$$H_{MA}(z) = B(z) = \sum_{k=0}^{q} b_k z^{-1} \tag{6-50}$$

模型输出功率谱为

$$S_{xx}(z) = \sigma^2 B(z) B(z^{-1}) \tag{6-51}$$

或

$$S_{xx}\left(\mathrm{e}^{\mathrm{j}\omega}\right) = \sigma^2\left|B\left(\mathrm{e}^{\mathrm{j}\omega}\right)\right|^2 = \sigma^2\left|\sum_{n=0}^{q}b_k\mathrm{e}^{-\mathrm{j}\omega k}\right|^2 \qquad (6\text{-}52)$$

这是一个全零点模型。

(2) 如果除 b_0 外所有其他的 MA 系数都等于零，则式(6-47)成为

$$x(n) = -\sum_{k=1}^{q}a_k x(n-k) + u(n) \qquad (6\text{-}53)$$

这种模型称为阶自回归模型或简称为模型，其传输函数为

$$H_{\mathrm{AR}}(z) = \frac{1}{A(z)} = \frac{1}{1+\displaystyle\sum_{k=1}^{p}a_k z^{-k}} \qquad (6\text{-}54)$$

模型输出功率谱为

$$S_{xx}(z) = \frac{\sigma^2}{A(z)A(z^{-1})} \qquad (6\text{-}55)$$

或

$$S_{xx}\left(\mathrm{e}^{\mathrm{j}\omega}\right) = \frac{\sigma^2}{\left|A\left(\mathrm{e}^{\mathrm{j}\omega}\right)\right|^2} = \frac{\sigma^2}{\left|1+\displaystyle\sum_{k=1}^{p}a_k\mathrm{e}^{-\mathrm{j}\omega k}\right|^2} \qquad (6\text{-}56)$$

这是一个全极点模型。

(3) 设 $a_0=1$ 和 $b_0=1$，其余所有的 a_k 和 b_k 不全为零。在这种情况下，模型的差分方程、传输函数和输出功率谱分别用式(6-47)、式(6-46)和式(6-48)或式(6-49)表示。这是一个"极点零点"模型，称为 ARMA(p, q)模型。

Wold 分解定理阐明了上述三类模型之间的联系。该定理认为：任何广义平稳随机过程都可分解成一个完全随机的部分和一个确定的部分。确定性随机过程是一个可以根据其过去的无限个取样值完全加以预测的随机过程。例如，一个由纯正弦信号(具有随机相位以保证广义平稳)和白噪声组成的随机过程，可以分解成一个纯随机成分(白噪声)和一个确定性成分(正弦信号)。或者可以把这种分解看成把功率谱分解成一个表示白噪声的连续成分和一个表示正弦信号的离散成分(具有冲激信号的形式)。Wold 分解定理的一个推论是：如果功率谱完全是连续的，那么任何 ARMA 过程或 AR 过程可以用一个无限阶的 MA 过程表示。Kolmogorov 提出的一个定理有着类似的结论：任何 ARMA 或 MA 过程可以用一个无限阶的 AR 过程表示。这些定理很重要，因为如果选择了一个不合适的模型，但只要模型的阶足够高，它仍然能够比较好地逼近被建模的随机过程。

估计 ARMA 或 MA 模型参数一般需要解一组非线性方程，而估计 AR 模型参数通常只需解一组线性方程，因此，AR 模型得到了深入的研究和广泛应用。如果被估计过程是 p 阶自回归过程，那么用 AR(p)模型即能很精确地模拟它；如果被估计过程是 ARMA 或 MA 过程，或者是高于 p 阶的 AR 过程，那么用 AR(p)模型作为它们的模型时，虽然不可能很精确，但却可以尽可能地逼近之，关键是要选择足够高的阶。

6.2.3　AR 模型的 Yule-Walker 方程

以 AR 模型为基础的谱估计式(6-55)或式(6-56)来计算,这就需要知道模型的阶 p 和 p 个 AR 系数,以及模型激励源的方差 σ^2。为此,必须把这些参数和已知(或估计得到)的自相关函数联系起来,这就是著名的 Yule-Walker 方程。

Yule-Walker 方程可以用两种方法推导:一种方法是通过式(6-55)的 $g=(z)$ 求逆 Z 变换来得到;另一种方法是直接由模型的差分方程推导出来。下面介绍第二种推导方法。

将 AR 模型的差分方程式(6-53)代入 $x(n)$ 的自相关函数表示式,得

$$
\begin{aligned}
R_{xx}(m) &= E\big[x(n)x(m+n)\big] \\
&= E\left\{x(n)\left[-\sum_{k=1}^{q}a_k x(n+m-k)+u(m+n)\right]\right\} \\
&= -\sum_{k=1}^{q}a_k R_{xx}(m-k)+E\big[x(n)u(m+n)\big]
\end{aligned}
\tag{6-57}
$$

设 AR 模型的冲激响应是 $h(n)$,在此方差下的白噪声序列 $u(n)$ 作用下产生输出 $x(n)$,于是

$$
\begin{aligned}
E\big[x(n)u(m+n)\big] &= E\left\{\left[-\sum_{l=0}^{\infty}h(l)u(n-l)\right]u(m+n)\right\} \\
&= \sum_{l=0}^{\infty}h(l)E\big[u(n-l)u(m+n)\big] \\
&= \sum_{l=0}^{\infty}h(l)\sigma^2\delta(m+l)=\sigma^2 h(-m)
\end{aligned}
$$

如果 $h(n)$ 是因果的,即 $m>0$ 时,$h(-m)=0$,则上式可写为

$$
E\big[x(n)u(m+n)\big]=\begin{cases}\sigma^2 h(0), & m=0 \\ 0, & m>0\end{cases}
$$

根据变换中的初值定理,$h(0)=\lim_{\sigma\to\infty}H(Z)=1$,故上式化为

$$
E\big[x(n)u(m+n)\big]=\begin{cases}\sigma^2, & m=0 \\ 0, & m>0\end{cases}
$$

将上式代入式(6-57)得

$$
R_{xx}(m)=\begin{cases}-\sum_{k=1}^{p}a_k R_{xx}(m-k)+\sigma^2, & m=0 \\ -\sum_{l=1}^{p}a_k R_{xx}(m-k), & m>0\end{cases}
\tag{6-58}
$$

这里利用了自相关函数的偶对称性质。该式称为 AR 模型的 Yule-Walker 方程。为求取 AR 模型参数,应先从式(6-58)中选择 $m>0$ 的 p 个方程解出 $(a_1,a_2,\cdots,a_p)$,然后代入第一方程(对应于 $m=0$)求出 σ^2。自相关函数的头 $p+1$ 个值是 $\{R(0),R(1),\cdots,R(p)\}$,因此,式(6-58)可表示成下列矩阵形式:

$$\begin{bmatrix} R(0) & R(1) & R(2) & \cdots & R(p) \\ R(1) & R(0) & R(1) & \cdots & R(p-1) \\ R(2) & R(1) & R(0) & \cdots & R(p-2) \\ \vdots & \vdots & \vdots & \ddots & \vdots \\ R(p) & R(p-1) & R(p-2) & \cdots & R(0) \end{bmatrix} \begin{bmatrix} 1 \\ a_1 \\ a_2 \\ \vdots \\ a_p \end{bmatrix} = \begin{bmatrix} \sigma^2 \\ 0 \\ 0 \\ \vdots \\ 0 \end{bmatrix} \tag{6-59}$$

这就是 AR(P) 模型的 Yule-Walker 方程。只要已知或估计出 $p+1$ 个自相关函数值，即可由该方程解出 $p+1$ 个模型参数 $\{a_1, a_2, \cdots, a_p, \sigma^2\}$。

6.2.4　AR 模型的稳定性及其阶的确定

这里首先讨论 AR 模型的稳定性问题。

AR(p) 模型稳定的充分必要条件是 $H(z)$ 的极点（即 AR(z) 的根）都在单位圆内。如果 Yule-Walker 方程的系数矩阵是正定的，则其解 $a_k(k=1,2,\cdots,p)$ 所构成的 $A(z)$ 的根都在单位圆内。在用 Levinson 算法进行递推计算的过程中，还可得到各阶 AR 模型激励信号的方差 ($k=1,2,\cdots,p$)，它们都应当是大于零的，即 $\sigma_k^2 > 0$。根据 $\sigma_{k+1}^2 = (1-\gamma_{k+1}^2)\sigma_k^2$ 可知，必有 $\sigma_k^2 < 1$ 和 $\sigma_{k+1}^2 < \sigma_k^2$ ($k=1,2,\cdots,p$)。这就是说，在 Levinson 算法递推计算过程中，如果有 $\sigma_{k+1}^2 < \sigma_k^2$ 或 $|\gamma_{k+1}|$，则 AR(p) 模型一定是稳定的。反之，稳定的 AR(p) 模型格具有以下性质。

(1) $H(z)$ 的全部极点或 AR(p) 的所有根都在单位圆内。

(2) 自相关矩阵是正定的。

(3) 激励信号的方差（能量）随阶次增加而递减，即 $\sigma_1^2 > \sigma_2^2 > \sigma_3^2 > \cdots > \sigma_p^2 > 0$。

(4) 反射系数的模恒小于 1，即 $|\gamma_k| < 1$，$k=1,2,\cdots,p$。

但在实际应用中，Levinson 算法的已知数据（自相关值）是由 $x_N(n)$ 来估计的，有限字长效应有可能造成大的误差，致使估计出来的 AR(p) 参数所构成的 $A(z)$ 根跑到单位圆上或外，从而使模型失去稳定。在递推计算过程中如果出现这种情况，将导致 $\sigma_k^2 < 0$ 或 $|\gamma_k| \geqslant 1$，即停止递推计算。

下面讨论如何确定 AR 模型的阶的问题。

通常事先并不知道 AR 模型的阶。阶选得太低，功率谱受到的平滑太厉害，如图 6-13 所示，平滑后的谱已经分辨不出真实谱中的两个峰了。阶选得太高，固然会提高谱估计的分辨率，但同时会产生虚假谱峰或虚假细节。如图 6-14 所示，真实谱是两个实正弦信号的谱峰和白噪声的平坦的谱，但由于 AR 模型的阶选得太高，因而出现了许多虚假的谱峰。因此，要估计 AR(p) 过程，就应该把 AR(k) 模型的阶选得等于或大于 p，即 $k \geqslant p$，但 k 不能太大。当选择 $k > p$ 时，如果自相关函数的估计是精确的，那么 AR(k) 模型参数的估计为

$$a_{k,i} = \begin{cases} a_{p,i}, & i=1,2,\cdots,p \\ 0, & i=p+1,\ p+2,\cdots,k \end{cases}$$

式中，$a_{p,i}$ 是模型参数的精确值。这样，用 AR(A) 模型能够得到 AR(p) 过程的精确谱估

计 $(k > p)$。但实际上自相关函数估计是有误差的，因而不可避免地会在谱估计中引入虚假细节或虚假谱峰。那么 $\mathrm{AR}(k)$ 模型的阶究竟选择得偏高好还是偏低好呢?这主要应从谱估计的质量来考虑。例如，要估计一个宽带 AR 过程的功率谱时，模型的阶选低一些固然会使真实谱受到一定程度的平滑，但与选择过高的阶引起虚假谱峰相比，前者仍然更使人可以接受一些。采用 AR 模型谱估计方法，既要估计 AR 模型参数，又要估计模型的阶，在这样复杂的情况下，如何评价各种谱估计的性能，目前尚无定论。

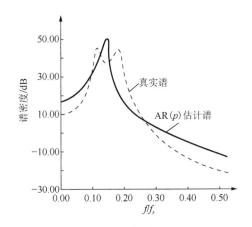

图 6-13　阶选得太低时谱平滑得太厉害　　　　图 6-14　虚假谱峰

　　一种简单而直观的确定模型的阶的方法，是不断增加模型的阶，同时观察预测误差功率，当其下降到最小时，对应的阶便可选定为模型的阶。但是预测误差功率(或 AR 模型激励源的方差 σ_k^2)是随着阶次增加而单调下降的，因此，很难确定 σ_k^2 降到什么程度才最合适。另外，应注意到，随着模型阶的增加，模型参数的数目亦增多，谱估计的方差会变大(表现在虚假谱峰的出现)。因此，不能简单地依靠观察预测误差功率的下降来确定模型的阶。与此相应的另一种简单方法是观察各阶模型预测误差序列的周期图，当它最接近于平坦(白色谱)时即对应于最佳的阶。

　　除上述一般性方法外，人们还提出了几种不同的误差准则作为确定模型阶的依据。下面介绍其中的三种。

1. 最终预测误差(FPE)准则

　　$\mathrm{AR}(k)$ 过程的最终预测误差定义为

$$\mathrm{FPE}(k) = \sigma_k^2 \frac{N+k+1}{N-k+1} \tag{6-60}$$

它是 $\mathrm{AR}(k)$ 过程中不可预测(新息)部分的功率与 AR 参数估计不精确产生的误差功率之和。式中 N 是数据样点数目，括号内的数值随着 k 的增大(趋近于 N)而增加，这反映出预测误差功率的估计的不精确性在增加。出于 σ_k^2 随阶的增加而减小，所以，FPE 将有一个最小值。FPE 的最小值所对应的阶便是最后确定的阶。该准则的实际应用表明，虽然对于 AR 过程来说效果很好，但在处理地球物理数据时，一般都认为这一准则确定的阶偏低。

2. Akaike 信息准则（AIC）

这是利用最大似然法推导出来的一个准则。对于高斯分布 ARMA(p,q) 过程，AIC 定义为

$$\text{AIC}(i,j) = N\ln\hat{\sigma}_{ij}^2 + 2(i+j) \tag{6-61}$$

式中，$\hat{\sigma}_{ij}^2$ 是 ARMA(i,j) 过程的白噪声方差的最大似然估计。模型误差由 $\hat{\sigma}_{ij}^2$ 表示，一般它随着模型的阶的增加而减小；模型参数的数目体现在式 (6-61) 右边第二项中，它随阶的增加而增加。通常应使待估计的模型参数的数目较少。AIC 试图解决减小模型误差（偏倚）和保持较少模型参数数目（方差）之间的矛盾。实际上 $\hat{\sigma}_{ij}^2$ 是白噪声方差的很好的估计。对 AR 或 MA 过程 AIC 定义为

$$\text{AIC}(i) = N\ln\hat{\sigma}_{ij}^2 + 2i \tag{6-62}$$

式中，i 是假设的 AR 或 MA 模型的阶。显然，无论对于式 (6-61) 还是式 (6-62)，AIC 都有一个最小值，它所对应的阶就是要选择的阶。

例如，有一 AR(2) 过程，由下式

$$x(n) = 1.34x(n-1) - 0.9025x(n-2) + \omega(n)$$

给出，设用 Burg 算法（将在 6.2.6 节中介绍）估计 AR 参数，于是有

$$\hat{\sigma}_i^2 = (1 - \gamma_i^2)\sigma_{i-1}^2$$

这样，AIC 变成

$$\text{AIC} - N\ln\left[\left(1-\gamma_i^2\right)\sigma_{i-1}^2\right] + 2i = \text{AIC}(i-1) + N\ln\left(1-\gamma_i^2\right) + 2$$

当 $N=100$ 时，AIC 与模型阶的关系曲线如图 6-15 所示。可以看出，AIC 的最小值出现在 $i=4$ 处，而实际上模型的阶 $p=2$。把模型的阶估计得偏高是 AIC 的特点。

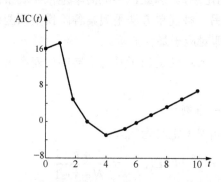

图 6-15　AIC 与模型阶的关系（$N=100$）

可以证明，$N \to \infty$ 时 FPE 和 AIC 等效。AIC 不是一致估计，即当 $N \to \infty$ 时，误差概率不趋于零，因此，建议在处理短数据记录时采用 AIC。

3. 判别自回归传输函数（CAT）准则

这一准则是把实际预测误差滤波器（可能是无限长的）和估计滤波器的均方误差之间

的差的估计的最小值所对应的阶作为最佳阶。已经证明，在对实际预测误差滤波器的了解还不清楚的情况下，这个差值可用下式来计算：

$$\mathrm{CAT}(k)=\frac{1}{N}\sum_{j=1}^{k}\frac{1}{\hat{\sigma}_i^2}-\frac{1}{\hat{\sigma}_k^2} \tag{6-63}$$

式中，$\hat{\sigma}_i^2=\frac{N}{N-j}\hat{\sigma}_j^2$。

因此，使 CAT(k) 最小的 k 值便是最终确定的阶。这意味着，CAT 准则把一个与无限长最佳滤波器最接近的估计预测误差滤波器的阶作为 AR 模型的阶。最佳滤波器之所以是无限长的，是因为 CAT 是对任意一组数据（而不仅仅是一个纯 AR 过程的数据）进行 AR 谱估计推导出来的。这一准则考虑了预测系数的估计误差。人们发现，CAT 的性能与 AIC 和 FPE 的性能相似。

用 FPE、AIC 和 CAT 估计 AR 模型的阶，所得到的谱估计结果常常并无多少区别，特别是将这些准则应用于实际数据而不是模拟的 AR 过程数据时更是如此。人们发现，对于短数据段，以上准则都不理想；对于噪声中的谐波过程，在高信噪比情况下 FPE、AIC 和 CAT 估计得到的阶一般都偏低。实验表明，对于短数据段谐波过程，当采用协方差或修正协方差法时，如果在 $N/3\sim N/2$ 范围内选取 AR 模型的阶，一般会获得令人满意的结果。在实际运用这些准则时，还应该参照实验结果对模型的阶加以适当调整。

6.2.5　AR 谱估计的性质

1．AR 谱估计隐含着自相关函数的外推

能够对自相关函数进行外推，是 AR 谱估计分辨率高的根本原因。

设要估计一个 AR(p) 过程的谱，已知它的自相关函数的 $p+1$ 个取样值的估计值为 $\{\hat{R}(0),\hat{R}(1),\cdots,\hat{R}(p)\}$，将它们代入 Yule-Walker 方程，用 Levinson 算法求解，得到 AR(p) 模型参数的估计值，然后将其代入谱计算公式，使得到 AR(p) 过程的谱估计，即

$$\hat{S}_{\mathrm{AR}}(z)=\frac{\hat{\sigma}^2}{\hat{A}(z)\hat{A}\bullet(z^{\cdot-1})} \tag{6-64}$$

另一方面，谱与自相关序列之间存在着傅里叶变换关系，可以认为 $S_{\mathrm{AR}}(z)$ 是由随机过程的自相关序列的估计值 $\hat{R}(m)$ 经 Z 变换得来的，即

$$\hat{S}_{\mathrm{AR}}(z)=\sum_{m=-\infty}^{\infty}\hat{R}(m)z^{-m} \tag{6-65}$$

由式(6-64)和式(6-65)不难得到

$$L^{-1}\left[\frac{\hat{\sigma}^2}{\hat{A}\left(\dfrac{1}{z^*}\right)}\right]=L^{-1}\left[\hat{A}(z)\sum_{m=-\infty}^{\infty}\hat{R}(m)z^{-m}\right] \tag{6-66}$$

上式左端$= \hat{\sigma}^2 \hat{h} \times (-\mathrm{m}) = \hat{\sigma}^2 \delta(m), m \geqslant 0$，这里假定滤波器$\hat{H}(z) = \dfrac{1}{\hat{A}(z)}$是因果的，且有$h(0) = 1$。

上式右端$\hat{a}(m) * \hat{R}(m) = \sum\limits_{l=0}^{p} \hat{a}(l) \hat{R}(m-l)$，这里，$\hat{a}(m)$是$\hat{A}(z)$是系数。

因此得到

$$\hat{\sigma}^2 \delta(m) = \sum_{l=0}^{p} \hat{a}(l) \hat{R}(m-l), \quad m \geqslant 0 \tag{6-67}$$

对于$m > p$，式(6-67)变为

$$\sum_{l=0}^{p} \hat{a}(l) \hat{R}(m-l) = 0, \quad m \geqslant p$$

或写成

$$\hat{R}(m) = -\sum_{l=0}^{p} \hat{a}(l) \hat{R}(m-l) = 0, \quad m > p \tag{6-68}$$

这里假设$\hat{a}(0) = 1$。

对于$m = 0, 1, 2, \cdots, p$，式(6-67)为

$$\sum_{l=0}^{p} \hat{a}(l) \hat{R}(m-l) = \begin{cases} \hat{\sigma}^2, & m = 0 \\ 0, & m = 1, 2, \cdots, p \end{cases}$$

或写成

$$\hat{R}(m) = \begin{cases} -\sum\limits_{l=1}^{p} \hat{a}(l) \hat{R}(m-l) + \hat{\sigma}^2, & m = 0 \\ -\sum\limits_{l=1}^{p} \hat{a}(l) \hat{R}(m-l) = 0, & m = 1, 2, \cdots, p \end{cases} \tag{6-69}$$

可以看出，式(6-69)与前面推导的 Yule-Walker 方程相同，只是现在用$\hat{R}(m)$代替了以前的$R(m)$。值得注意的是式(6-68)，它说明对于在$m > p$范围内的$\hat{R}(m)$值，现在并没有认为它们等于零，而认为它们的值应按该式进行外推。

既然式(6-69)与 Yule-Walker 方程相同，只要$\hat{R}(m)$的$p+1$个值与$R(m)$相同，那么求解式(6-69)得到的 AR(p)模型参数$\hat{a}(l)$就一定与求解 Yule-Walker 方程得到的参数相同。

2. AR 谱估计与最大熵谱估计等效

最大熵谱估计是基于将一段已知的自相关序列进行明显的外推，以得到未知的自相关取样值。这样，因对自相关序列加窗而使谱估计特性变坏的弊端就被去除了。

若已知$\{\hat{R}(0), \hat{R}(1), \cdots, \hat{R}(p)\}$，则问题在于如何外推求得$R(p+1), R(p+2), \cdots$才能保证整个外推后的自相关矩阵是正定的。一般有无限多种可能的外推方法，都能得到比较合适的自相关序列。Burg 证明了选择这样的外推方法才是最合理的，外推后的自相关序列所对应的时间序列应当具有最大熵。这意味着，在具有已知的$p+1$个自相关取样值的所有时间序列中，该时间序列将是最随机或最不可预测的，或者说它的谱将是最平坦或

最白的。通过由这样的外推得到的自相关序列求出的谱称为最大熵谱估计(MESE)。

选择最大熵准则的合理性在于：对未知自相关值所加的约束最少，因而对应的时间序列的随机性最大，故可得到一个具有最小偏差的解。

设有一个高斯随机过程，每个取样序列的熵正比于

$$\int_{-1/2}^{1/2} \ln S(f) \mathrm{d}f \tag{6-70}$$

式中，$S(f)$ 是功率谱。该式建立了熵与功率谱之间的关系。

求取 MESE 的方法，是指在下列约束条件下，求得使式(6-70)取最大值的 $S(f)$，这个 $S(f)$ 便是熵估计结果。

$S(f)$ 对应的自相关序列的前 $p+1$ 个取样值等于已知的 $p+1$ 个自相关取样值，即

$$\int_{-1/2}^{1/2} S(f) \mathrm{e}^{\mathrm{j}2\pi fm} \mathrm{d}f = R(m), \quad m = 1, 2, \cdots, p \tag{6-71}$$

利用 Lagrangian 乘数法解此有约束最优化问题，得到

$$S_{\mathrm{MESE}}(f) = \frac{1}{\displaystyle\sum_{l=1}^{p} \lambda(m) \mathrm{e}^{-\mathrm{j}2\pi fm}} \tag{6-72}$$

式中，$\lambda(m)$ 是 Lagrangian 乘数，根据约束条件(6-71)求出 $\lambda(m)$，代入式(6-72)便可得到

$$S_{\mathrm{MESE}}(f) = \frac{\sigma^2}{\left| 1 + \displaystyle\sum_{m=1}^{p} a(m) \mathrm{e}^{-\mathrm{j}2\pi fm} \right|^2} \tag{6-73}$$

式中，$a(m)$ 可根据 Yule-Walker 方程由已知的 $p+1$ 个自相关函数取样值求取。

由上述可以看出，在已知 $\{\hat{R}(0), \hat{R}(1), \cdots, \hat{R}(p)\}$ 的情况下，对于高斯随机过程，MESE 与 AR(p) 是等效的。

3. AR 谱估计与线性预测谱估计等效

设有 AR(p) 过程，现根据它的 p 个已知数据 $\{x(n-1), x(n-2), \cdots, x(n-p)\}$ 的线性组合：

$$\hat{x}(n) = \sum_{m=1}^{p} a(k) x(n-k) \tag{6-74}$$

来预测尚未观测到的取样值 $x(n)$，这就是线性预测问题。预测系数 $a(k)$ 按预测误差功率最小的准则来选取，即

$$\varepsilon = E\left[\varepsilon^2(n)\right] = E\left[\left(x(n) - \hat{x}(n)\right)^2\right] = \min n \tag{6-75}$$

若 $x(n)$ 是平稳随机信号，那么 $a(k)$ 将与时间 n 无关。由式(6-74)、式(6-75)和正交定理，推导出

$$R(k) = -\sum_{l=1}^{p} a(l) R(k-l), \quad k = 1, 2, \cdots, p$$

和最小预测误差功率为

$$\varepsilon_{\min} = R(0) + \sum_{k=1}^{p} a(l) R(l)$$

上二式合并成为

$$R(k) = \begin{cases} -\sum_{l=1}^{p} a(l) R(k-l) + \varepsilon_{\min}, & k=0 \\ -\sum_{l=1}^{p} a(l) R(k-l), & k=1,2,\cdots,p \end{cases} \tag{6-76}$$

这与 AR(p) 模型的 Yule-Walker 方程相同。若二者具有同样的自相关值，它们的解必相同，即有 $a(k)=\alpha(k)$ ($k=0,1,2,\cdots,p$；$a(0)=1$)，$\varepsilon_{\min}=\sigma^2$。这就是说，最佳线性预测系数恰等于 AR 模型参数，最小预测误差功率等于激励噪声方差。

可以证明，预测误差等于 AR 模型的激励源 $u(n)$。

用时刻 n 以前的 p 个取样数据预测 $x(n)$，如图 6-16 所示，可作出滤波解释。若将 $x(n)$ 作为输入，滤波器传输函数为 $H^{-1}(z) = A(z) = \sum_{k=0}^{p} \alpha(k) z^{-k}$（即 $H(z)$ 的逆滤波器），那么输出将是预测误差 $u(n)$，如图 6-16(b) 所示，称为预测误差滤波器或白化滤波器。

4. AR 谱估计等效于最佳白化处理

AR(p) 参数可以作为 p 阶线性预测系数来求取，准则是使预测误差功率最小。预测误差滤波器是白化滤波器，它去掉了 AR 过程的相关性，从而在输出端得到白噪声。本节将推广白化的概念，并证明 AR 参数也可以用使一个 FIR 滤波器或预测误差滤波器输出的谱的平坦度最大化的方法来得到。利用谱平坦度的概念，可以把 AR 谱估计得出的结果看成是最佳白化处理的结果。

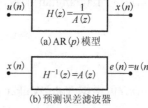

(a) AR(p) 模型

(b) 预测误差滤波器

图 6-16　自回归模型及预测误差滤波器

谱平坦度定义为

$$\xi_x = \frac{\exp\left[\int_{-\frac{1}{2}}^{\frac{1}{2}} \ln S_{xx}(f) \mathrm{d}f\right]}{\int_{-\frac{1}{2}}^{\frac{1}{2}} S_{xx}(f) \mathrm{d}f} \tag{6-77}$$

它是 $S_{xx}(f)$ 的几何均值与算术均值之比，因此，有

$$0 \leqslant \xi_x \leqslant 1 \tag{6-78}$$

若 $S_{xx}(f)$ 变化很尖锐或具有很大动态范围，那么有 $\varepsilon_x \approx 0$；若 $S_{xx}(f)$ 对所有的频率有几乎相同的值或动态范围几乎为零，那么 $\varepsilon_x \approx 1$。因此，谱平坦度直接度量了谱的平坦程度。MESE 对应的有约束最大化，因为 MESE 对应于式(6-77)的分子最大。式(6-78)的分母即 $R(0)$ 受到约束，因此 MESE 等效于使 ε_r 最大。这样，MESE 使得到的谱估计在固定约束条件下具有最大的谱平坦度。

设预测误差滤波器 $A(z) = 1 + \sum_{k=1}^{p} \alpha(k)z^{-k}$ 是最小相位的，输入时间序列 $x(n)$ 是任意的（不一定是 AR 过程），按照使输出时间序列 $e(n)$ 的谱的平坦度最大的准则来确定预测系数。因 $A(f)$ 是最小相位的，可以证明有

$$\int_{-1/2}^{1/2} \ln|A(f)|^2 \, df = 0$$

设预测误差时间序列用 $e(n)$ 表示，那么有

$$\int_{-1/2}^{1/2} \ln S_{ee}(f) df = \int_{-1/2}^{1/2} \ln|A(f)|^2 S_{xx}(f) df$$
$$= \int_{-1/2}^{1/2} \ln S_{xx}(f) df$$

上式两端取指数，然后除以 $\int_{-1/2}^{1/2} S_{ee}(f) df$，得到

$$\xi_x = \frac{\exp\left[\int_{-1/2}^{1/2} \ln S_{xx}(f) df\right]}{\int_{-1/2}^{1/2} S_{xx}(f) df} = \xi_x \frac{\int_{-1/2}^{1/2} S_{xx}(f) df}{\int_{-1/2}^{1/2} S_{ee}(f) df} \tag{6-79}$$

由此可见，为使 ε_e 最大，必须使 $R_{ee}(0)$ 最小（因为 $S_{xx}(f)$ 是固定的，因而 $\varepsilon_x R_{xx}(0)$ 也是固定的）。由此得出结论：使预测误差谱平坦度最大等效于使 p 阶线性预测器的预测误差功率最小。同时，现在可以明显地看到，由于预测误差功率总是由最小相位滤波器使之最小化，所以不一定要假设预测误差滤波器是最小相位的。

对于 AR(p) 过程，根据阶预测误差滤波器输出谱平坦度最大的准则来确定 AR 参数可构造出一个预测误差滤波器，其输出时间序列 $e(n)$ 是方差为 σ^2 的白噪声。因此有

$$S_{ee}(f) = \sigma^2 = |A(f)|^2 S_{xx}(f)$$

该式表明，AR(p) 过程的谱必须为

$$S_{xx}(f) = \frac{\sigma^2}{|A(f)|^2} \tag{6-80}$$

然而，若过程不是 AR(k)，这里 $k \leqslant p$，那么预测误差将不是白色的，且有

$$S_{xx}(f) = \frac{S_{ee}(f)}{|A(f)|^2} \tag{6-81}$$

这里，$A(f)$ 是最佳 σ 阶预测误差滤波器。上式对于非 AR 过程的 AR 谱估计有重要意义。在采用 AR 谱估计时，AR 参数是由 Yulf-Walker 方程解出的，并假定了 $S_{ee}(f)$ 是常数。这样，$S_{ee}(f)$ 所提供的任何重要的谱细节都丢失了。下面举一个简单的例子来说明预测误差时间序列不是白色的情况。

设有一个实 MA(k) 过程，现对它作最佳一阶线性预测。线性预测标准方程为

$$R_{xx}(k) = -\sum_{l=1}^{p} a(l) R_{xx}(k-l), \quad k = 1, 2, \cdots, p$$

对于一阶预测，有

$$R_{xx}(l) = -a(l)R_{xx}(0)$$

因此

$$a(l) = -\frac{R_{xx}(l)}{R_{xx}(0)} = -\frac{b(1)}{1+b^2(l)}$$

由于 $S_{xx}(f) = \dfrac{S_{ee}(f)}{|A(f)|^2}$，其中 $S_{xx}(f) = \sigma^2|1+b^2(l)e^{-j2\pi f}|^2$。

得到

$$S_{ee}(f) = S_{xx}(f)|1+a(1)e^{-j2\pi f}|^2 = S_{xx}(f)\left|1-\frac{b(1)}{1+b^2(1)}e^{-j2\pi f}\right|^2$$

$$= \sigma^2|1+b^2(1)e^{-j2\pi f}|^2\left[\left|1-\frac{b(1)}{1+b^2(1)}e^{-j2\pi f}\right|^2\right]$$

$$= \sigma^2[1+b^2(1)]\left|1-\frac{b(1)}{1+b^2(1)}e^{-j2\pi f}\right|^2$$

只有当 $b(1)=0$ 或 $x(n)$ 一开始就是白噪声过程时，预测误差序列才是白色的。

5. AR 谱估计的界

在有些情况下，不要求计算出值，而只希望知道 AR 谱的动态范围。只要知道 $R_{xx}(0)$ 和反射系数的模值就有可能确定谱的上、下界。1975 年 Burg 证明了下式

$$R_{xx}(0)\prod_{i=1}^{p}\frac{1-|\gamma_i|}{1+|\gamma_i|} \leqslant S_{AR}(f) \leqslant R_{xx}(0)\prod_{i=1}^{p}\frac{1+|\gamma_i|}{1-|\gamma_i|} \tag{6-82}$$

成立。当任何一个反射系数 γ_i 接近于 1 时，上界将变大，而下界将变小。实际上这只不过是重述了 AR 过程的下述性质：具有大反射系数模值（或极点靠近单位圆）的 AR 过程，其谱一定具有尖锐的峰。

6.2.6 AR 模型参数提取方法

在实际应用中，常根据信号的有限个取样值来估计 AR 模型的参数，应用较多的有以下几种方法：Yule-Walker 法或自相关法、协方差法、Burg 法。

以上三种方法都可以用由时间平均代替集合平均的最小平方准则推导得到。

理论上，AR 模型参数是根据预测误差功率最小的准则来确定的，该准则表示为

$$E\left[\left(e_p^+(n)\right)^2\right] = \min$$

或

$$E\left[\left(e_p^-(n)\right)^2\right] = \min$$

值得注意的是，$e_p^-(n)$ 和 $e_p^+(n)$ 的均方值都可以表示为

$$E\left[\left(e_p^+(n)\right)^2\right] = E\left[\left(e_p^-(n)\right)^2\right] = \boldsymbol{a}^T \boldsymbol{R} \boldsymbol{a} \tag{6-83}$$

式中，R 是 $x(n)$ 的 $p+1$ 阶自相关矩阵，而

$$\boldsymbol{a} = \begin{bmatrix} 1 & a_{p1} & \cdots & a_{pp} \end{bmatrix}^{\mathrm{T}}$$

式中，$\boldsymbol{a}^{\mathrm{T}}$ 是 $\boldsymbol{a}$ 的转置。

1. Yule-Walker 法

用最小平方时间平均准则代替集合平均准则，有

$$\varepsilon = \frac{1}{N} \sum_{n=0}^{N+p-1} \left(e_p^+(n) \right)^2 = \min \quad \text{或} \quad \sum_{n=0}^{N+p-1} \left(e_p^+(n) \right)^2 = \min \tag{6-84}$$

式中，$e_p^+(n)$ 可由长度为 $p+1$ 的预测误差滤波器冲激响应序列 $(1, \alpha_{p1}, \alpha_{p2}, \alpha_{pp})$ 与长度为 N 的数据序列 $(x(0), x(1), \cdots, x(N-1))$ 进行卷积得到。因而 $e_p^+(n)$ 序列的长度为 $N+p$，这就决定了式 (6-81) 中求和的项数。显然，在计算卷积时，在数据段 $x_N(n)$ 的两端，实际上添加了若干零取样值。说得更明确一些，$e_p^+(n)$ 是由 $x_N(n)$ 经过冲激响应为 $\alpha_{pi}(i=0,1,\cdots,p;$ $\alpha_{p0}=1)$ 的滤波器滤波得到的。只要 $x_N(n)$ 的第一个数据 $x(0)$ 进入滤波器，滤波器便输出第一个误差信号取样值 $e_p^+(n)$；直到只有 $x_N(n)$ 的最后一个数据 $x(N-1)$ 还留在滤波器中时，才输出最后一个误差信号取样值 $e_p^+(N+p-1)$。这意味着，已知数据 $x(n)(0 \leqslant n \leqslant N-1)$ 是通过对无穷长数据序列 $x(n)$ $(-\infty \leqslant M \leqslant \infty)$ 加窗得到的。将 $e_p^+(n) = \sum_{i=0}^p a_{pi} x(n-i)$ 代入式 (6-81)，得

$$\varepsilon = \sum_{n=0}^{N+p-1} \left(e_p^+(n) \right)^2 = \sum_{n=0}^{N+p-1} a_{pi} \hat{R}(i-j) a_{pj} = N \boldsymbol{a}^{\mathrm{T}} i \hat{R} \boldsymbol{a} \tag{6-85}$$

式中，$\hat{R}$ 是由取样自相关序列：

$$\hat{R}(k) = \frac{1}{N} \sum_{k=0}^{N-1-k} x(n) x(n+k), \quad 0 \leqslant k \leqslant N-1 \tag{6-86}$$

构成的 N 阶取样自相关矩阵。式 (6-85) 与式 (6-86) 等效，只是用取样自相关矩阵 $\hat{R}$ 取代了自相关矩阵 R。因此，用时间平均最小化准则同样可以导出 Yule-Walker 方程组，不过方程组中的 R 要用 $\hat{R}$ 取代。取样自相关矩阵 $\hat{R}$ 是正定的，因而能够保证所得到的预测误差滤波器是最小相位的，因而也能保证反射系数的模值都小于 1，这是使滤波器稳定的充要条件。

图 6-17 所示为用自相关法计算 $e_p^+(n)$ 的原理。

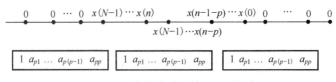

图 6-17　用自相关法计算 $e_p^+(n)$ 的原理

2. 协方差法

用下列时间平均最小平方准则代替集合平均的最小平方准则:

$$\varepsilon = \sum_{n=p}^{N-1} e_p^+(n)^2 = \min \tag{6-87}$$

该式与自相关法的主要区别是求和范围不同。现在的求和范围是 $p \sim N-1$。这意味着滤波器工作时,数据段左右两端不需要添加任何零取样值,或者说滤波器每次进行计算时,数据总是"装满"了滤波器的移位寄存器。这意味着,并没有假设已知数据 $x(n)(0 \leqslant n \leqslant N-1)$ 以外的数据等于零,或者说,没有"加数据窗"的不合理假设。这一特点如图 6-18 所示。

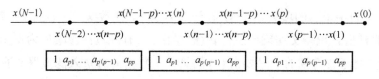

图 6-18 用协方差法计算 $e_p^+(n)$ 的原理

与式(6-83)类似,可推导出

$$\varepsilon = \sum_{n=0}^{N-1} \left(e_p^+(n)\right)^2 = N\boldsymbol{a}^{\mathrm{T}} \hat{\boldsymbol{R}} \boldsymbol{a} \tag{6-88}$$

式中,自相关矩阵的估计为

$$\hat{\boldsymbol{R}} = \left\{ \hat{\boldsymbol{R}}(i,j) \right\} \tag{6-89}$$

这里,自相关序列的估计为

$$\hat{\boldsymbol{R}}(i,\ j) = \sum_{i=p}^{N-1} x(n-i)x(n-j) \tag{6-90}$$

一般情况下,$\hat{\boldsymbol{R}}$ 不是 Toeplitz 的,这是与自相关法不同的协方差法存在着稳定性问题,举例说明如下。

设输入序列长度为 3,对它进行 1 阶线性预测,误差产生的过程如图 6-19 所示。

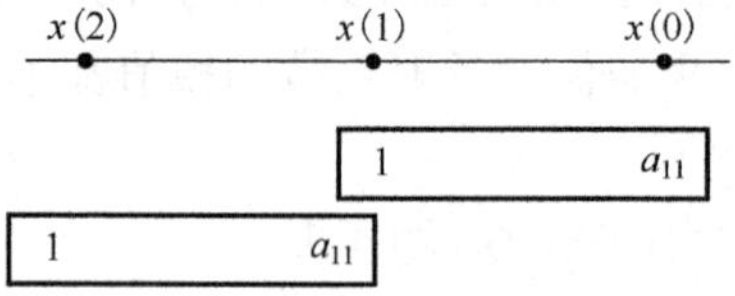

图 6-19 协方差法不稳定性的实例

由图 6-19 可以得出

$$\begin{aligned}
\varepsilon &= \sum_{n=1}^{2} \left[e_1^+(n) \right]^2 = \left[e_1^+(1) \right]^2 + \left[e_1^+(2) \right]^2 \\
&= \left[x_1(1) + a_{11}x(0) \right]^2 + \left[x_1(2) + a_{11}x(1) \right]^2
\end{aligned} \tag{6-91}$$

$$\frac{\partial \varepsilon}{\partial a_{11}} = 2\left\{\left[x_1(1) + a_{11}x(0)\right]x(0) + \left[x(2) + a_{11}x(1)\right]x(1)\right\} = 0$$

$$a_{11} = \frac{-\left[x(1)x(2) + x(2)x(1)\right]}{x^2(0) + x^2(1)} \tag{6-92}$$

由上式看出，a_{11} 的计算式中分母与 $x(2)$ 无关，因而若 $x(2)$ 足够大，就有可能使 $|a_{11}| > 1$，这表明预测误差滤波器不是最小相位的，所以不稳定。在实际应用协方差法时应当注意这个问题。

3. Burg 法

自相关法的计算效率高，且能保证预测误差滤波器是最小相位的，但数据两端要附加零取样值，实际上等效于数据加窗，这将使参数估计的精度下降。特别是当数据段很短时，加窗效应就更为严重。协方差法计算效率也高，但潜在着不稳定因素。自相关法和协方差法都是直接估计 AR 参数。

Burg 法则一方面希望利用已知数据段两端以外的未知数据（但它对这些未知数据不作主观臆测），另一方面又总是设法保证使预测误差滤波器是最小相位的。Burg 法与自相关法和协方差法不同，它不直接估计 AR 参数，而是先估计反射系数，然后利用 Levinson 递推算法由反射系数来求得 AR 参数。

Burg 法首先要估计反射系数，所使用的准则是前向和后向预测误差功率估计的平均值最小准则。在这里，预测误差功率估计仍然用时间平均来代替集合平均。因此，Burg 法估计反射系数的准则表示为

$$\varepsilon = \sum_{n=p}^{N-1}\left[e_p^+(n)^2 + e_p^-(n)^2\right] = \min \tag{6-93}$$

该式的求和范围与协方差法相同。前向和后向预测误差滤波器的工作都是在数据段上进行的（数据段两端不需要补充零），如图 6-20 所示。

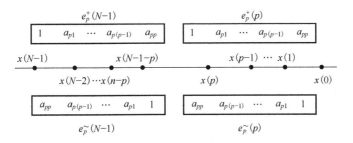

图 6-20　Burg 法前向和后向预测误差产生原理

由式 (6-85)，求 ε 对 γ_p 的偏导数并令其等于零，即

$$\frac{\partial \varepsilon}{\partial \gamma_p} = 2\sum_{n=p}^{N-1}\left[e_p^+(n)\frac{\partial e_p^+(n)}{\partial \gamma_p} + e_p^-(n)\frac{\partial e_p^-(n)}{\partial \gamma_p}\right] = 0 \tag{6-94}$$

出于滤波器运算术超出已知数据段的范围，因此，式 (6-86) 对 $p \leqslant n \leqslant N-1$ 是成立的，由式 (6-86) 得到

$$\sum_{n=p}^{N-1}\left[e_p^+(n)e_{p-1}^-(n-1)+e_p^-(n)e_{p-1}^+(n)\right]=0 \tag{6-95}$$

或者写成

$$\sum_{n=p}^{N-1}\left[\left(e_p^+(n)-\gamma_p e_{p-1}^-(n-1)\right)e_{p-1}^-(n-1)+\left(e_{p-1}^-(n-1)-\gamma_p e_{p-1}^+(n)\right)e_{p-1}^+(n)\right]=0 \tag{6-96}$$

由此式解出

$$\gamma_p=\frac{2\sum_{n=p}^{N-1}\left[e_{p-1}^+(n)e_{p-1}^-(n-1)\right]}{\sum_{n=p}^{N-1}\left[\left(e_{p-1}^+(n)\right)^2+\left(e_{p-1}^-(n-1)\right)^2\right]} \tag{6-97}$$

利用 Schwarz 不等式可以证明：$|\gamma_p|<1$。这就保证了预测误差滤波器具有最小相位性质。

一般情况下，求出 γ_k 后，即可利用 Levinson 递推算法中的公式由 $k-1$ 阶 AR 参数计算出 k 阶 AR 参数。

综上所述，Burg 法可归纳为以下三个公式：

$$\gamma_k=\frac{2\sum_{n=k}^{N-1}\left[e_{k-1}^+(n)e_{k-1}^-(n-1)\right]}{\sum_{n=k}^{N-1}\left[\left(e_{k-1}^+(n)\right)^2+\left(e_{k-1}^-(n-1)\right)^2\right]} \tag{6-98}$$

$$\begin{bmatrix}e_k^+(n)\\e_k^-(n)\end{bmatrix}=\begin{bmatrix}1 & -\gamma_k\\-\gamma_k & 1\end{bmatrix}\begin{bmatrix}e_{k-1}^+(n)\\e_{k-1}^-(n-1)\end{bmatrix} \tag{6-99}$$

$$a_{k,\,i}=a_{k-1,\,i}-\gamma_k a_{k-1,\,k-i},\quad i=1,2,\cdots,k,\ a_{k-1,0}=1 \tag{6-100}$$

Burg 法估计 $AR(p)$ 模型参数的具体计算步骤如下。

(1)确定初始条件：

$$e_0^+(n)=e_0^-(n)=x(n),\quad 0\leqslant n\leqslant N-1 \tag{6-101}$$

$$e_0^2=\frac{1}{N}\sum_{n=0}^{N-1}x^2(n) \tag{6-102}$$

(2)确定 $k-1$ 阶 AR 参数(迭代计算时，k 的值从 1 开始选取)$A_{k-1}(z)$，σ_{k-1}^2，$k-1\leqslant n\leqslant N-1$。

(3)用式(6-98)计算 γ_k。

(4)用式(6-99)计算 $A_k(z)$。

(5)用式(6-100)计算 $e_k^+(n)$ 和 $e_k^-(n)$，$k\leqslant n\leqslant N-1$。

(6)计算 k 阶均方误差：

$$\sigma_k^2=(1-\gamma_k^2)\sigma_{k-1}^2 \tag{6-103}$$

(7)回到步骤(2)，进行下一次迭代。

实现 Burg 算法的计算机子程序的输入数据是 $\{x(0),x(1),\cdots,x(N-1)\}$ 和阶数 p，输出是各阶预测误差滤波器的参数，这些参数一般放在一个下三角矩阵中，形如：

$$L = \begin{bmatrix} 1 & 0 & 0 & \cdots & 0 \\ a_{11} & 1 & 0 & \cdots & 0 \\ a_{22} & a_{21} & 1 & \cdots & 0 \\ \vdots & \vdots & \vdots & \ddots & \vdots \\ a_{pp} & a_{p,p-1} & a_{p,p-2} & \cdots & 1 \end{bmatrix} \tag{6-104}$$

同时还输出各阶预测误差的均方值 $\{\sigma_0^2, \sigma_1^2, \cdots, \sigma_p^2\}$。

　　一般来说，如果处理的数据来自 AR 过程，那么采用 Burg 算法可以获得精确的 AR 谱估计。但在处理正弦信号的数据时却会遇到某些困难。例如，谱线分裂的问题，谱峰位置受相位影响很大的问题等。为减小相位的影响，可对反射系数估计公式进行如下修正：

$$\gamma_p = \frac{2\sum\limits_{n=k}^{N-1}\left[\omega_p(n)e_{p-1}^+(n)e_{p-1}^-(n-1)\right]}{\sum\limits_{n=k}^{N-1}\left[\left(e_{p-1}^+(n)\right)^2 + \left(e_{p-1}^-(n-1)\right)^2\right]\omega_p(n)} \tag{6-105}$$

式中，$\omega_p(n)$ 是适当选择的一个具有非负极值的窗函数。

6.2.7　MA 和 ARMA 模型谱估计

　　MA 谱估计以全零点模型为基础，将其用于估计窄带谱时得不到高分辨率，但用于 MA 随机过程时，由于 MA 随机过程的功率谱本身具有宽峰窄谷的特点，故能得到精确估计。

　　当采用 AR 模型谱估计方法，特别是采用 Burg 法时，能得到可靠的高分辨率估计。但当噪声污染了数据时，只有采用 ARMA 模型才能获得良好的谱估计。采用 ARMA 模型，以较少的模型参数就能改善 AR 谱估计的性能，因而关于 ARMA 模型谱估计方法的研究也受到了人们的普遍重视。

1. MA 模型谱估计

由式(6-48)可得

$$S_{xx}(z)A(z) = \sigma^2 \frac{B^*\left(\frac{1}{z^*}\right)}{A^*\left(\frac{1}{z^*}\right)}B(z) = \sigma^2 H^*\left(\frac{1}{z^*}\right)B(z) \tag{6-106}$$

对该式两端取逆变换，分别得到

$$L_{-1}\left[S_{xx}(z)A(z)\right] = R_{xx}(m) * a_m = \sum_{k=0}^{p} a_k R_{xx}(m-k) \tag{6-107}$$

$$L_{-1}\left[H^*\left(\frac{1}{z^*}\right)B(z)\sigma^2\right] = \sigma^2 \sum_{k=0}^{p} b_k h(k-m) \tag{6-108}$$

这里，假设 $h(n)$ 是实序列。由上二式得到

$$\sum_{k=0}^{p} a_k R_{xx}(m-k) = \sigma^2 \sum_{k=0}^{p} b_k h(k-m) \tag{6-109}$$

$h(n)$ 是因果序列，即 $n<0$ 时 $h(n)=0$，故上式右端有

$$\sum_{k=0}^{q} b_k h(k-m) = \begin{cases} \sum_{k=0}^{p} b_k h(k-m), & m=0,1,\cdots,q \\ 0, & m \geqslant q+1 \end{cases} \tag{6-110}$$

或

$$\sum_{k=0}^{q} b_k h(k-m) = \begin{cases} \sum_{k=0}^{q-m} b_{k+m} h(k), & m=0,1,\cdots,q \\ 0, & m \geqslant q+1 \end{cases} \tag{6-111}$$

将上式代入式 (6-95)，得

$$R_{xx}(m) = \begin{cases} -\sum_{k=1}^{p} a_k R_{xx}(m-k) + \sigma^2 \sum_{k=0}^{q-m} b_{k+m} h(k), & m=0,1,\cdots,q \\ -\sum_{k=1}^{p} a_k R_{xx}(m-k), & m \geqslant q+1 \end{cases} \tag{6-112}$$

这就是 ARMA 模型参数与自相关函数之间的关系式。

当 $a_0=1$ 且 $a_k=0$ $(k=1,2,\cdots,p)$ 时，由式 (6-105) 可得出 MA 模型参数与信号的自相关函数之间的关系式。注意此时 $h(k)=b_k$，故有

$$R_{xx}(m) = \begin{cases} \sigma^2 \sum_{k=0}^{q-m} b_{k+m} b_k, & m=0,1,\cdots,q \\ 0, & m \geqslant q+1 \end{cases} \tag{6-113}$$

另外，对于 MA(q) 模型，有

$$S_{xx}(z) = \sigma^2 B(z) B(z^{-1}) = \sigma^2 D(z) \tag{6-114}$$

这里，

$$D(z) = B(z) B(z^{-1}) = \sum_{m=-q}^{q} d_m z^{-m} \tag{6-115}$$

式中，

$$d_m = \sum_{k=0}^{q-|m|} b_{k+m} b_k, \quad |m| \leqslant q \tag{6-116}$$

故式 (6-109) 可写成

$$S_{xx}(z) = \sigma^2 \sum_{m=-q}^{q} \left[\sum_{k=0}^{q-|m|} b_{k+m} b_k \right] z^{-m}, \quad |m| \leqslant q \tag{6-117}$$

考虑到式 (6-106) 及 $R_{xx}(m) = R_{xx}(-m)$，故上式可写成

$$S_{xx}(z) = \sum_{m=-q}^{q} R_{xx}(m) z^{-m}, \quad |m| \leqslant q \tag{6-118}$$

这意味着，MA(q)模型谱估计实际上不需要估计模型参数b_k，只要根据已给数据估计$|m| \leqslant q$时的自相关函数$\hat{R}(m)$，即可得到功率谱估计：

$$\hat{S}_{xx}(z) = \sum_{m=-q}^{q} \hat{R}_{xx}(m) z^{-m}, \quad |m| \leqslant q \tag{6-119}$$

实际上这就是周期图谱估计。

2. ARMA 模型谱估计

ARMA 模型参数与自相关函数间的关系由式(6-105)确定，将其中的第二个方程写成如下展开形式：

$$\begin{bmatrix} R_{xx}(q) & R_{xx}(q-1) & \cdots & R_{xx}(q-p+1) \\ R_{xx}(q+1) & R_{xx}(q) & \cdots & R_{xx}(q+p+2) \\ \vdots & \vdots & \ddots & \vdots \\ R_{xx}(q+p-1) & R_{xx}(q+p-2) & \cdots & R_{xx}(q) \end{bmatrix} \begin{bmatrix} a_1 \\ a_2 \\ \vdots \\ a_p \end{bmatrix} = - \begin{bmatrix} R_{xx}(q+1) \\ R_{xx}(q+2) \\ \vdots \\ R_{xx}(q+p) \end{bmatrix} \tag{6-120}$$

这个式子可以有以下两种解释。

(1) 若给定 $q+1 \leqslant m \leqslant g+p$ 范围内的自相关值 $R_{xx}(m)$，则可解此方程，求得自回归系数 $\{a_k\}$ ($k=1,2,\cdots,p$)。

(2) 若已知 $\{a_k\}$ ($k=1,2,\cdots,p$)，及 $0 \leqslant m \leqslant p$ 范围内的 $R_{xx}(m)$，则可由该式求出 $q+1 \leqslant m \leqslant p+q$ 范围内的 $R_{xx}(m)$，即对自相关函数进行外推。但是，由该式求出自回归系数 $\{a_k\}$ 后，无助于求取滑动平均系数 $\{b_k\}$ ($k=1,2,\cdots,p$)，因为式(6-105)的第一个方程：

$$\sigma^2 \sum_{k=0}^{q-m} b_{k+m} h(k) = \sum_{m=-q}^{q} R_{xx}(m) + \sum_{k=1}^{p} a_k R_{xx}(m-k), \quad 0 \leqslant m \leqslant q \tag{6-121}$$

与冲激响应 $h(k)$ 有关。虽然可以用长除法由已知的 $A(z)$ 除 $B(z)$，从而用 $\{b_k\}$ 表示 $h(k)$，但这样得到的以作为未知数的方程是非线性方程，是很难求解的。

另外，由式(6-113)计算自回归系数 a_k 也存在着问题。因为首先要估计自相关函数，但当模型的阶较高时，长滞后时间的自相关函数的估计是很不准确的，因而得不到对自回归系数的好的估计。所以上述 ARMA 模型谱估计方法不值得推荐。

一个比较可靠的解法是：构造一个 $m>q$ 的超定线性方程组，然后利用最小二乘方法来解这个超定方程组。为此，写出方程：

$$\hat{R}_{xx}(m) = -\sum_{k=1}^{p} \hat{a}_k \hat{R}_{xx}(m-k), \quad m = q+1, q+2, \cdots, M < N \tag{6-122}$$

式中，$\hat{R}_{xx}$ 是估计得到的自相关序列，可以是有偏估计也可以是无偏估计。然后按均方误差最小准则来确定自回归系数 $\{a_k\}$，即

$$\varepsilon = \sum_{n=q+1}^{M} e^2(n) = \sum_{n=q+1}^{M} \left[\hat{R}_{xx}(m) + \sum_{k=1}^{p} \hat{a}_k \hat{R}_{xx}(m-k) \right]^2 = \min \tag{6-123}$$

解此最小二乘方问题，便可得到一组以 $\{\hat{a}_k\}$ 作为未知数的线性方程。这种方法称为最小

二乘方修正 Yule-Walker 方法。还可以对自相关序列进行加权，以减轻长滞后时间的自相关函数值估计不准确带来的影响。

自回归系数 $\{\hat{a}_k\}$ 估计出来后，得到一个系统：

$$\hat{A}(z) = 1 + \sum_{k=1}^{p} \hat{a}_k z^{-k} \tag{6-124}$$

序列 $x(n)$ 经过这个 FIR 系统滤波，得到一个输出序列：

$$v(n) = x(n) + \sum_{k=1}^{p} \hat{a}_k x(n-k), \quad n=0,1,\cdots,N-1 \tag{6-125}$$

ARMA(p,q) 模型与 $A(z)$ 系统级联，近似于模型 $B(z)$。因此，可以利用输出序列 $v(n)$ 估计自相关序列 $\hat{R}_{vv}(m)$，并较 MA(q) 模型谱估计的公式(6-112)来得到 MA 谱，即

$$\hat{S}_{vv}(z) = \sum_{m=-q}^{q} \hat{R}_{vv}(m) z^{-m} \tag{6-126}$$

可见，这里估计 MA 谱并不要求计算 $\{b_k\}$ 参数。$\hat{R}_{vv}(m)$ 是 MA 模型的自相关函数式(6-106)的一种估计，在估计 $\hat{R}_{vv}(m)$ 时也可以用加窗的办法(如三角窗)减小大滞后时间自相关函数的影响。此外，可以用一个反向滤波器对数据进行滤波，产生出另一序列 $v^b(n)$，利用 $v(n)$ 和 $v^b(n)$ 来估计 $\hat{R}_{vv}(m)$。

得到 MA 谱估计 $\hat{S}_{vv}(z)$ 后，利用下式即可求得 ARMA 谱估计：

$$\hat{S}_{xx}(z) = \frac{\hat{S}_{vv}(z)}{\left| 1 + \sum_{k=1}^{p} \hat{a}_k z^{-k} \right|^2} \tag{6-127}$$

或

$$\hat{S}_{xx}(\omega) = \frac{\hat{S}_{vv}(\omega)}{\left| 1 + \sum_{k=1}^{p} \hat{a}_k \mathrm{e}^{-\mathrm{j}\omega k} \right|^2} \tag{6-128}$$

6.3　倒频谱分析方法

倒频谱分析也称为二次频谱分析，是检测复杂谱图中周期分量的有效工具。在语言分析中语音音调的测定、机械振动中故障监测和诊断以及排除回波(反射波)等方面均得到广泛的应用。

6.3.1　倒频谱的概念

已知时域信号 $x(t)$ 经过傅里叶变换变为频域函数 $X(f)$ 或功率谱密度函数 $G_x(f)$。当频谱图上呈现出复杂的周期结构时，如果再进行一次对数的功率谱密度函数傅里叶变换并取二次方，则可得到倒频谱函数(Power Cepstrum) $C_p(q)$，其数学表达式为

$$C_p(q) = \left| F\{\lg G_x(f)\} \right|^2 \tag{6-129}$$

$$C_p(q) = \sqrt{C_p(q)} = \left| F\{\lg G_x(f)\} \right| \tag{6-130}$$

倒频谱也可表述为"对数功率谱的功率谱"。工程上常用的是取开二次方根的形式，即 $C_a(q)$，称为幅值倒频谱，有时简称倒频谱。自变量 q 称为倒频率，它具有与自相关函数值 $R_x(\tau)$ 中的自变量 τ 相同的时间量纲，即单位为 s 或 ms（因为倒频谱是傅里叶正变换，积分变量是频率 f 而不是时间 τ，故倒频谱 $C_a(q)$ 的自变量 q 具有时间的量纲）；q 值大者称为高倒频率，表示谱图上的快速波动；q 值小者称为低倒频率，表示谱图上的缓慢波动。

倒频谱是频域函数的傅里叶变换，对谱函数取对数的目的，是使用变换以后的信号能量格外集中，同时还可解析卷积（褶积）成分，易于对原信号的识别。

6.3.2　倒频谱与解卷积

工程上实测的波动、噪声信号往往不是振源信号本身，而是振源或音源信号 $x(t)$ 经过传递系统 $h(t)$ 到达测点的输出信号 $y(t)$。

对于线性系统 $x(t)$、$h(t)$、$y(t)$ 三者的关系可用卷积公式表示，即

$$y(t) = x(t)h(t) = \int_0^{+\infty} x(\tau)h(t-\tau)\mathrm{d}\tau \tag{6-131}$$

在时域上信号经过卷积后一般给出的是一个比较复杂的波形，难以区分源信号（振动信号或噪声信号）与系统的响应。为此，需要做傅里叶变换，在频域上进行频谱分析后，得

$$Y(f) = X(f)H(F) \quad 或 \quad G_y(f) = G_x(f)G_h(f) \tag{6-132}$$

然而，有时即使在频域上得出谱图，也难以区分源信号与系统响应。故需对式（6-128）两边取对数，有

$$\lg G_y(f) = \lg G_x(f) + \lg G_h(f) \tag{6-133}$$

式（6-129）的示意图如图 6-21（a）所示。图中 $\lg G_x(f)$ 是源信号，具有明显的周期特征，经系统响应的修正 $\lg G_h(f)$（图中的中线），合成为输出信号 $\lg G_y(f)$。

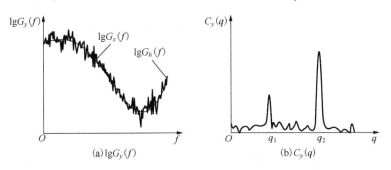

图 6-21　倒频谱分析示意图

若对式（6-129）再进一步做傅里叶变换，可得幅值倒频谱为

$$F\left[\lg G_y(f)\right] = F\left[\lg G_x(f)\right] + F\left[\lg G_h(f)\right] \tag{6-134}$$

或

$$\left| F\left[\lg G_y\left(f\right) \right] \right| = \left| F\left[\lg G_x\left(f\right) \right] \right| + \left| F\left[\lg G_h\left(f\right) \right] \right| \qquad (6\text{-}135)$$

即

$$C_y\left(q\right) = C_x\left(q\right) + C_h\left(q\right) \qquad (6\text{-}136)$$

式(6-130)在倒频域上表示，由两部分组成：一部分是高倒频率 q_2，在倒频谱图上形成波峰；另一部分是低倒频率 q_1，如图 6-21(b)所示。前者表示源信号特征，而后者表示系统响应，各自在倒频谱图上占有不同的倒频率范围。可见，由频谱提供清晰的分析结果。

6.3.3　倒频谱的应用

对于高速大型旋转设备，其旋转状况较复杂，尤其当设备出现不对中、轴承或齿轮的缺陷、油膜涡动、摩擦、陷流及质量不对称等异常现象时，振动会变得更为复杂。此时用一般频谱分析方法已经难以辨识缺陷的频率分量，而用倒频谱，则可增强识别能力。

例如，一对工作中的齿轮，在实测得到的振动或噪声信号中，包含着一定数量的周期分量。如果齿轮产生缺陷，则其振动或噪声信号还将产生大量的谐波分量及边带频率成分。

设在该旋转机构中有两个频率 ω_1 与 ω_2 存在，在这两个频率的激励下，机构振动的响应呈现出周期性脉冲的拍，也就是呈现其振幅以差频($\omega_2 - \omega_1$，设 $\omega_2 > \omega_1$)进行幅度调制的信号，从而形成拍的波形。这种调幅信号是自然产生的。譬如调幅波起源于齿轮啮合频率(齿数×轴转速)ω_0 的正弦载波，其幅值由于齿轮的偏心影响成为随时间变化而变化的某一函数 $S_m(t)$，于是输出为

$$x\left(t\right) = S_m\left(t\right) \sin\left(\omega_0 t + \varphi\right) \qquad (6\text{-}137)$$

假设齿轮轴转动频率为 ω_m，则上式可写成

$$x\left(t\right) = A\left(1 + m\cos\omega_m t\right) \sin\left(\omega_0 t + \varphi\right) \qquad (6\text{-}138)$$

式中，m 为常数。其图形如图 6-22(a)所示，看起来像一周期函数，但实际上它并非是一个周期函数，除非 ω_0 与 ω_m 成整倍数关系，在实际应用中，这种情况并不多见。进一步化简上式得

$$x\left(t\right) = A\sin n\left| \left(\omega_0 t + \varphi\right) \right| + \frac{mA}{2}\sin\left[\left(\omega_0 + \omega_m\right) t + \varphi\right] + \frac{mA}{2}\sin\left[\left(\omega_0 - \omega_m\right) t + \varphi\right] \quad (6\text{-}139)$$

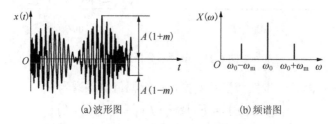

(a)波形图　　　　　　　　　　　　　(b)频谱图

图 6-22　齿轮啮合中的拍波现象

　　不难看出，它是 ω_0、$(\omega_0 + \omega_m)$ 与 $(\omega_0 - \omega_m)$ 三个不同的正弦波之和，如图 6-22(b)所示。这里差频 $(\omega_0 - \omega_m)$ 与和频 $(\omega_0 + \omega_m)$ 通称为边带频率。

　　实际上，如果齿轮缺陷严重或多种故障存在，以致在许多机械中经常出现不对中、松动以及非线性刚度等，则边带频率将大量增加。如图 6-23(a)所示为一个减速器的频谱图，如图 6-23(b)所示为它的倒频谱图。从倒频谱图上可清楚地看出，有两个主要频率分量 56.6Hz 及 94.1Hz。

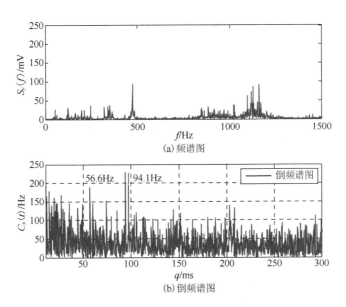

图 6-23　减速器的频谱和倒频谱图

6.4　细化谱分析方法

　　细化谱分析法是增加频谱中某些部分分辨能力的方法，即"局部放大"的方法。因为标准的 FFT 分析结果的频率分布是在零赫兹到 f_c（奈奎斯特截止频率）的范围内，频率分辨率由谱线的条数（一般是原始采样点数的一半）决定。而实际应用中常有这种情况，即对整个频率范围内的某一部分希望有较高的分辨率。而要提高分辨率，或使所得谱的任一部分的分辨率增加 K 倍，可以通过增加整个采样点列 $K \cdot N$ 点，这样可使整个谱范围内所有点的频率分辨率都增加 K 倍，而代价是运算次数也增加 K 倍。这对于较大的 K 和 N 是不经济甚至是不可能的。所谓细化(Zoom)分析是只对固定某窄带部分进行放大，像照相机将照片的个别部分放大一样，其动态范围和分辨率都提高了。图 6-24 示意性地表示了这个概念。

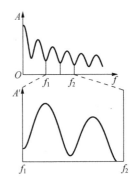

图 6-24　细化分析示意图

　　Zoom-FFT 分析过程原理框图如图 6-25 所示。下面结合图 6-25 来说明细化的分析过程。首先像通常的 FFT 做法那样，选用采样频率 $f_s = 1/h$ 进行采样。可得到 N 点离散序列 $\{x_n\}$。假设我们感兴趣的谱中心频率为 f_k 的一个窄带 Δf，然后用一个复正弦序列（单位旋转矢量）$\exp[-\mathrm{j}2\pi f_k nh]$ 乘以 $\{x_n\}$ 得 $\{y_n\}$ 新的 N 点离散序列。根据频移定理，即将频率原点有效地移至频率 f_k（即复调制）。f_k 成为新的频率坐标原点。正、负采样频率 $\pm f_k$ 也同样移动了一个量 f_k，如图 6-26(a) 所示。由于新的负奈奎斯特频率 $(-f_c + f_k)$ 可能高于最低频率分量的频率，有可能在负频率区内引入频率混淆。因此，可进一步用数字滤波器作低通滤波，将围绕 f_k 的一个窄带 Δf 以外的所有频率分量都去掉，这样，低通滤波器就去掉了可能出现的混叠频率成分。

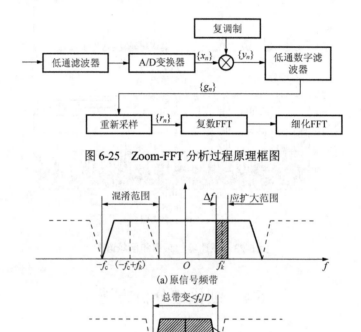

图 6-25　Zoom-FFT 分析过程原理框图

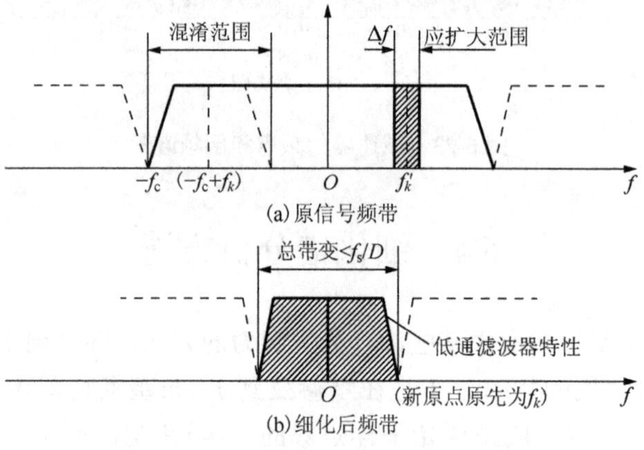

图 6-26　Zoom-FFT 频率扩展示意图

　　如图 6-26(b) 所示，以放大的比例表示了在低通滤波后得到 $\{g_m\}$ 序列所保留下来的窄频带（图中阴影线区），若滤波后的总带宽小于采样频率的 $1/D$ 倍，就有可能把采样频率降低到 $1/D$，而不会在新的奈奎斯特频率附近产生混叠。然后再重新采样，用 $f_{s2} = f_s/D$ 的频率来采样，即降低了采样频率。由采样定理可知，降低采样频率而又保持同样的采样点数 N 时，就相当于总的时间窗增长 D 倍，那么，频率分辨率也提高了 D 倍。所以，对经过重新采样后所获得的新的离散序列 $\{r_m\}$ 进行复数 FFT 计算，即可得到细化后的谱线，这些谱线就代表中心频率为 f_k 的一窄带 Δf 间的细化谱。值得注意的是，虽然 $\{r_m\}$ 是复值序列，然而，进行 FFT 计算时，全部数据都是有用的信息。因为它以新的零频率（调

制频率 f_k）为基准，实际上不存在对称性，故负频率处的一半复数结果全都是有用的。所求得的负频率成分，实质上是低于 f_k 的原始频率成分，应把它移到原来的正确位置上。

习　题

6.1　令 $\{x(t)\}$ 和 $\{y(t)\}$ 是满足下列差分方程的平稳随机过程：$x(t)-\alpha x(t-1)=\omega(t)$，$\{\omega(t)\}\sim N(0,\sigma^2)$　$y(t)-\alpha y(t-1)=x(t)+u(t),\{u(t)\}\sim N(0,\sigma^2)$ 式中 $|\alpha|<1$，且 $\{\omega(t)\}$ 和 $\{u(t)\}$ 不相关。求 $\{y(t)\}$ 的功率谱。

6.2　试证明：若要保证一个 p 阶的 AR 模型在白噪声的激励下的输出 $x(n)$ 是一个平稳随机过程，那么该 AR 模型的极点必须都位于单元圆内。

6.3　一个 $\text{AR}(2)$ 过程如下：
$$x(n)=-a_1x(n-1)-a_2x(n-2)+u(n)$$
试求该模型稳定的条件。

6.4　一个平稳随机信号的前四个自相关函数是
$$r_x(0)=1,\quad r_x(1)=0.5,\quad r_x(2)=0.625,\quad r_x(3)=-0.6875,\ 且\ r_x(m)=r_x(-m)$$
试利用这些自相关函数分别建立一阶、二阶及三阶 AR 模型，给出模型的系数及对应的均方误差（提示：求解 Yule-Walker 方程）。

第7章 振动信号的时频域分析方法及其应用

设备的振动信号是变化着的。此处所说的"变化"，一方面是指信号的幅度随时间变化而变化，另一方面是指信号的频率随时间变化而变化。幅度不变的信号是"直流"信号；而频率不变的信号是单频率信号或多频率信号所组成的信号，如正弦波、方波、三角波等。不论是"直流"信号还是诸如正弦波之类的信号都只携带最简单的信息。

通过前面章节的学习可以知道，对于一个给定的信号，可以用很多方法来描述它，如函数表达式、随时间变化的波形、通过傅里叶变换所得到的频谱，以及相关函数、能量谱或功率谱等。在这些众多的描述方法中，主要涉及两个基本的物理量，即时间和频率。基于傅里叶变换的信号频域表示可以揭示信号频率特征，它在信号分析与处理中发挥了极其重要的作用。但傅里叶变换是一种整体变换，即对信号的处理要么完全在时域，要么完全在频域，频谱并不能说明其中的某种频率分量出现在什么时候及其变化情况。

对于一些振动信号，特别是故障信号，其频率成分随时间变化而变化，因此，只了解信号在时域或频域的全局特征是不够的，需要通过时间和频率的联合函数来表示信号，即在时频域内表示信号。本章主要介绍信号时频域分析中的一些基本概念、常用的方法，如短时傅里叶变换、魏格纳-威利(Wigner-Ville)分布、小波分析等以及它们在振动信号处理中的应用。

7.1 时频分析的基本概念

给定信号 $x(t)$ 的函数表达式，可以得出在任一时刻处该信号的幅值。如果想要了解该信号的频率成分，则可通过傅里叶变换，即

$$X(j\Omega) = \int_{-\infty}^{+\infty} x(t) e^{-j\Omega t} dt \qquad (7\text{-}1a)$$

$$x(t) = \frac{1}{2\pi} \int_{-\infty}^{+\infty} X(j\Omega) e^{j\Omega t} d\Omega \qquad (7\text{-}1b)$$

式中，$\Omega = 2\pi f$，单位为 rad/s，它表示连续频率(与前面的 ω 相区别)。将 $X(j\Omega)$ 表示成 $|X(j\Omega)| e^{j\varphi\Omega}$ 的形式，可得到 $|X(j\Omega)|$ 和 $\varphi(\Omega)$ 随 Ω 变化而变化的曲线，称为 $x(t)$ 的幅频特性和相频特性。

如果 $x(t)$ 是一个幅度随时间变化而变化，且其频率也随时间变化而变化的信号，下面来分析式(7-1)。对于给定的某一个频率，如 Ω_0，那么，为求得该频率处的傅里叶变换 $X(j\Omega_0)$，式(7-1a)对 c 的积分需要从 $-\infty$ 到 $+\infty$，即需要整个 $x(t)$ 的"信息"。反之，如果要求出某一时刻，如 t_0 处的值 $x(t_0)$。由式(7-1b)知，需要将 $X(j\Omega)$ 对 Ω 从 $-\infty$ 到 $+\infty$ 作

积分, 同样也需要整个 $X(\mathrm{j}\Omega)$ 的"信息"。实际上, 由式(7-1a)所得到的傅里叶变换 $X(\mathrm{j}\Omega)$ 是信号 $x(t)$ 在整个积分区间的时间范围内所具有的频率特征的平均表示。同理, 式(7-1b)也是如此。因此, 如果想知道在某一个特定时间所对应的频率是多少, 或某一个特定的频率所对应的时间是多少, 那么傅里叶变换就无能为力了, 即傅里叶变换不具有时间和频率的"定位"功能。

"分辨率"包含信号的时域和频域两个方面, 它是指对信号所能作出辨别的时域或频域的最小间隔。分辨能力的好坏一方面取决于信号的特点; 另一方面取决于所用的算法。对于在时域具有瞬变的信号, 通常希望时域的分辨率要好(即时域的观察间歇尽量短), 以保证能观察到该瞬变信号发生的时刻及瞬变的形态。对于在频域具有两个(或多个)靠得很近的谱峰的信号, 通常希望频域的分辨率要好, 即频域的观察间隔尽量短, 短到小于两个谱峰的距离, 以保证能观察这两个或多个谱峰。

式(7-1a)的傅里叶变换可以写成如下的内积形式, 即

$$X(\mathrm{j}\Omega) = \frac{1}{2\pi} < x(t), \mathrm{e}^{\mathrm{j}\Omega t} > \tag{7-2}$$

式中, $< x, y >$ 表示信号和的内积。若 x、y 都是连续的, 则

$$< x, y > = \int x(t) y^*(t) \mathrm{d}t \tag{7-3a}$$

若 x、y 均是离散的, 则

$$< x, y > = \sum_n x(n) y^*(n) \tag{7-3b}$$

式(7-3)说明信号 $x(t)$ 的傅里叶变换等效于 $x(t)$ 和基函数 $\mathrm{e}^{\mathrm{j}\varphi t}$ 作内积, 由于 $\mathrm{e}^{\mathrm{j}\varphi t}$ 对不同的 Ω 构成一族正交基, 即

$$< \mathrm{e}^{\mathrm{j}\Omega_1 t}, \mathrm{e}^{\mathrm{j}\Omega_2 t} > = \int \mathrm{e}^{\mathrm{j}(\Omega_1 - \Omega_2)t} \mathrm{d}t = 2\pi\delta(\Omega_1 - \Omega_2) \tag{7-4}$$

$X(\mathrm{j}\Omega)$ 等于 $x(t)$ 在这一族基函数上的正交投影, 即精确地反映了在该频率处的成分大小。基函数 $\mathrm{e}^{\mathrm{j}\varphi t}$ 在领域是位于 Ω 处的 δ 函数, 因此, 当用傅里叶变换来分析信号的领域行为时, 它具有最好的频率分辨率。但是, $\mathrm{e}^{\mathrm{j}\Omega t}$ 在时域对应的是正弦函数 $\mathrm{e}^{\mathrm{j}\varphi t} = \cos(\Omega t) + \sin(\Omega t)$, 其在时域的持续时间是从 $-\infty$ 到 ∞, 因此在时域有最坏的分辨率。

一个宽度为无穷的矩形窗(即直流信号)的傅里叶变换为 $-\delta$ 函数, 反之亦然。当矩形窗为有限宽时, 其傅里叶变换为 sinc 函数, 即

$$X(\mathrm{j}\Omega) = A\int_{-T}^{T} \mathrm{e}^{-\mathrm{j}\Omega t} \mathrm{d}t = 2A\frac{\mathrm{sinc}(\Omega t)}{\Omega}$$

式中, A 为窗函数的高度; T 为其单边宽度。$x(t)$ 和其频谱如图 7-1 所示。显然, 矩形窗的宽度 T 和其频谱主瓣的宽度 $\left(-\dfrac{\pi}{T} \sim \dfrac{\pi}{T}\right)$ 成反比。由于矩形窗在信号处理中起到了对信号截短的作用, 因此, 若信号在时域取得越短, 即保持在时域有高的分辨率, 那么由于 $X(\mathrm{j}\Omega)$ 的主瓣变宽, 因此在领域的分辨率必然会下降。所有这些都反映了傅里叶变换在时域和频域分辨率方面所固有的矛盾。

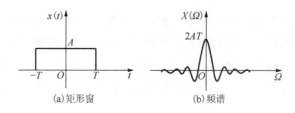

图 7-1　矩形窗及其频谱

如果用基函数来代替傅里叶变换中的基函数 $e^{j\varphi t}$，则

$$g_{t,\Omega}(\tau) = g(t-\tau)e^{j\Omega\tau} \qquad (7\text{-}5)$$

$$<x(\tau),\ g_{t,\Omega}(\tau)> = <x(\tau),\ g(t-\tau)e^{j\Omega\tau}> = \int x(\tau)g(t-\tau)e^{-j\Omega\tau}\mathrm{d}\tau = S_{\mathrm{TFT}_x}(t,\Omega) \quad (7\text{-}6)$$

称式(7-5)为 $x(t)$ 的短时傅里叶变换(Short Time Fourier Transform，STFT)。其中 $g(\tau)$ 是一窗函数。式(7-5)的意义实际上是用 $g(\tau)$ 沿着 t 轴滑动，因此可以截取一段一段的信号，然后对其做傅里叶变换，故得到的是 (t,Ω) 的二维函数。$g(\tau)$ 的作用是保持在时域为有限长(一般称为"有限支撑")，其宽度越小，则时域分辨率越好。在频域，由于 $e^{j\Omega t}$ 为 δ 函数，因此仍可保持较好的频域分辨率，这就是短时傅里叶变换的思想。比较式(7-6)和式(7-3)可以看出，使用不同的基函数可得到不同分辨率的效果。

总之，对于给定的信号 $x(t)$，希望能找到一个二维函数 $W_x(t,\Omega)$，它应是我们最关心的两个物理量时间 t 和频率 Ω 的联合分布函数，它可反映 $x(t)$ 的能量随时间 t 和频率 Ω 变化而变化的形态，同时，希望 $W_x(t,\Omega)$ 既具有好的时间分辨率，又具有好的频率分辨率。

7.2　信号的时宽与带宽

7.2.1　时宽和带宽的概念

在信号分析与处理中，信号的"时间中心"及"时间宽度"(Time-duration)，频率的"频率中心"及"频带宽度"(Frequency-bandwidth)是非常重要的概念。它们分别说明了信号在时域和频域的中心位置及在两个域内的扩展情况。对于给定的信号 $x(t)$，假定它是能量信号，即其能量为

$$E = \int |x(t)|^2\,\mathrm{d}t = \frac{1}{2\pi}\int |X(\mathrm{j}\Omega)|^2\,\mathrm{d}\Omega < \infty \qquad (7\text{-}7)$$

这样，归一化函数 $|x(t)|^2/E$ 及 $|X(\Omega)|^2/E$ 可看作是信号 $x(t)$ 在时域和频域的密度函数。有了这两个密度函数，即可用概率中的矩的概念来进一步描述信号的特征。例如，利用一阶矩可得到 $x(t)$ 的"时间均值"与"频率均值"，即

$$\mu(t) = \frac{1}{E}\int t|x(t)|^2\,\mathrm{d}t = t_0 \qquad (7\text{-}8a)$$

$$\mu(\Omega) = \frac{1}{2\pi E}\int \Omega|X(\Omega)|^2\,\mathrm{d}\Omega = \Omega_0 \qquad (7\text{-}8b)$$

式中，t_0、Ω_0 又分别称为 $x(t)$ 的"时间中心"与"频率中心"。

由式(7-8b)求频率中心 Ω_0 时，需要先求出 $x(t)$ 的傅里叶变换 $X(\mathrm{j}\Omega)$，下面介绍不通过傅里叶变换而直接求出 Ω_0 的方法，简述如下。

如果 $x(t)$ 是复信号，总可把 $x(t)$ 写作 $x(t)=A(t)\mathrm{e}^{\mathrm{j}\varphi(t)}$ 的形式，式中 $A(t)$ 和 $\varphi(t)$ 分别是 $x(t)$ 的幅度与相位，它们均是 t 的实函数。如果 $x(t)$ 是实信号，可以得到 $x(t)$ 的解析信号，即

$$x_{\mathrm{c}}(t)=x(t)+\mathrm{j}\hat{x}(t) \tag{7-9}$$

式中，$\hat{x}(t)$ 是 $x(t)$ 的希尔伯特变换，即

$$\hat{x}(t)=x(t)\cdot\frac{1}{\pi t}=\frac{1}{\pi}\int_{-\infty}^{+\infty}\frac{x(\tau)}{t-\tau}\mathrm{d}\tau \tag{7-10}$$

$x_{\mathrm{c}}(t)$ 的傅里叶变换 $X_{\mathrm{c}}(\mathrm{j}\Omega)$ 在负频率处全为零，在 $\Omega=0$ 处等于 $X(\mathrm{j}\Omega)$，而在正频率处是 $X(\mathrm{j}\Omega)$ 的两倍，即

$$X_{\mathrm{c}}(\mathrm{j}\Omega)=\begin{cases}0, & \Omega<0 \\ X(\mathrm{j}\Omega), & \Omega=0 \\ 2X(\mathrm{j}\Omega), & \Omega>0\end{cases} \tag{7-11}$$

这样，$x_{\mathrm{c}}(t)$ 保留了 $x(t)$ 频域的基本特征，而频带减小了一半。因此，求信号的解析信号是处理信号，特别是处理窄带信号的一种常用方法。这样，可将 $x_{\mathrm{c}}(t)$ 也表示成 $A(t)\mathrm{e}^{\mathrm{j}\varphi(t)}$ 的形式。

令

$$H(\Omega)=\Omega X(\Omega) \tag{7-12}$$

则

$$h(t)=-\mathrm{j}\frac{\mathrm{d}x(t)}{\mathrm{d}t} \tag{7-13}$$

由式(7-8b)，有

$$\Omega_0=\frac{1}{2\pi E}\int_{-\infty}^{+\infty}\Omega X(\Omega)X^*(\Omega)\mathrm{d}\Omega=\frac{1}{2\pi E}\int_{-\infty}^{+\infty}H(\Omega)X^*(\Omega)\mathrm{d}\Omega \tag{7-14}$$

由帕塞瓦尔定理，上式又可写成

$$\begin{aligned}\Omega_0&=\frac{1}{E}\int_{-\infty}^{+\infty}\left[-\mathrm{j}\frac{\mathrm{d}x(t)}{\mathrm{d}t}\right]x^*(t)\mathrm{d}t\\&=\frac{1}{E}(-\mathrm{j})\int_{-\infty}^{+\infty}\left[A'(t)\mathrm{e}^{\mathrm{j}\varphi(t)}+\mathrm{j}A(t)\varphi'(t)\mathrm{e}^{\mathrm{j}\varphi(t)}\right]A(t)\mathrm{e}^{-\mathrm{j}\varphi(t)}\mathrm{d}t\\&=\frac{1}{E}\int_{-\infty}^{+\infty}\varphi'(t)[A(t)]^2\mathrm{d}t-\mathrm{j}\frac{1}{E}\int_{-\infty}^{+\infty}A'(t)A(t)\mathrm{d}t\end{aligned} \tag{7-15}$$

因为 Ω_0 始终为实数，所以上式的虚部应为零，即

$$\Omega_0=\int\varphi'(t)A^2(t)\mathrm{d}t=\frac{1}{E}\int\varphi'(t)|x(t)|^2\mathrm{d}t \tag{7-16}$$

式中，$\varphi(t)=\mathrm{d}\varphi(t)/\mathrm{d}t$ 为信号的瞬时频率(Instantaneous Frequence，IF)或称"平均瞬时频率"。这样，式(7-16)可解释为：信号的均值频率(或中心频率)，是其瞬时频率在整个时

间轴上的加权平均,而权函数即是 $|x(t)|^2$。

信号的时间宽度和频率带宽反映的是 $x(t)$、$X(\mathrm{j}\Omega)$ 围绕 t_0 和 Ω_0 的扩展程度,由概率论的知识,它们自然应被定义为密度函数的二阶中心矩,即

$$\Delta_t^2 = \frac{1}{E}\int_{-\infty}^{+\infty}(t-t_0)^2|x(t)|^2\,\mathrm{d}t = \frac{1}{E}\int_{-\infty}^{+\infty}t^2|x(t)|^2\,\mathrm{d}(t-t_0^2) \tag{7-17a}$$

$$\Delta_\Omega^2 = \frac{1}{2\pi E}\int_{-\infty}^{+\infty}(\Omega-\Omega_0)^2|X(\Omega)|^2\,\mathrm{d}\Omega = \frac{1}{E}\int_{-\infty}^{+\infty}\Omega^2|X(\Omega)|^2\,\mathrm{d}(\Omega-\Omega_0^2) \tag{7-17b}$$

显然,这是方差的标准定义。通常,定义 $2\Delta_t$、$2\Delta_\Omega$ 分别是信号的时宽和带宽。

再令 $x(t)=A(t)\mathrm{e}^{\mathrm{j}\varphi(t)}$,类似式(7-16)的推导,可以导出:

$$\Delta_\Omega^2 = \frac{1}{E}\int_{-\infty}^{+\infty}[\varphi'(t)-\Omega_0]^2 A^2(t)\mathrm{d}t + \frac{1}{E}\int_{-\infty}^{+\infty}[A'(t)]^2\,\mathrm{d}t \tag{7-18}$$

由式(7-18)可以看出,信号的带宽($2\Delta_\Omega$)完全由幅度、幅度的导数及相位的导数所决定。如果希望信号的带宽很小,即为一窄带信号,那么,信号的幅度和相位都应是慢变的。在极端情况下,如果一个信号的幅度和相位均为常数,如复正弦信号,那么该信号的带宽为零。

令 $T=2\Delta_t$、$B=2\Delta_\Omega$,称 T 和 B 分别为信号 $x(t)$ 的时宽和带宽,TB 称为时宽-带宽积。下面是实际用于计算的一组定义,即

$$t_0 = \frac{1}{E}\int_{-\infty}^{+\infty}t|x(t)|^2\,\mathrm{d}t \tag{7-19a}$$

$$\Omega_0 = \frac{1}{E}\int_{-\infty}^{+\infty}\Omega|X(\Omega)|^2\,\mathrm{d}\Omega \tag{7-19b}$$

$$\Delta_t^2 = \frac{\pi}{E}\int_{-\infty}^{+\infty}(t-t_0)^2|x(t)|^2\,\mathrm{d}t \tag{7-20a}$$

$$\Delta_\Omega^2 = \frac{\pi}{E}\int_{-\infty}^{+\infty}(\Omega-\Omega_0)^2|X(\Omega)|^2\,\mathrm{d}\Omega \tag{7-20b}$$

$$E = \int_{-\infty}^{+\infty}|x(t)|^2\,\mathrm{d}t \tag{7-21}$$

$$T = 2\Delta_t \tag{7-22}$$

$$B = 2\Delta_\Omega \tag{7-23}$$

注意,这组式子中的 Ω 是归一化频率。

7.2.2　不确定原理

不确定原理(Uncertainty Principle)给出了信号时宽-带宽之间的制约关系,它可以叙述如下。

给定信号 $x(t)$,若 $\lim_{t\to\infty}\sqrt{t}x(t)=0$,则

$$\Delta_t\Delta_\Omega \geqslant \frac{1}{2} \tag{7-24}$$

当且仅当 $x(t)$ 为高斯信号,即 $x(t)=A\mathrm{e}^{-\alpha t^2}$ 时等号成立,其中 Δ_t,Δ_Ω 由式(7-20)定义。

不确定原理是信号处理中一个重要的基本定理，又称海森贝格(Heisenberg)测不准原理，或海森贝格-伽柏(Heisenberg-Gabor)不定原理。该定理指出：对于给定的信号，其时宽与带宽的乘积为一常数。当信号如时域的 δ 函数的时宽减小时，其带宽将相应增大，当时宽减到无穷小时，带宽将变成无穷大；反之亦然，如时域的正弦信号。这就是说，信号的时宽与带宽不可能同时趋于无穷小，这一基本关系即前面所讨论过的时间分辨率和频率分辨率的制约关系。在这一基本关系的制约下，人们在竭力探索既能得到好的时间分辨串(或窄的时宽)，又能得到好的频率分辨率(或窄的带宽)的信号分析方法。这可以从图 7-2 得到证明。

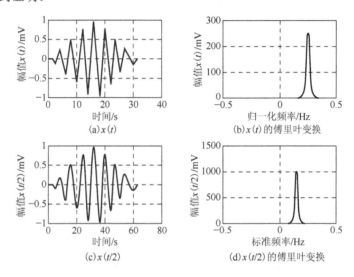

图 7-2　$x(t)$ 和 $x(t/2)$ 及其傅里叶变换

7.3　信 号 分 解

7.3.1　信号分解的概念

将一个实际的物理信号分解为有限或无限小的信号"细胞"是信号分析和处理中常用的方法。这样，一方面有助于了解信号的性质，了解它含有哪些有用的信息以及如何提取这些信息；另一方面，对信号的分解过程也是对信号"改造"和"加工"的过程，它有助于除去噪声及信号中的冗余(如相关性)。

信号分解的方法有很多，一般可把信号 x 看成是 N 维空间 X 中的一个元素，x 可以是连续信号，也可以是离散信号；N 可以是有限值，也可以是无穷的。设 X 是由一组向量 $\varphi_1, \varphi_2, \cdots, \varphi_n$ 所组成的，表示为

$$X = \mathrm{span}\{\varphi_1, \ \varphi_2, \cdots, \ \varphi_N\} \tag{7-25}$$

这一组向量 $\varphi_1, \varphi_2, \cdots, \varphi_n$ 可能是线性相关的，也可能是线性独立的。如果它们线性独立，则称它们为空间 X 中的一组"基"。$\varphi_1, \varphi_2, \cdots, \varphi_n$ 各自可能是离散的，也可能是连续的，这视 x 而定。这可将 x 按这样一组向量作分解，即

$$x = \sum_{n=1}^{N} \alpha_n \varphi_n \qquad (7\text{-}26)$$

式中，$\alpha_1, \alpha_2, \cdots, \alpha_n$ 是分解系数，它们是一组离散值。因此，式 (7-26) 又称为信号的离散表示 (Discrete Representation)。

如果 $\varphi_1, \varphi_2, \cdots, \varphi_n$ 是一组两两互相正交的向量，则式 (7-26) 称为 x 的正交展开或正交分解。分解系数 $\alpha_1, \alpha_2, \cdots, \alpha_n$ 是 x 在各个基向量上的投影。若 $N=3$，则其含义加图 7-3 所示。

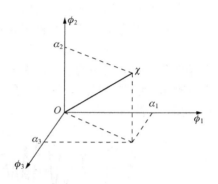

图 7-3　信号的正交分解

为求分解系数，设在空间 X 中另有一组向量是 $\hat{\varphi}_1, \hat{\varphi}_2, \cdots, \hat{\varphi}_n$，这一组向量和 $\hat{\varphi}_1, \hat{\varphi}_2, \cdots, \hat{\varphi}_n$ 满足如下关系：

$$<\varphi_i, \hat{\varphi}_j> = \begin{cases} 1, & i = j \\ 0, & i \neq j \end{cases} \qquad (7\text{-}27)$$

这样，用 $\hat{\varphi}_j$ 和式 (7-27) 两边作内积，有

$$<x, \hat{\varphi}_j> = <\sum_{n=-\infty}^{\infty} \alpha_n \varphi_n, \hat{\varphi}_j> = \sum_{n=-\infty}^{\infty} \alpha_n <\varphi_n, \hat{\varphi}_j> = \alpha_j \qquad (7\text{-}28)$$

即

$$\alpha_j = <x(t)\hat{\varphi}_j(t)> = \int x(t)\hat{\varphi}_j^*(t)\mathrm{d}t \qquad (7\text{-}29\text{a})$$

或

$$\alpha_j = <x(n), \ \hat{\varphi}_j(n)> = \sum x(n)\hat{\varphi}_j^*(n) \qquad (7\text{-}29\text{b})$$

式 (7-29a) 对应连续时间信号，式 (7-29b) 对应离散时间信号。

式 (7-26) 称为信号的变换，"变换"的结果即是求出一组系数队 $\alpha_1, \alpha_2, \cdots, \alpha_n$；式 (7-27) 称为信号的"综合"或逆变换，$\hat{\varphi}_1, \hat{\varphi}_2, \cdots, \hat{\varphi}_n$ 称为 $\varphi_1, \varphi_2, \cdots, \varphi_n$ 的"对偶基"或"倒数 (Reciprocal) 基"。式 (7-28) 的关系称为"双正交 (Biorthogonality)"关系，或双正交条件。在此需特别指出的是，双正交关系指的是两组基之间各对应向量之间具有正交性。但每一组向量之间并不一定具有正交关系，如图 7-4 所示，在二维空间中，φ_1、φ_2 并不是正交的，$\hat{\varphi}_1$、$\hat{\varphi}_2$ 也不是正交的，但是 $\varphi_1 \perp \hat{\varphi}_1$、$\varphi_2 \perp \hat{\varphi}_2$，即两组基向量满足双正交关系。

如果一组基向量 $\varphi_1, \varphi_2, \cdots, \varphi_n$ 的对偶向量即是其自身，也即 $\varphi_1 = \hat{\varphi}_1, \cdots, \varphi_n = \hat{\varphi}_n$，那么这一组基向量构成了 N 维空间中的正交基。

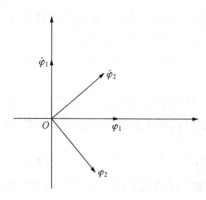

图 7-4　两组二维向量的双正交关系

7.3.2　信号的正交分解

前面讨论了信号分解的一般概念，现在简要介绍信号正交分解的概念。正交分解或正交变换，是信号处理中最常用的一类变换。其原因是正交变换有下列重要性质。

（1）正交变换的基向量 $\{\varphi_n\}$ 是其对偶基向量，因此在计算上最为简单。

如果 x 是离散信号，且 N 是有限值，那么式（7-28）的分解与式（7-29a）的变换只是简单的矩阵与向量运算。

由式（7-29b），假定 $\{\varphi_n\}$ 是实函数，则

$$a_j = <x(n),\ \varphi_j(n)> = \sum_{n=1}^{N} x(n)\varphi_j(n) = x(1)\varphi_j(1) + x(2)\varphi_j(2) + \cdots + x(N)\varphi_j(N) \tag{7-30}$$

即

$$\alpha = \Phi x = \begin{bmatrix} \varphi_{11} & \cdots & \varphi_{1N} \\ \vdots & & \vdots \\ \varphi_{N1} & \cdots & \varphi_{NN} \end{bmatrix} \begin{bmatrix} x(1) \\ \vdots \\ x(N) \end{bmatrix} \tag{7-31}$$

式中，Φ 是 $N \times N$ 的正交阵，因此 $\Phi^{-1} = \Phi^{\mathrm{T}}$，则

$$x = \Phi^{-1}\alpha \tag{7-32}$$

即在正交变换时，正、反变换矩阵仅是简单的转置关系，当用硬件来实现这一变换时其优点尤为突出。同时也看到，正交变换的正、反变换是唯一的。

（2）展开系数队是信号 α_n 在基向量 $\{\hat{\varphi}_n\}$ 上的准确投影。

由式（7-32）知，在双正交的情况下，展开系数 α_n 反映的是信号 x 和对偶函数 $\{\hat{\varphi}_n\}$ 之间的相似性，所以 α_n 是 x 在 $\{\hat{\varphi}_n\}$ 上的投影，也即 α_n 并不是 x 在 $\{\varphi_n\}$ 上的投影，如果 $\{\hat{\varphi}_n\}$ 和 $\{\varphi_n\}$ 有明显的不同，那么 α_n 将不能反映 x 相对基函数 $\{\varphi_n\}$ 的行为。反之，在正交情况下，$\{\hat{\varphi}_n\} = \{\varphi_n\}$，自然就是 x 在 $\{\varphi_n\}$ 上的投影。当然，也就是准确投影。

（3）正交变换保证变换前后信号的能量不变。

在研究信号空间时，要考虑到它作为线性空间的代数特征，这个工作是通过对线性空间中的每一元素确定一个非负实数 $\|x\|$，称为范数来完成的，它反映了抽象的"长度"或者"距离"的概念。

由于

$$\|x\|^2 = \sum_n x(n)x^*(n) = <x,x> = <\sum_n a_n\varphi_n, \sum_k a_k\varphi_k>$$

$$\|x\|^2 = \sum_n x(n)x^*(n) = <x,x> = <\sum_n a_n\varphi_n, \sum_k a_k\varphi_k>$$

$$= \sum_n\sum_k a_n a_k <\varphi_n\varphi_k> = \sum_n\sum_k a_n \alpha_k^* \delta(n-k) = \sum_n |\alpha_n|^2 = \alpha^2 \tag{7-33}$$

此即帕塞瓦尔定理。也即只有正交变换才满足帕塞瓦尔定理。

（4）信号正交分解具有最小二次方近似性质。

设 x 是 $\varphi_1, \varphi_2, \cdots, \varphi_n$ 张成的空间，$x \in X$，$\varphi_1, \varphi_2, \cdots, \varphi_n$ 满足正交关系，按式（7-33）对 x 分解，即

$$x = \sum_{n=1}^{N} a_n \varphi_n = <a_n, \ \varphi_n> \qquad (7\text{-}34)$$

假定仅取前 L 个向量，即 $\varphi_1, \varphi_2, \cdots, \varphi_n$ 来重构，则有

$$\hat{x} = \sum_{n=1}^{L} \beta_n \varphi_n \qquad (7\text{-}35)$$

为衡量 $\hat{x}$ 对 x 近似的程度，可用

$$d^2(x,\hat{x}) = x - \hat{x}^2 = <x - \hat{x}, \ x - \hat{x}> \qquad (7\text{-}36)$$

来描述，若使 $d^2(x,\hat{x})$ 为最小，必有

$$\beta_n = \alpha_n, \quad n = 1 \sim L \qquad (7\text{-}37)$$

7.4　短时傅里叶变换

7.4.1　连续信号的短时傅里叶变换

传统的傅里叶变换，其基函数是复正弦函数，缺少时域定位的功能，不适用于处理时变信号，因此，伽柏在 1946 年提出短时傅里叶变换来分析时变信号，其定义如下。

给定一信号 $x(t) \in L^2(R)$，S_{TFT} 为

$$S_{\text{TFT}_x}(t, \ \Omega) = \int x(\tau) g_{t,\Omega}^*(\tau) \mathrm{d}\tau = \int x(\tau) g_{t,\Omega}^*(\tau - \Omega) \mathrm{e}^{-\mathrm{j}\Omega\tau} \mathrm{d}\tau = <x(\tau), g(t - \tau) \mathrm{e}^{\mathrm{j}\Omega\tau}>$$

$$(7\text{-}38)$$

式中，$g(\tau)$ 为窗函数，应取对称函数。有

$$g_{t,\Omega}(\tau) = g(t - \tau) \mathrm{e}^{\mathrm{j}\Omega\tau} \qquad (7\text{-}39)$$

及

$$\|g\|(\tau) = 1, \quad \|g_{t,\Omega}(\tau)\| = 1 \qquad (7\text{-}40)$$

S_{TFT} 的含义可解释如下：在时域用窗函数 $g(\tau)$ 去截 $x(\tau)$（注：这里将 $x(t)$，$g(t)$ 的时间变量换成 τ），对截下来的局部信号做傅里叶变换，得到在 t 时刻的该段信号的傅里叶变换。不断地移动 t，也即不断地移动窗函数 $g(\tau)$ 的中心位置，即可得到不同时刻的傅里叶变换。这些傅里叶变换的集合，即是 $S_{\text{TFT}x}(t, \ \Omega)$，如图 7-5 所示。显然，$S_{\text{TFT}x}(t, \ \Omega)$ 是变量 $(t, \ \Omega)$ 的二维函数。

由于 $g(\tau)$ 是窗函数，因此它在时域应是有限支撑的，又由于 $\mathrm{e}^{\mathrm{j}\Omega\tau}$ 在频域是线谱，所以 S_{TFT} 的基函数 $g(\tau - t) \mathrm{e}^{\mathrm{j}\Omega\tau}$ 在时域和领域都应是有限支撑的。这样，式(7-38)内积的结果即实现了对 $x(t)$ 进行时频定位的功能。然而，这一变换的时域及频域的分辨率如何呢？

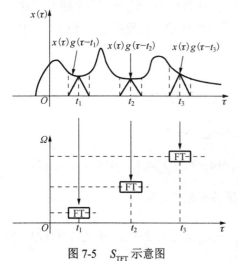

图 7-5　S_{TFT} 示意图

对式(7-39)两边做傅里叶变换，有

$$G_{t,\Omega}(v) = \int g(t-\tau) e^{j\Omega\tau} e^{-jv\tau} d\tau = c \int g(t') e^{-j(v-\Omega)t'} dt' = G(v-\Omega) e^{-j(v-\Omega)t} \quad (7\text{-}41)$$

式中，v 是和 Ω 等效的频率变量。

由于，

$$<x(t), g_{t,\Omega}(v)> = \frac{1}{2\pi}<X(v), G_{t,\Omega}(v)> = \frac{1}{2\pi}\int_{-\infty}^{+\infty} X(v) G^*(v-\Omega) G(v-\Omega) dv \quad (7\text{-}42)$$

所以，

$$S_{\text{TFT}_x}(t,\ \Omega) = e^{-j\Omega\tau} \frac{1}{2\pi}\int_{-\infty}^{+\infty} X(v) G^*(v-\Omega) e^{j\Omega t} dv \quad (7\text{-}43)$$

该式表明，对 $x(\tau)$ 在时域加窗 $g(\tau-t)$，导致在领域对 $X(v)$ 加窗 $G(v-\Omega)$。

由图 7-5 可以看出，基函数 $g_{t,\Omega}(\tau)$ 的时间中心 $\tau_0 = t$（注意，t 是移位变量），根据式 (7-41)，其时宽：

$$\Delta_\tau^2 = \int(\tau-t)^2 \left|g_{t,\Omega}(\tau)\right|^2 d\tau = \int \tau^2 \left|g(\tau)\right|^2 d\tau \quad (7\text{-}44)$$

即 $g_{t,\Omega}(\tau)$ 的时间中心由 t 决定，但时宽和 t 无关。同理，$g_{t,\Omega}(v)$ 的频率中心 $v_0 = \Omega$，带宽：

$$\Delta_v^2 = \frac{1}{2\pi}\int(v-\Omega)^2 \left|g_{t,\Omega}(v)\right|^2 dv = \int_{-\infty}^{+\infty} v^2 \left|G(v)\right|^2 dv \quad (7\text{-}45)$$

也和中心频率 Ω 无关。因此，S_{TFT} 的基函数 $g_{t,\Omega}(\tau)$ 是这样的一个时频平面上的分辨"细胞"：其中心在 $(t,\ \Omega)$ 处，其大小为 $\Delta\tau\cdot\Delta v$，不管 t、Ω 取何值（即移到何处），该"细胞"的面积始终保持不变。该面积的大小即是 S_{TFT} 的时频分辨率，如图 7-6 所示。

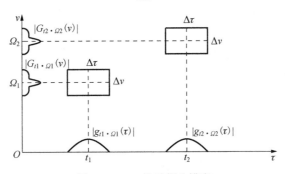

图 7-6　S_{TFT} 的时频分辨率

然而对信号作时频分析时，一般对快变的信号，希望它有好的时间分辨率以观察其快变部分（如尖脉冲等），即观察的时间宽度 Δt 要小，受时宽-带宽积的影响，这时该信号频域的分辨率必定要下降。反之，对慢变信号，由于它对应的是低频传号，所以希望在低频处有好的频率分辨率，但不可避免地要降低时域的分辨率。由于 S_{TFT} 的 $\Delta\tau\cdot\Delta v$ 不随 t，Ω 变化而变化，因而不具备分辨率自动调节的能力。

对式(7-45)两边取二次方，有

$$\left|S_{\text{TFT}_x}(t,\Omega)\right|^2 = \left|\int x(\tau) g(\tau-t) e^{-j\Omega\tau} d\tau\right|^2 = S_x(t,\Omega) \quad (7\text{-}46)$$

式中，$S_x(t,\Omega)$ 为 $x(t)$ 的"谱图(Spectrogram)"。显然，谱图是恒正的，且是实的。由于 $\|g(\tau)\| = 1$，所以由式(7-46)可得

$$\iint S_x\left(t,\Omega\right)\mathrm{d}t\mathrm{d}\Omega = E_x \tag{7-47}$$

即谱图是信号能量的分布。

7.4.2 离散信号的短时傅里叶变换

当在计算机上实现一个信号的短时傅里叶变换时，该信号必须是离散的，且为有限长。设结定的信号为 $x(n)$ ， $n=0,1,\cdots,L-1$ ，对应于式(7-46)，有

$$S_{\mathrm{TFT}_x}\left(m,\mathrm{e}^{\mathrm{j}\omega n}\right) = \sum_n x(n)g^*(n-mN)\mathrm{e}^{-\mathrm{j}\omega n} = <x(n), g^*(n-mN)\mathrm{e}^{\mathrm{j}\omega n}> \tag{7-48}$$

式中， N 为在时间轴上窗函数移动的步长； ω 为圆频率， $\omega=\Omega T_s$ ； T_s 为由 $x(t)$ 得到 $x(n)$ 的抽样间隔。式(7-48)中的时间是离散的，频率是连续的。为了在计算机上实现，应将频率 ω 离散化，令

$$\omega_k = \frac{2\pi}{M}k \tag{7-49}$$

则

$$S_{\mathrm{TFT}_x}\left(m,\omega_k\right) = \sum_n x(n)g^*(n-mN)\mathrm{e}^{-\mathrm{j}\frac{\pi}{M}nk} \tag{7-50}$$

式(7-50)将频域的一个周期 2π 均分成 M 点，显然，式(7-51)是一个标准的 M 点DFT，若窗函数 $g(n)$ 的宽度正好也是 M 点，那么式(7-50)可写成

$$S_{\mathrm{TFT}_x}\left(m,\ k\right) = \sum_{n=0}^{M-1} x(n)g^*(n-mN)W_M^{nk}, \quad k=0,1,\cdots,M-1 \tag{7-51}$$

若 $g(n)$ 的宽度小于 M ，那么可将其补零，使之变成 M 。若 $g(n)$ 的宽度大于 M ，则应增大 M 使之等于窗函数的宽度。总之，式(7-51)为一标准DFT，时域、频域的长度都是 M 点。其中 N 的大小决定了窗函数沿时间轴移动的间距， N 越小，上面各式中 m 的取值越多，得到的时频曲线越密。若 $N=1$ ，即窗函数在 $z(n)$ 的时间方向上每隔一个点移动一次，这样按式(7-51)，共应做 $L/N=L$ 个 M 点DFT。离散信号的短时傅里叶变换如图7-7所示。

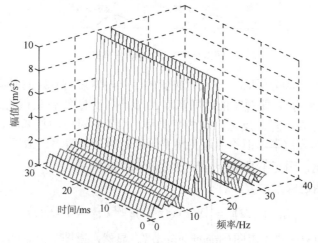

图7-7 短时傅里叶变换

7.5　小波分析方法及其应用

1981 年，法国的地质物理学家 Morlet 研究了伽柏变换方法，对傅里叶变换与短时傅里叶变换的异同、特点及函数构造进行了创造性研究，首次提出了"小波分析"概念，建立了以他的名字命名的 Morlet 小波并在地质数据处理中取得巨大成功。在此之后，物理学家罗杰.巴里安(Roger Balian)、理论物理学家格罗斯曼(Crossmann)、数学家梅耶(Meyer)先后对 Morlet 小波分析方法进行系统性的研究，为小波分析科学的诞生和发展作出了最重要的贡献。

小波变换(Wavelet Transform，WT)是将信号分解到尺度域，它通过多分辨率分解，使原始信号中的弱信号成分变得突出。它也是一种时频表示方法，具有优良的时频局部化能力，是目前处理非平稳信号的重要方法之一。

7.5.1　小波变换的定义

给定一个基本函数 $\psi(t)$：

$$\psi_{a,b}(t) = \frac{1}{\sqrt{a}} \psi\left(\frac{t-b}{a}\right) \tag{7-52}$$

式中，a、b 均为常数，且 $a > 0$。显然，$\psi_{a,b}(t)$ 是基本函数 $\psi(t)$ 先作移位再作伸缩以后得到的。若 a、b 不断地变化，可得到一族函数 $\psi_{a,b}(t)$。给定二次方可积的信号 $x(t)$，即 $x(t) \in L^2(R)$，则 $x(t)$ 的小波变换为

$$\mathrm{WT}_x(a,b) = \frac{1}{\sqrt{a}} \int x(t) \psi^*\left(\frac{t-b}{a}\right) = \int x(t) \psi_{a,b}^*(t) \mathrm{d}t = <x(t), \psi_{a,b}(t)> \tag{7-53}$$

式中，a、b 和 t 均是连续变量。因此，式(7-53)又称为连续小波变换(Continuous Wavelet Transform，CWT)。式(7-53)中及以后各式中的积分区间未特别说明的都是从 $-\infty$ 到 ∞。

信号 $x(t)$ 的小波变换 $\mathrm{WT}_x(a,b)$ 是 a 和 b 的函数，b 是时移，a 是尺度因子，$a > 0$。$\psi(t)$ 又称为基本小波或母小波。$\psi_{a,b}(t)$ 是母小波经位移和伸缩所产生的一族函数(图 7-8)，称为小波基函数或小波基。这样，式(7-53)的 WT 又可解释为信号 $x(t)$ 和一族小波基的内积。CWT 对小波基的要求极为宽松，它只要求小波基满足容许条件，即

$$C_\psi = \int \frac{|\psi(\Omega)|^2}{|\Omega|} d\Omega < \infty \tag{7-54}$$

式中，$\psi(\Omega) = \int \psi(t) \mathrm{e}^{-i\Omega t}$。对式(7-54)有以下两点说明。

(1)小波基 $\psi(t)$ 可以是复数信号、解析信号。

(2)尺度因子 a 的作用是将小波基 $\psi(t)$ 作伸缩，a 越大，$\psi\left(\dfrac{t}{a}\right)$ 越宽，如图 7-8 所示。

在不同尺度下小波的持续时间随 a 加大而增宽，幅度则与 $\sqrt{a}$ 成反比减小，但波的形状保持不变。$\psi_{a,b}(t)$ 中的因子 $1/\sqrt{a}$ 是在不同的尺度下使其能量保持相等。

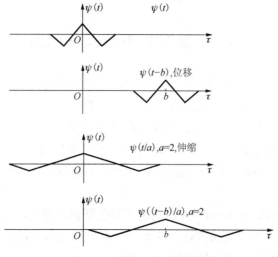

图 7-8　小波的位移与伸缩

通常定义：

$$\left| \mathrm{WT}_x \left(a,b \right) \right|^2 = \left| \frac{1}{\sqrt{a}} \int x(t) \psi^* \left(\frac{t-b}{a} \right) \mathrm{d}t \right|^2 \tag{7-55}$$

为信号的尺度图(Scalogram)。它也是一种能量分布，但它是表示随位移和尺度的能量分布，而不是简单地随 (t, Ω) 的能量分布。但由于尺度间接对应频率(小 a 对应高频，大 a 对应低频)，因此，尺度图实质上也是一种时频分布。

式(7-55)的频域表示为

$$\mathrm{WT}_x \left(a,b \right) = \frac{1}{2\pi} < X(\Omega), \ \psi_{a,b}(\Omega) >= \frac{\sqrt{a}}{2\pi} \int_{-\infty}^{+\infty} X(\Omega) \psi^* (a\Omega) \mathrm{e}^{\mathrm{j}\Omega b} \mathrm{d}\Omega \tag{7-56}$$

式中，$X(\Omega)$ 为 $x(t)$ 的傅里叶变换。可见，如果 $\psi(\Omega)$ 是幅频特性比较集中的带通函数，则小波变换便具有表征被分析信号在频域上局部性质的能力。当值较小时，时域观察范围较小，而在频域上相当于用高频小波作细致观察。当值较大时，时域观察范围较大，而在频域上相当于用低频小波作概貌观察。总之，从频域上看，用不同尺度作小波变换大致相当于用一组带通滤波器对信号进行处理。图 7-9 所示为小波变换在时频平面上的基本分析单元的特点，它很适合工程实际应用。

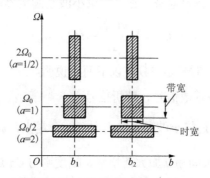

图 7-9　小波的分析单元特点

7.5.2　小波变换的特点

比较式(7-53)和式(7-54)对小波变换的两种定义可以看出，如果 $\psi_{a,b}(t)$ 在时域是有限支撑的，那么它和 $x(t)$ 作内积后将保证 $\mathrm{WT}_x(a,b)$ 在时域也是有限支撑的，从而实现我们所希望的时域定位功能，即 $\mathrm{WT}_x(a,b)$ 反映的是 $x(t)$ 在附近的性质。同样，若 $\psi_{a,b}(\Omega)$ 具有带通性质，即 $\psi_{a,b}(\Omega)$ 围绕着中心频率是有限支撑的，那么 $\psi_{a,b}(\Omega)$ 和 $X(\Omega)$ 作内积后也将反映 $X(\Omega)$ 在中心频率处的局部性质，从而实现好的频率定位性质。显然，这些性能正是我们所希望的。因此，问题的关键是如何找到这样的母小波 $\psi(t)$，使其在时域和频域都是有限支撑的，这是有关小波设计的问题。

1)小波的恒 Q 性质

若 $\psi(t)$ 的时间中心是，时宽是 Δ_t，$\psi(\Omega)$ 的频率中心是 Ω_0，带宽是 Δ_Ω，那么 $\psi(t/a)$ 的时间中心仍是 t_0，但时宽变成 $a\Delta_t$，$\psi(t/a)$ 的频谱 $a\psi(a\Omega)$ 的频率中心变为 Ω_0/a，带宽变成 Δ_Ω/a。这样，$\psi(t/a)$ 的时宽-带宽积仍是 $\Delta_t\Delta_\Omega$，与 a 无关。这一方面说明小波变换的时频关系受到不确定原理的制约；而另一方面，即更主要的是揭示了小波变换的一个性质，即恒 Q 性质。其定义为

$$Q=\frac{\Delta_\Omega}{\Omega_0}=\frac{带宽}{中心频率}\tag{7-57}$$

为母小波 $\psi(t)$ 的品质因数，对 $\psi(t/a)$，其

$$\frac{带宽}{中心频率}=\frac{\Delta_\Omega/a}{\Omega_0/a}=\frac{\Delta_\Omega}{\Omega_0}=Q\tag{7-58}$$

因此，不论为何值＞0，$\psi(t/a)$ 始终保持和 $\psi(t)$ 具有相同的品质因数。恒性质是小波变换的一个重要性质，也是区别于其他类型的变换且被广泛应用的一个重要原因。图 7-10 说明了 $\psi(\Omega)$ 和 $\psi(a\Omega)$ 的带宽及中心频率随 a 变化的情况。

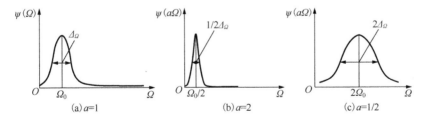

图 7-10　$\psi(\Omega)$ 和 $\psi(a\Omega)$ 的带宽及中心频率随 a 变化示意图

由于小波变换的恒性质，因此在不同尺度下，图 7-10 中三个时、频分析区间(即三个矩形)的面积保持不变。由此可见，小波变换提供了一个在时频平面上可调的分析窗口。该分析窗口在高频端(图 7-10(c)中 $2\Omega_0$ 处)的频率分辨率不好(矩形窗的频率边变长)，但时域的分辨率变好(矩形的时间边变短)；反之，在低频端(图 7-10(b)中 $\Omega_0/2$ 处)，频率分辨率变好，而时域分辨率变差。但在不同的 a 值下，分析窗的面积保持不变，也即时、频分辨率可以根据需要作出调整。

众所周知，信号中的高频成分往往对应对域中的快变成分，如陡峭的前沿、后沿、尖脉冲等。在对这类信号分析时则时域分辨率要高以适应快变成分间隔短的需要，对频域的分辨率则可以放宽。与此相反，低频信号往往是信号中的慢变成分，对这类信号分析时一般希望频率的分辨率要好，而时间的分辨率可以放宽，同时分析的中心频率也应移到低频处。显然，小波变换的特点可以自动满足这些客观实际的需要。

2)与 S_{TFT} 的比较

短时傅里叶变换公式为

$$S_{\text{TFT}_x}(t,\Omega)=\int x(\tau)g_{t,\tau}^{*}(\tau)d\tau =< x(\tau),g(\tau-t)\mathrm{e}^{j\Omega t}> \tag{7-59}$$

由于短时傅里叶变换只有窗函数的位移而无时间的伸缩，因此，位移量的大小不会改变复指数 $\mathrm{e}^{-j\Omega t}$ 的频率。同理，当复指数由 $\mathrm{e}^{-j\Omega t}$ 变成 $\mathrm{e}^{-j2\Omega t}$（即频率发生变化）时，这一变化也不会影响窗函数 $g(\tau)$。这样，当复指数的频率变化时，S_{TFT} 的基函数 $g_{t,\tau}(\tau)$ 的包络不会改变，改变的只是该包络下的频率成分。这样，当 Ω 由 Ω_0 变化成 $2\Omega_0$ 时，$g_{t,\tau}(\tau)$ 对 $x(\tau)$ 分析的中心频率改变，但分析的频率范围不变，即带宽不变，如图 7-11 所示。比较图 7-9 知，S_{TFT} 不具备恒 Q 性质。因此也不具备随着分辨率变化而自动调节分析带宽的能力。

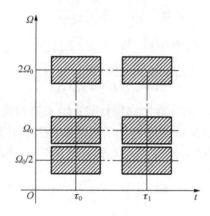

图 7-11　小波的分析单元特点

3)连续小波变换的计算性质

（1）时移性质。

若 $x(t)$ 的 CWT 是 $W_{Tx}(a,b)$，那么 $x(t-\tau)$ 的 CWT 是 $W_{Tx}(a,b-\tau)$。

（2）尺度转换性质。

若 $x(t)$ 的 CWT 是 $W_{Tx}(a,b)$，令 $y(t)=x(\lambda t)$，则

$$W_{Ty}(a,b)=\frac{1}{\sqrt{\lambda}}W_{Tx}(\lambda a,\lambda b) \tag{7-60}$$

该性质指出，当信号的时间轴按 λ 进行伸缩时，其小波变换在 a 和 b 两个轴上同时要进行相同比例的伸缩，但小波变换的波形不变。这是小波变换优点的又一体现。

(3)微分性质。

若 $x(t)$ 的 CWT 是 $W_{Ty}(a,b)$，令 $y(t) = \dfrac{\mathrm{d}x(t)}{\mathrm{d}t} = x'(t)$，则

$$W_{Ty}(a,b) = \frac{\alpha}{\alpha b} W_{Tx}(\lambda a, \lambda b)^{\cdot} \tag{7-61}$$

(4)两个信号卷积的 CWT。

令 $x(t)$、$h(t)$ 的 CWT 分别是 $W_{Tx}(a,b)$ 及 $W_{Th}(a,b)$，并令 $y(t) = x(t) * h(t)$，则

$$W_{Ty}(a,b) = x(t) \overset{b}{*} W_{Th}(a,b) = h(t) \overset{b}{*} W_{Tx}(a,b) \tag{7-62}$$

式中，符号 $\overset{b}{*}$ 表示对变量 b 作卷积。

(5)两个信号和的 CWT。

令 $x_1(t)$、$x_2(t)$ 的 CWT 分别是 $W_{Tx_1}(a,b)$、$W_{Tx_2}(a,b)$，且 $x(t) = x_1(t) + x_2(t)$，则

$$W_{Tx}(a,b) = W_{Tx_1}(a,b) + W_{Tx_2}(a,b) \tag{7-63a}$$

同理，如果 $x(t) = k_1 x_1(t) + k_2 x_2(t)$，则

$$W_{Tx}(a,b) = k_1 W_{Tx_1}(a,b) + k_2 W_{Tx_2}(a,b) \tag{7-63b}$$

式(7-63)说明两个信号和的 CWT 等于各自 CWT 的和，即小波变换满足叠加原理。

由式(7-63)看来，似乎小波变换不存在交叉项，但实际上并非如此。式(7-63)所定义的 CWT 是"线性"变换，即 $x(t)$ 只在式中出现一次，而在 WVD 表达式中 $x(t)$ 出现了两次，即 $x(t+\tau/2)x^*(t-\tau/2)$，所以，通常称以魏格纳分布为代表的一类时频分布为"双线性变换"，因此，$W_x(t,\Omega)$ 是信号 $x(t)$ 能量的分布。而小波变换的结果 $W_{Tx}(a,b)$ 不是能量分布，但小波变换的幅二次方，即式(7-63)的尺度图则是信号 $x(t)$ 能量的一种分布。将 $x(t) = x_1(t) + x_2(t)$ 代入式(7-63)，可得

$$\begin{aligned} \left| W_{Tx}(a,b) \right|^2 &= \left| W_{Tx_1}(a,b) \right|^2 + \left| W_{Tx_2}(a,b) \right|^2 \\ &\quad + 2\left| W_{Tx_1}(a,b) \right|\left| W_{Tx_2}(a,b) \right|\cos(\theta_{x_1} - \theta_{x_2}) \end{aligned} \tag{7-64}$$

式中，θ_{x_1}、θ_{x_2} 分别是 $W_{Tx_1}(a,b)$ 和 $W_{Tx_2}(a,b)$ 的幅角。式(7-64)表明在图中同样也有交叉项存在，但该交叉项的行为和 WVD 中的交叉项稍有不同，WVD 的交叉项位于两个自项的中间，尺度图中的交叉项出现在 $W_{Tx_1}(a,b)$ 和 $W_{Tx_2}(a,b)$ 同时不为零的区域，也就是真正相互交更的区域中，这和 WVD 有着明显的区别。

(6)小波变换的内积定理。

设 $x_1(t)$、$x_2(t)$ 和 $\psi(t) \in L^2(\boldsymbol{R})$，$x_1(t)$、$x_2(t)$ 的小波变换分别是 $W_{Tx_1}(a,b)$ 和 $W_{Tx_2}(a,b)$，则

$$\int_0^\infty \int_{-\infty}^{+\infty} W_{Tx_1}(a,b) W_{Tx_2}^*(a,\ b) \frac{\mathrm{d}a}{a^2} \mathrm{d}b = C_\psi <x_1(t), x_2(t)> \tag{7-65}$$

式中，$C_\psi \int_0^\infty \dfrac{|\psi(t)|^2}{\Omega} \mathrm{d}\Omega$。如果令 $x_1(t) = x_2(t) = x(t)$，有

$$\int_{-\infty}^{+\infty}|x(t)|^2\,dt=\frac{1}{C_\psi}\int_0^{+\infty}\int_{-\infty}^{+\infty}a^{-2}\left|W_{Tx}(a,\ b)\right|^2\,dadb \tag{7-66}$$

式(7-66)清楚地说明，小波变换的幅二次方在尺度-位移平面上的加权积分等于信号在时域的总能量，因此，小波变换的幅二次方可看作信号能量时频分布的一种表示形式。

7.5.3　离散小波变换

实际计算中，往往需要把尺度和位移进行离散，二进离散是普遍采用的离散方式，所以离散小波变换通常是指二进离散小波变换。二进离散后，$a=2^j$，$b=2^jk$，于是，离散化的小波族变为

$$\psi_{j,k}(t)=2^{-j/2}\psi(t)(2^{-j}t-k) \tag{7-67}$$

这样，每个变换系数具有如下的计算公式：

$$W_{Tx}\left(2^j,2^jk\right)=\frac{1}{\sqrt{2^j}}\sum_n\psi^*\left(\frac{n}{2^j}-k\right)x(n) \tag{7-68}$$

显然，这种离散方式不仅使各小波的频带宽度按二倍递减，同时每次分解小波点数也进行二抽一的递减，大大降低了分解过程的冗余度。

7.5.4　振动信号处理中常用的小波

与傅里叶变换相比，小波分析中所用到的小波基具有多样性，因此，在处理振动信号时，一个十分重要的问题是小波基的选择。由于用不同的小波基分析同一问题会产生不同的结果，通过用小波变换处理实际信号的结果与仿真分析的理论结果之间的误差来判断小波基的好坏，作为选择小波基的依据，在振动信号处理中并不适用，因为振动信号的仿真分析在大多数情况下是不可能的。因此，目前在振动信号分析中，选择小波基是根据小波时域振荡的波形与被检测的信号成分相似或匹配。从频域角度看，用不同尺度的小波作小波变换大致相当于用一组带通滤波器对信号进行处理，这种处理在频域上是该带通滤波器与信号相乘，相当于用不同中心频率的带通滤波器对信号滤波。因此，了解小波基滤波器特性曲线的形状，探讨这些特性对振动信号处理效果的影响，对合理选择基小波具有重要的意义。下面对振动信号小波分析的 4 种常用小波的波形和滤波器特性进行分析。

1) Daubechies 小波

多贝西函数是由著名的小波分析学者多贝西(Daubechies)构造的小波函数，用 db$N$ 表示(N=1,2,…,45)，除 db1，即 Haar 小波外，其他小波都没有明确的表达式。Daubechies 小波不具有对称性，但具有正交性，后者随 N 的增加而增加。图 7-12 所示为 Haar 小波时域波形及其在一些尺度下的滤波器特性，可见 Haar 小波具有低通滤波器特性，因此比较适用于提取信号中的低频分量。

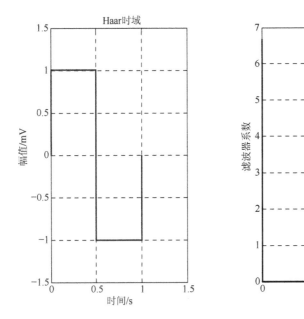

图 7-12　Haar 小波

2）Meyer 小波

Meyer 小波是具有紧支撑的正交小波，如图 7-13 所示。Meyer 小波的尺度范围具有一定限制，不能无限增大，当尺度＞40 时，滤波器特性曲线的幅值极大衰减。因此利用该小波提取低频分量时必须注意。

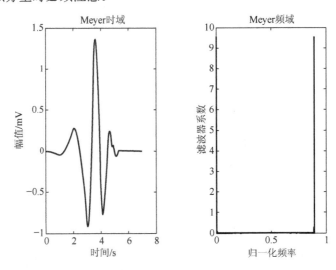

图 7-13　Meyer 小波

3）Mexican Hat 小波

Mexican Hat 小波函数的表达式为

$$\psi(x) = \frac{2}{\sqrt{3}} \pi^{-\frac{1}{4}} (1 - x^2) e^{-x^2/2} \tag{7-69}$$

　　它是高斯函数的二阶导数，Mexian Hat 小波在时域和频域都具有很好的局部化，但它不具有正交性。图 7-14 所示为 Mexian Hat 小波在一些尺度下的滤波器特性，它的滤波器具有带通滤波器特性。由图 7-14 可知，它的尺度增加有一定限制，不能无限增大。

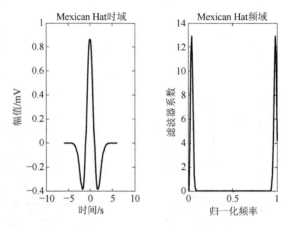

图 7-14　Mexican Hat 小波

4) Morlet 小波

Morlet 小波定义为

$$\psi(x) = \beta e^{-x^2/2}\cos(5x) \tag{7-70}$$

式中，β 为系数。Morlet 小波在时域和频域都具有很好的局部化，但它也不具备正交性，它的时域波形及滤波器特性如图 7-15 所示。它的滤波器具有带通滤波器特性，并且滤波器之间的分离性直观上看要比 Mexican Hat 小波好。由图 7-15 可知，它的尺度也有一定限制，不能无限增大。

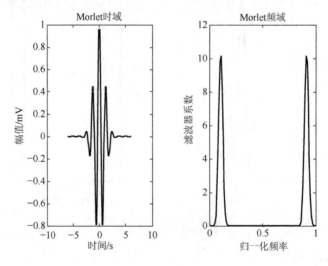

图 7-15　Morlet 小波

　　可见，上述 4 种常用小波的频域特性并非都是严格的带通滤波器特性，并且有些小波的尺度范围不能无限增大。了解小波的频域特性，对选择和使用小波具有重要指导意义。

习　　题

7.1　常用的信号时频域分析有哪些？

7.2　简述海森贝格(Heisenberg)测不准原理。

7.3　窗函数的优化与选取原则有哪些？

7.4　令窗函数：

$$g(t) = \left(\frac{\alpha}{\pi}\right)^{1/4} \exp\left(-\frac{\alpha}{2}t^2\right)$$

求高斯信号：

$$s(t) = \left(\frac{\beta}{\pi}\right)^{1/4} \exp\left(-\frac{\beta}{2}t^2\right)$$

的短时傅里叶变换 $\text{STFT}(t, \omega)$。

7.5　求时域和频域 δ 函数 $z(t) = \delta(t - t_0)$ 和 $Z(\omega) = \delta(\omega - \omega_0)$ 的分布。

7.6　$z(t) = \mathrm{e}^{\mathrm{j}\frac{1}{2}mt^2}$ 是一线性调频(LFM)信号，其中 m 为调频斜率，求其分布。

7.7　求高斯信号 $z(t) = \dfrac{1}{\sqrt{\sigma}}\mathrm{e}^{-\pi t^2/\sigma^2}$ 的分布。

第 8 章　振动信号的其他处理方法及其应用

第 7 章讨论的短时傅里叶变换可以对信号实现时间频率分析，但是它的时频窗口的大小是固定的，严格来说，它还是一种平稳信号分析方法，只适用于对缓慢变化信号的分析。而魏格纳-威利分布由于采用了双线性变换，对多分量信号进行分析时会有严重的交叉项干扰。小波变换具有多分辨率的特性而被广泛应用于旋转振动信号处理中，但是，小波变换中的小波基选择对分析结果影响较大。一旦确定了某个小波基，在整个分析过程中都无法更换，这个小波基在全局上可能是最佳的，但对某个局部区域来说却可能是比较差的，因此，小波变换对信号的处理缺乏自适应性。

本章针对上述问题，介绍几种近些年发展起来的新的振动信号处理方法。经验模式分解方法是一种采用自适应基的时频局部化分析方法，克服了基函数无自适应性的问题。循环统计量方法是研究信号统计量的局部时变规律的方法，克服了先前讨论的时频域处理方法只是检测信号非平稳量，但本质上不是提取非平稳信号统计量时变规律的问题。独立分量分析是在没有任何先验知识的前提下，将源信号从观测到的混合信号中分离出来的方法，特别适用于复杂机械的信号特征提取。

8.1　经验模式分解方法

经验模式分解(Empirical Mode Decomposition，EMD)方法是 Huang 在 1998 年提出一种希尔伯特-黄变换方法，它基于信号局部特征的时间尺度，把信号分解为若干个内蕴模式分量(Intrinsic Mode Functions，IMF)之和。由于分解出的各个内蕴模式函数突出了数据的局部特征，因此是一种新的时频分析方法，可以有效地提取出原信号的特征信息。另外，由于每个 IMF 所包含的频率成分不仅与采样频率有关，而且更为重要的是它还随着信号本身的变化而变化，因此，EMD 方法是一种自适应的时频局部化分析方法，它从根本上摆脱了基于傅里叶变换方法的局限性，非常适用于非平稳信号的处理。本节将介绍这种方法以及它在振动信号处理中的应用。

8.1.1　EMD 的基本概念

1. 瞬时频率

从物理学的角度来看，信号可分为单分量信号和多分量信号两大类。单分量信号在任意时刻都只有一个频率，该频率称为信号的瞬时频率。多分量信号则在某些时刻具有各自的瞬时频率。对于信号 $x(t) = a(t)\cos[\varphi(t)]$，其瞬时频率定义为

$$f(t) = \frac{1}{2\pi} \times \frac{\mathrm{d}}{\mathrm{d}t}\big[\mathrm{arg}z(t)\big] \tag{8-1}$$

式中，$z(t)$ 为 $x(t)$ 的解析信号；$\mathrm{arg}z(t)$ 表示 $z(t)$ 的相位角。

2. 特征尺度参数

描述信号特征的基本参数是时间和频率，频率能够反映信号的本质特征，但不直观。有时直接从时域观察信号的变化过程同样可以获得类似频率的信号特征，这就是时间特征尺度。尺度与频率是密切相关的，小的尺度对应于大的频率，大的尺度对应于小的频率，通过小波变换得到的就是信号的时间尺度分布，而不是直接的时间频率分布。通过对信号的观察，很容易得到信号在特定要求的点之间的时间跨度，它被称为时间尺度参数。很显然，时间尺度参数和频率一样，都能够描述信号的本质。在傅里叶变换中，基函数的时间尺度参数与频率具有定量的关系，它表明谐波函数的周期长度。

时间尺度参数定义为信号在特定要求的点之间的时间跨度，数学上对于任何信号 $x(t)$，时间尺度参数可由零点获得，信号的过零点位置为满足式(8-2)的 t 值，即

$$x(t) = 0 \tag{8-2}$$

在两个相邻的零点之间的时间跨度就被定义为过零尺度参数。

如果通过信号的极值点定义，可以得到极值尺度参数的定义，信号的极值点位置为满足式(8-3)的 t 值，即

$$\frac{dx}{dt} = 0 \tag{8-3}$$

尺度参数如果定义为两个相邻点的极值点之间的时间跨度，被称为极值尺度参数。

对于满足线性和正态分布的平稳信号，过零尺度参数和极值尺度参数是一致的，而对于非线性、非平稳信号，采用不同的定义将会得到不同的结果。但是，无论采用哪一种尺度参数，时间跨度都只与相邻的两个特征点有关，因此反映了信号随时间变化而变化的局部特征。在大多数情况下是采用极值尺度参数，因为对基于过零点的时间跨度测量比较困难，对于一些信号，有可能在两个过零点之间存在多个极值点，同时对于一些没有过零点的信号，将无法定义它的时间尺度参数。而基于极值点的时间跨度测量方法，无论信号是否存在过零点，都能有效地找出信号的所有模态，从某一极大值(或极小值)到另外一个极大值(或极小值)，定义信号的局部波动特征，称这个时间跨度为特征尺度参数，它反映了信号不同模态的特征。正是由于这些原因，在希尔伯特-黄变换的信号分解方法中，采用了基于极值点的特征尺度参数。

3. 内蕴模式函数

由瞬时频率的物理含义可知，并非对于任何信号都能讨论瞬时频率，只有当实信号的表达式具有

$$x(t) = a(t)\cos[\varphi(t)] \tag{8-4}$$

的形式，或复信号的表达式具有

$$x(t) = a(t)e^{j\varphi(t)} \tag{8-5}$$

的形式时才能计算瞬时频率。

在希尔伯特-黄变换中，为了计算瞬时频率，定义了内蕴模式分量，它是满足单分量信号物理解释的一类信号，在每一时刻只有单一频率成分，从而使得瞬时频率具有物理含义。直观上，内蕴模式分量具有相同的极值点和过零点数目，其波形与一个标准正弦信号通过调幅和调频得到的新信号相似，其定义如下。

一个内蕴模式分量必须满足下面两个条件。

（1）在整个数据段内，极值点的个数和过零点的个数必须相等或相差最多不能超过一个。

（2）在任意时刻，由局部极大值点形成的上包络线和由局部极小值点形成的下包络线的平均值为零，即上、下包络线相对于时间轴局部对称。

第一个条件类似于正态平稳过程的传统窄带要求；而第二个条件是为了保证由内蕴模式分量求出的瞬时频率有意义。基于这个定义，内蕴模式分量反映了信号内部固有的波动性，在它的每一个周期上，仅仅包含一个波动模式，不存在多个波动模式混叠的现象。一个典型的内蕴模式分量如图 8-1(a)所示，它具有相同的极值点和过零点，同时，上、下包络线对称于时间轴，在任何时刻，只有单一的频率成分。对它进行希尔伯特变换后计算瞬时频率结果如图 8-1(b)所示。

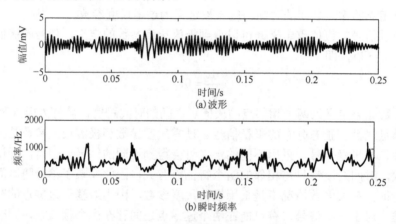

图 8-1　一个典型的内蕴模式分量

8.1.2　EMD 方法原理

EMD 与基于傅里叶变换的信号处理方法不同，它是直接针对数据的、自适应的和不需预先确定分解基函数的非平稳信号分析方法。EMD 分解基于这样的假设：信号是由各种不同的简单固有振荡模式分量组成的，这些振荡模式分量可能是线性的，也可能是非线性的，它们具有完全意义上的窄带性质，即瞬时频率唯一。通过 EMD 方法，信号 $x(t)$ 被分解成一系列的内蕴模式分量，表示如下：

$$x(t) = \sum_{i=1}^{n} \mathrm{imf}_i(t) + r_n(t) \tag{8-6}$$

式中，$\mathrm{imf}_i(t)$ 是分解获得的第 i 个 IMF；$r_n(t)$ 是经分解筛除得到 n 个 IMF 后的信号残余分量，常常代表着信号的直流分量或信号的趋势。

EMD 按频段由高到低地分解出的模式分量满足下列两个条件。

（1）模式分量的极值（包括极大值和极小值）数目和过零点数目相等或仅相差 1。

（2）由极大值确定的上包络与由极小值确定的下包络线计算出的局部均值为零。根据这两个条件，不断迭代筛除得到模式分量，其中要通过不断地求解由所有的极大值、极小值构成的三次样条包络确定的瞬时平均，不断地进行筛除，即从信号中除去瞬时平均，最后按一定的误差规则使筛除过程停止，得到一个内蕴模态分量。经过以上不断地循环，直到信号的残余分量 $r_n(t)$ 是一个单调函数，不能再分解出模态分量时，EMD 分解才结束。

假设 $r_i(t)$ 为剩余分量，$h_i(t)$ 为分解模态分量，则 EMD 分解的具体步骤如下。

(1) 初始化 $r_0(t) = x(t)$，$i = 1$（循环开始）。

(2) 抽取第 i 个 IMF 的过程如图 8-2 所示，停止条件可以用标准差 S_d 控制：

$$S_d = \sum_{t=0}^{T} \left[\frac{|h_{j-1}(t) - h_j(t)|^2}{h_j^2(t)} \right] \tag{8-7}$$

S_d 一般取 0.2~0.3。

(3) $r_i(t) = r_{i-1}(t) - \mathrm{imf}_i(t)$。

(4) 如果 $r_i(t)$ 仍然含有 2 个以上的极值，则 $i = i+1$，继续分解，否则分解结束。

通常，EMD 方法分解出来的前几个内蕴模态分量往往集中了原信号中最显著、最重要的信息，不同的模态分量包含不同的时间尺度，可以使信号的特征在不同的分辨率下显示出来。因此，可以利用 EMD 从复杂的信号中提取出含故障特征的模式分量。

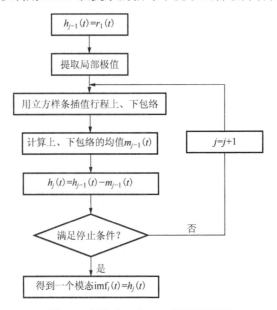

图 8-2　抽取第 i 个 IMF 的过程框图

为了理解 EMD 的分解过程，下面看一个仿真的例子。如图 8-3 所示为信号 $x(t)$，其表达式为

$$x(t) = (1 + \cos 6\pi t)\cos(400\pi t + 4\cos 8\pi t) + 3\sin 5\pi t \sin 100\pi t, \quad t \in [0,1] \tag{8-8}$$

仿真信号由 2 个正弦信号和 1 个调幅信号组成。采用 EMD 方法将其进行分解，得到 3 个 IMF 分量和 1 个残余函数 r_3，如图 8-4 所示。用 EMD 方法获得的 3 个 IMF 分量都具有一定的物理含义：第一个 IMF 分量对应着频率为 15Hz 的正弦信号，它是信号 $x(t)$ 中的特征时间尺度最小的分量；第二个 IMF 分量对应着调幅信号，仍然保持调幅信号的特征；第三个 IMF 分量对应着信号 $x(t)$ 中的特征时间尺度最大的分量。

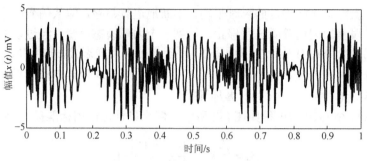

图 8-3　仿真信号 $x(t)$ 波形

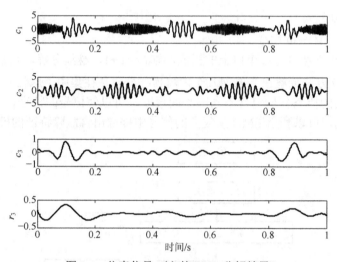

图 8-4　仿真信号 $x(t)$ 的 EMD 分解结果

8.1.3　EMD 方法的特点

EMD 方法具有自适应性、正交性与完备性及 IMF 分量的调制特性等突出特点。

1. 自适应性

EMD 方法的自适应性表现在以下几个方面。

1) 基函数的自动产生

EMD 方法在整个"筛分"过程中是直接的和自适应的,它不像小波变换那样需要预先选择基函数。在 EMD 的分解过程中,基函数直接从信号本身产生,不同的信号会产生不同的基函数。因此,EMD 方法是依据信号本身的信息对信号进行分解的,得到的 IMF 分量的个数通常是有限的,而且每一个 IMF 分量都表现了信号内含的真实物理信息。

2) 自适应的滤波特性

经过"筛分"过程,EMD 方法将信号进行分解,得到一系列包含从高到低不同频率成分,而且可以是不等带宽的 IMF 分量 $c_1, c_2, \cdots, c_n$,这些频率成分和带宽是随信号的变化而变化的。因此,EMD 方法可以看成是一组自适应的高通滤波器,它的截止频率和带宽都随信号的变化而变化。而对于小波分解,一旦选择了小波分解尺度,得到的将是某一个固定频率段的时域波形,这一频率段与信号无关,只与信号的分析频率有关,因此,相比之下,小波分解不具有自适应性。

3）自适应的多分辨率

EMD 方法将信号进行分解，得到有限数目的 IMF 分量，各个 IMF 分量包含不同的特征时间尺度，这样就可以使信号特征在不同的分辨率下显示出来，因此，EMD 方法可以实现多分辨率分析。

2. 完备性与正交性

所谓信号分解方法的完备性，指的是分解后的各个分量相加就能获得原始信号的性质。从 EMD 的整个分解过程和结果可以说明 EMD 方法的完备性。下面通过一个仿真信号的 EMD 分解与重构过程来说明 EMD 方法的完备性。

仿真信号 $x(t)$ 的表达式为

$$x(t) = \sin(20\pi t) + 4\sin(40\pi t)\sin\left(\frac{2\pi}{10}t\right) + \sin(10\pi t) + 10t \tag{8-9}$$

采用 EMD 方法对它进行分解，得到 3 个 IMF 分量 c_1、c_2、c_3 和 1 个残余函数 r_3，然后从包含最大特征时间尺度的 IMP 分量 c_3 和残余函数出发，一步步重构原始信号 $x(t)$，分解和重构的过程如图 8-5 所示，图中还给出了重构信号 r_0 和原始信号 $x(t)$ 之间的误差 Err，误差的数量级达到 10^{-15}。

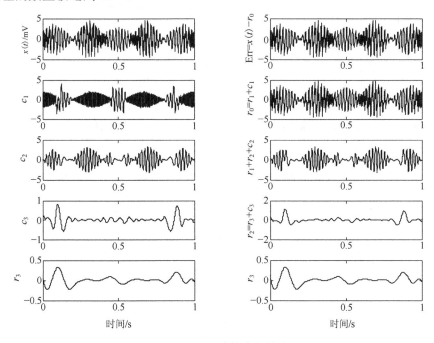

图 8-5　EMD 方法的完备性验证

信号分解方法的正交性指的是信号分解后得到的各个分量之间相互正交的性质。在数学上，如果函数 $x_1(t)$ 和 $x_2(t)$ 满足：

$$\int_{t_1}^{t_2} x_1(t)x_2(t)\mathrm{d}t = 0, \quad t_1 < t < t_2 \tag{8-10}$$

则称函数 $x_1(t)$ 和 $x_2(t)$ 相互正交。例如，任何两个不同频率的正弦信号是相互正交的。

在 EMD 方法中，根据 IMF 的定义，每一个 IMF 在局部吻合标准正弦曲线，而且不同的 IMF 分量包含了不同的特征时间尺度，因此，IMF 在局部应该是彼此正交的，但是 EMD 的正交性目前在理论上还难以严格地进行证明。

3. IMF 分量的调制特性

前面已经论述，EMD 方法的分解结果是满足特定条件的 IMF 分量。这些 IMF 分量可以是幅值或频率调制的，可变的瞬时幅值与瞬时频率不但很大程度地改进了信号分解的效率，而且使 EMD 方法可以非常适合处理非线性和非平稳信号。

8.1.4　EMD 方法的应用

可以利用 EMD 方法来分析水泵组的轴承信号。水泵电机型号为 Y132S2-2，7.5kW，轴两端各有一个轴承。轴承型号为 308 滚珠轴承。振动加速度信号在轴承附近采集，传

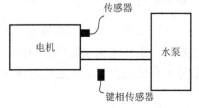

图 8-6　水泵电机轴承信号测量简图

感器布置简图如图 8-6 所示。健相传感器用于测量电机的转速，电机输出轴端安装带有故障的轴承。通过理论分析知：轴承局部故障产生的振动信号为冲击振荡衰减的调幅信号，故障信息在调值源中。

分别测量轴承外圈、内圈和滚动体三种故障的振动信号，转速约为 3000r/min，即 50Hz。采样频率为 20kHz。三种状态的时域波形如图 8-7 所示，图 8-7(a) 所示为外圈故障信号，由于信号噪声较大，故障信息被湮没，无法从图 8-7(b)、(c) 中提取出特征频率。利用 EMD 分解将故障信号分解为一系列互相关的分量之和，如图 8-8 给出的三种故障信号中的第一个 IMF 分量，取每种故障 EMD 分解后的前五个 IMF 分量，然后利用奇异值分解(SVD)提取出滚动轴承的故障特征向量，如图 8-9 所示分别为各故障信号的前五个 IMF 分量的奇异值图，其可以对故障的类型进行识别。

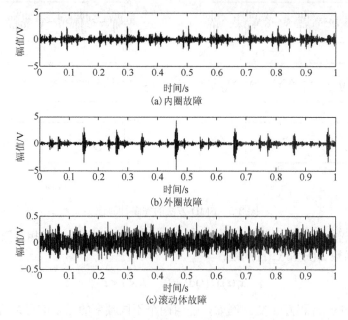

图 8-7　轴承振动信号波形

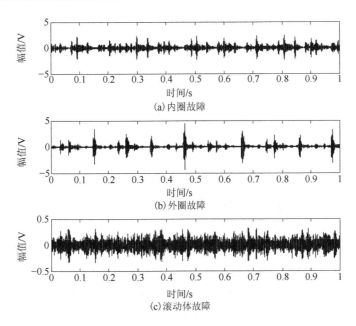

图 8-8　EMD 分解出的轴承信号第一个模态分量

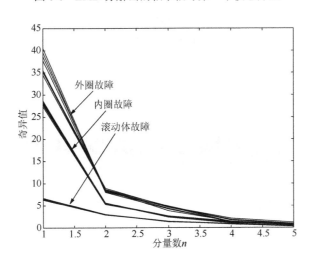

图 8-9　故障信号各分量的奇异值

EMD 方法处理水泵电机轴承信号结果如图 8-1 所示。可见 EMD 方法消除了大部分噪声，突出了反映故障的冲击频率分量。

8.2　循环统计量方法

在信号处理中，信号的统计量起着极其重要的作用，最常用的统计量为均值（一阶统计量）、相关函数与功率谱密度函数（二阶统计量），此外还有三阶、四阶等高阶统计量。平移随机信号的各阶统计量与时间无关，而某阶统计量随时间变化而变化的信号称为非平稳信号或时变信号。

8.2.1　振动信号的非平稳性和循环平稳性

1. 非平稳性

设备机构即使是在正常工作状态下，也会产生大量的非平稳动态信号。例如，图 8-10(a)所示为滚动轴承正常状态的振动信号，它的二阶统计量(自相关函数)是随时间变化的，如图 8-10(b)所示，图中灰度(黑白)表示自相关函数值的大小，因此，这种信号是非平稳信号。当机械发生故障，如剥落、磨损及断裂等时，产生的信号波形直观上就具有明显的非平稳性，如图 8-11 所示为柴油机出油阀磨损的振动加速度信号。故障信号中的一些非平稳分量可能表征某些故障的存在。另外，在运行过程中许多变工况机械(如发动机、往复机械等)的转速、功率、负载等是变化的，它们本身的运行状态就具有非平稳性，因而产生非平稳信号。图 8-12 所示为三缸往复注浆泵的压力信号，由于工作方式是不连续的，因此，信号具有非平稳性。还有一些设备和机构，如旋转轴和齿轮的裂纹等在运行中阻尼、刚度、弹性力的非线性，也使动态信号具有非平稳性。因此，可以说从设备和机构上获得的动态信号，其平稳性是相对的、局部的，而非平稳性是绝对的、广泛的。对于具有非平稳性的信号用频谱分析，一般得到到复杂的频谱，如图 8-11(b)所示，从谱图中很难找到对设备故障明确的描述特征。因此，必须寻找能够同时反映信号局部特征和全貌的非平稳信号处理方法。

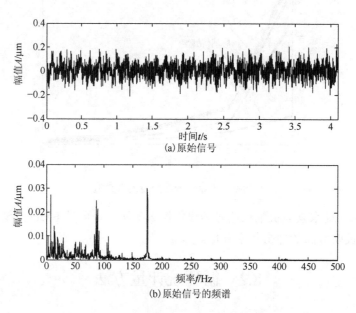

图 8-10　滚动轴承正常状态下的时域和频域信号

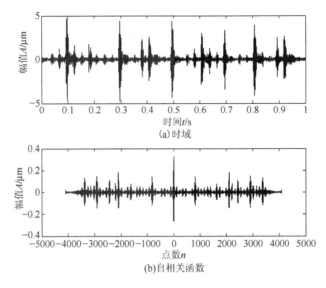

图 8-11　滚动轴承外圈故障状态下的振动信号

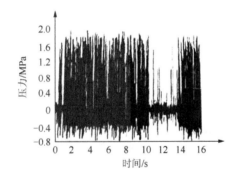

图 8-12　三缸往复注浆泵压力信号

2. 循环平稳性

在非平稳信号中，有一个重要的子类，它们的统计量随时间按周期或多周期(各周期不能通约)规律变化，这类信号称为循环平稳信号。由于大多数机械零件的结构具有对称性，其运动方式为旋转式或往复式，因此，产生的信号中含有大量周期或调制成分，使统计量特性呈现周期性，这类非平稳信号属于循环平稳信号。振动信号中最常见的循环平稳信号是二阶统计量，即自相关函数和功率谱密度，随时间变化而周期变化。图 8-13(a)、(b)所示分别为压缩机气阀故障和滚动轴承外圈故障振动信号的二阶统计量(自相关函数)，从图 8-13 可见，它们的非平稳性都具有周期变化的规律。还有许多振动信号，如齿轮、往复机械等复杂机构或零部件有故障时的振动信号，它们是调制信号，即由故障特征频率调制机构系统的某共振频率，这种信号也是循环平稳信号，它们的二阶统计量具有周期性。分析表明，相当多的振动信号的非平稳性表现为循环平稳性，应视为循环平稳信号来处理。

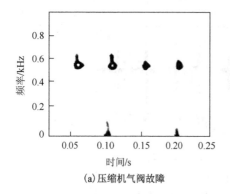
　　　　(a)压缩机气阀故障

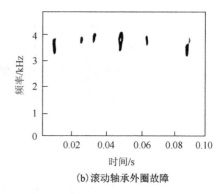
　　　　(b)滚动轴承外圈故障

图 8-13　机械信号的二阶统计量

8.2.2　循环平稳过程及其描述

　　一般随机过程的统计量是随时间变化的，不能使用时间平均估计，而必须用统计平均估计。然而，如果随机过程的某阶统计量随时间变化而呈现周期性变化，这个过程就称为循环平稳过程，这样的过程具有特殊和重要的性质。

　　1.　循环平稳过程与时间平均

　　循环平稳过程的统计量与时间成周期性关系，估计它的统计量是否可以用时间平均呢？不妨来看一个例子。

　　假设一个随机过程由正弦信号和零均值随机噪声组成，即

$$x(t) = x_0 \cos(2\pi f_0 t) + n(t) \tag{8-11}$$

式中，x_0 为常数。对该过程用统计平均求其均值，得

$$m_x(t) = E[x(t)] = E[A\cos(2\pi f_0 t)] + E[n(t)] = A\cos(2\pi f_0 t) \tag{8-12}$$

即均值是时间的周期函数，因此无法直接使用时间平均估计，该信号是循环平稳信号。如果已知信号所含的周期为 t_0，对循环平稳信号以 t_0 为周期进行采样，采样时刻为：$\cdots$，$t-nt_0,\cdots,t-2t_0,t-t_0,t,t+t_0,t+2t_0,\cdots,t+nt_0,\cdots$（其中：$t$ 为任意值，n 为自然数），则

$$x(t+nt_0) = x(t) \tag{8-13}$$

　　因为该采样序列等于原随机过程，显然这样的采样值满足遍历性，可以使用时间平均估计。

　　假设循环平稳过程所含的周期为 T_0，它的均值为

$$m_x(t) = \lim_{N\to\infty} \frac{1}{2N+1} \sum_{n=-N}^{N} x(t+nT_0) \tag{8-14}$$

式中，N 为数据个数，T_0 为随机过程所含的周期。同理，循环平稳信号的自相关函数为

$$r_x(t,\tau) = \lim_{N\to\infty} \frac{1}{2N+1} \sum_{n=-N}^{N} x(t+nT_0)x(t+nT_0+\tau) \tag{8-15}$$

　　循环平稳过程具有的遍历性称为循环遍历性。比较式(8-12)和式(8-14)可知，循环平稳过程的时间平均与平稳遍历过程的时间平均是有区别的，表现在：①平稳遍历过程的时间平均是对信号在总观测时间上的平均，而循环平稳过程的时间平均是对信号以循环

周期采样的总采样点数的平均；②平稳遍历过程的时间平均是对所有连续的信号而言的，而循环平稳过程的时间平均只对循环周期上的离散采样信号而言。

循环平稳过程满足循环遍历性，信号的统计量就可以通过单次测量数据的时间平均得到，从而简化了循环统计量的计算和估计，符合工程实际需要。后面章节若无特别说明，均认为循环平稳信号具有循环遍历性。

2. 循环统计量

循环平稳过程的统计特征和物理含义用循环统计量来描述。

1) 一、二阶循环统计量

式 (8-7) 和式 (8-8) 定义了循环平稳过程的均值和自相关函数，即一、二阶统计量，由于循环平稳信号的统计量是周期函数，因此对该两式用傅里叶级数展开，并令 $a = m/T_0$ ($m=1,2,3,\cdots$)，得

$$m_x(t) = \sum_{m=-\infty}^{\infty} m_x^a e^{j2\pi t} \tag{8-16}$$

$$r_x(t,\tau) = \sum_{m=-\infty}^{\infty} r_x^a e^{j2\pi t} \tag{8-17}$$

其傅里叶系数为

$$m_x^\alpha = \frac{1}{T_0} \int_{-T_0/2}^{T_0/2} m_x(t) e^{-j2\pi t} dt \tag{8-18}$$

$$r_x^\alpha(\tau) = \frac{1}{T_0} \int_{-T_0/2}^{T_0/2} r_x(t,\tau) e^{-j2\pi t} dt \tag{8-19}$$

将式 (8-16) 代入式 (8-18) 得

$$m_x^\alpha = \lim_{N\to\infty} \frac{1}{(2N+1)T_0} \left[\sum_{n=-N}^{N} \int_{-T_0/2}^{T_0/2} x(t+nT_0) e^{-j2\pi t} dt \right] \tag{8-20}$$

$$m_x^\alpha = \lim_{N\to\infty} \frac{1}{(2N+1)T_0} \left[\sum_{n=-N}^{N} \int_{-T_0/2}^{T_0/2} x(t+nT_0) e^{-j2\pi t} dt \right] = \lim_{T\to\infty} \frac{1}{T} \int_{-T_0/2}^{T_0/2} x(t) dt = <x(t)> \tag{8-21}$$

同理，将式 (8-10) 代入式 (8-12)，整理得

$$r_x^\alpha(\tau) = \lim_{T\to\infty} \int_{-T_0/2}^{T_0/2} x(t) x(t+\tau) e^{-j2\pi \alpha t} dt = <x(t)x(t+\tau) e^{-j2\pi \alpha t}> \tag{8-22}$$

式中，m_x^α 和 $r_x^\alpha(\tau)$ 分别为循环均值和循环相关函数，即循环平稳过程的一阶和二阶循环统计量，它们是时变统计量对时间的傅里叶级数的系数，α 称为循环频率。

当循环平稳过程含多个周期时，上面的循环统计量公式仍然可以用，只是对每一周期都要重复使用一次上述公式，才能得到在该循环频率上的循环统计量。

类似于平稳遍历过程中用功率谱提取信号的周期分量，对于循环平稳过程，也可以通过傅里叶变换提取循环相关函数中的周期。因此，循环相关函数的傅里叶变换称为循环谱密度 (Cyclic Spectral Density，CSD) 函数，也称谱相关函数，用 $S_x^\alpha(f)$ 表示，即

$$S_x^\alpha(f) = \int_{-\infty}^{+\infty} r_x^\alpha(\tau) e^{-j2\pi f\tau} d\tau = S_x(\alpha,f) \tag{8-23}$$

谱相关函数统计量也是二阶循环统计量，它的图形表示称为循环谱。

由上述分析可知，循环统计量是时变统计量在循环频率域上的分解或展开。对于循

环平稳信号，可由时变自相关函数对时间 t 的傅里叶级数得到循环相关函数，循环相关函数对滞后 τ 的傅里叶变换得到谱相关函数。这里循环频率采用的是离散结构。二阶循环统计量与时变相关函数的关系如图 8-14 所示，其中：FS 表示傅里叶级数；FT 表示傅里叶变换。

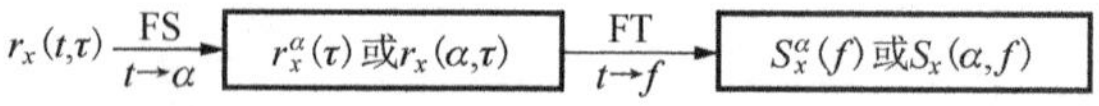

$$r_x(t,\tau) \xrightarrow[t\to\alpha]{\text{FS}} \boxed{r_x^\alpha(\tau) \text{ 或 } r_x(\alpha,\tau)} \xrightarrow[t\to f]{\text{FT}} \boxed{S_x^\alpha(f) \text{ 或 } S_x(\alpha,f)}$$

图 8-14　二阶循环统计量与时变自相关函数的关系简图

由于许多振动信号的循环平稳性表现在二阶循环统计量上，并且二阶循环统计量用三维空间表示分析结果，对实际对象的物理含义解释明确，因此，本书主要涉及二阶循环统计量及其应用。

2) 高阶循环统计量

高阶循环统计量是对应阶统计量在循环频率域上的分解。高阶统计量包括高阶矩和高阶累积量，假设循环平稳信号 $x(t)$ 的高阶矩和高阶累积量分别用 $m_x(t,\tau)_k$ 和 $c_x(t,\tau)_k$ 表示，它们一般是时变和多维的，其中 $\tau = (\tau_1, \tau_2, \cdots, \tau_{k-1})$。如果 k 阶矩 $m_x(t,\tau)_k$ 存在一个相对于时间 t 的傅里叶级数展开，即

$$m_x(t,\tau) = \sum_{\alpha \in A_k^M} M_x^\alpha(\tau) e^{j2\pi\alpha t} \tag{8-24}$$

则傅里叶系数：

$$M_x^\alpha(\tau)_k = <m_x(t,\tau)_k e^{-j2\pi\alpha t}> \tag{8-25}$$

称为 k 阶循环矩，A_k^M 为 k 阶循环矩中所含循环频率的集合。同理，如果 k 阶累积量 $c_x(t,\tau)_k$。存在一个相对于时间 t 的傅里叶级数展开，即

$$c_x(t,\tau)_k = \sum_{\alpha \in A_k^C} C_x^\alpha(\tau)_k e^{j2\pi\alpha t} \tag{8-26}$$

则傅里叶系数：

$$C_x^\alpha(\tau)_k = \lim_{T\to\infty} \frac{1}{T} \int_0^T c_x(t,\tau)_k e^{-j2\pi\alpha t} dt = <c_x(t,\tau)_k e^{-j2\pi\alpha t}> \tag{8-27}$$

称为 k 阶循环累积量，而 A_k^c 为 k 阶循环累积量中所含循环频率的集合。

特别地，对于零均值的循环平稳过程，有

$$C_x^\alpha(\tau)_2 = M_x^\alpha(\tau)_2 = r_x^\alpha(\tau) \tag{8-28}$$

高阶循环矩和循环累积量的傅里叶变换称为高阶循环短谱或循环谱，也称为高阶循环统计量。

8.2.3　循环谱与功率谱和时频分布的关系

1. 循环谱与功率谱的关系

可以引入二维谱表示方法，通过对平稳信号与循环平稳信号的谱特点分析，说明谱相关函数与功率谱密度(Power Spectral Density, PSD)函数的关系。

设随机过程 $X(t)$ 的时变自相关函数为 $r_X(t,\tau)$ ，对 t 和 τ 的二维傅里叶变换即为谱密度函数：

$$S_X(\lambda,\,f)=\int_{-\infty}^{+\infty}\int_{-\infty}^{+\infty}r_X(t,\,\tau)\mathrm{e}^{-\mathrm{j}2\pi\lambda t}\mathrm{e}^{-\mathrm{j}2\pi ft}\mathrm{d}t\mathrm{d}\tau \tag{8-29}$$

式 (8-29) 的变换关系是 $t\to\lambda$ ， $\tau\to f$ 。将谱密度函数用二维谱平面 (λ,f) 表示，可以区分几种重要的过程。

1) 平稳随机过程

对于平稳随机过程， $r_X(t,\tau)$ 不依赖于时间 t ，因此，式 (8-29) 可化简为

$$S_X(\lambda,f)=S_X(f)\delta(\lambda) \tag{8-30}$$

式中， $S_X(f)$ 是平稳过程的功率谱密度函数。由图 8-15 所示循环平稳过程的二维谱平面分布可知，平稳过程的功率谱只在 f 轴上非零。图 8-15(a) 所示的信号只含有周期谱分量，而图 8-15(b) 所示的信号除含有周期分量外还含有非周期分量。

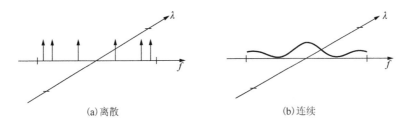

(a) 离散　　　　　　　　　　　　(b) 连续

图 8-15　平稳过程的二维谱平面分布

2) 循环平稳过程

对于循环平稳信号， $r_X(t,\tau)$ 既依赖于 t ，又依赖于 τ ，但随 t 是周期变化的。因此存在两种情况：一种情况是随 t 和 τ 的变化都是周期的；另一种情况是只随 t 的变化是周期的。因此，循环平稳信号的谱密度函数，即谱相关函数，在二维谱平面的 λ 轴上非零，或在 λ 和 f 轴上都非零，如图 8-16 所示。

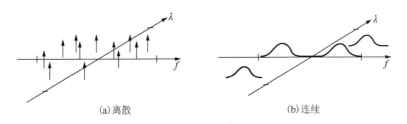

(a) 离散　　　　　　　　　　　　(b) 连续

图 8-16　循环平稳过程的二维谱平面分布

对于循环平稳过程，循环谱 $S_X^\alpha(f)$ 在循环频率 $\alpha(即\lambda)$ 上是离散的，因此它的二维谱表达式为

$$S_X(\lambda,f)=\sum_a S_X^\alpha(f)\delta(\lambda-a) \tag{8-31}$$

3) 非平稳过程

对于一般的非平稳过程，式 (8-31) 并无特别性质或意义，它是复数 (除在 f 轴上)，

且无功率谱密度的物理含义。然而，当需要从杂乱的非平稳信号中识别有独特性质的成分，如循环平稳信号，这种表示方法是极有用的。

由上面讨论可知，谱相关函数与功率谱密度函数的区别，表现在二维谱平面上功率谱密度函数在 f 轴上非零，而谱相关函数不仅在 f 轴上可以非零，而且在 λ 轴非零，这很好地解释了平稳信号与循环平稳信号所具有的不同频率结构。从图 8-16 可知，循环谱中含有循环平稳信号分量和平稳信号分量，由此可揭示为什么循环统计分析可以比功率谱分析获得更多的信息。

下面再举一个例子。如图 8-17 所示为频率为 7Hz 的正弦信号加上一个随机噪声组成的随机信号的功率谱和循环谱，循环谱中不仅含有功率谱信息（$\alpha = 0$），还含有循环频率信息（$\alpha = 14$Hz）。因此循环谱分析具有谱的冗余性，这是机械诊断需要的特性。

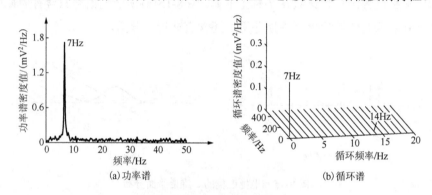

(a) 功率谱   (b) 循环谱

图 8-17　循环谱的信息及冗余性

另外，循环平稳过程与平稳过程相比，差别在于平稳信号的自相关函数与时间无关，而循环平稳过程的循环相关函数与时间有关，是随时间周期性变化的，但它却在循环周期整数倍的时间间隔离散点上不随时间变化而变化，这也就是把这类信号称为循环平稳的原因所在。

2. 循环谱与时频分布的关系

时频分布是分析非平稳信号的有效工具，循环平稳信号是一类特殊的非平稳信号，它的时频表示与循环统计理论中的循环谱分析存在一定关系。一般来说，非平稳随机过程的二阶统计特性描述的是基于时变相关函数 $r_X(t,\tau)$，该时变相关函数关于滞后 τ 的傅里叶变换称为时变谱或魏格纳-威利谱，即

$$W_{\text{WVD}}(t,f) = \int_{-\infty}^{+\infty} r_X(t,\tau)\mathrm{e}^{-\mathrm{j}2\pi f\tau}\mathrm{d}\tau \tag{8-32}$$

其中关于时间 t 的傅里叶变换就产生了谱相关函数，即

$$S_X(\alpha,f) = \lim_{T\to\infty}\int_0^T W_{\text{WVD}}(t,f)\mathrm{e}^{-\mathrm{j}2\pi\alpha t}\mathrm{d}t \tag{8-33}$$

这个公式揭示了谱相关函数的重要意义。可见，循环谱也是一种时频表示，它是在二维谱平面上展开信号的二阶统计量，因此，对于循环平稳信号来说，循环谱能比时频分析更好地描述信号的统计量的周期特性。由式（8-33）可知，魏格纳-威利谱的时间周期结构可以通过谱相关函数检测出来。

8.2.4　二阶循环统计特性及其应用

1．二阶循环统计特性

1) 谱相关特性

设 $p_x(t,\tau)_k$ 为随机信号 $x(t)$ 的 k 阶滞后积，即

$$p_x(t,\tau)_k = \prod_{i=1}^{k-1} x(t+\tau_i) \tag{8-34}$$

由于此滞后积是 $x(t)$ 的齐次多项式变换，因此可以分解成周期分量与非周期分量两部分的和，写成

$$p_x(t,\tau)_k = s^{\beta}(t,\tau)_k + n(t,\tau)_k \tag{8-35}$$

式中，$s^{\beta}(t,\tau)_k$ 为周期分量；β 是其所含的频率；$n(t,\tau)_k$ 为非周期分量。则存在

$$< n(t,\tau)_k \, \mathrm{e}^{\mathrm{j}2\pi\alpha\tau} >= r_n^{\alpha}(\tau)=0, \quad \alpha \neq 0 \tag{8-36}$$

和

$$< s^{\beta}(t,\tau)_k \, \mathrm{e}^{\mathrm{j}2\pi\alpha\tau} >= r_x^{\alpha}(\tau)=0, \quad \alpha \neq \beta \tag{8-37}$$

式 (8-36) 和式 (8-37) 统称为循环统计量的谱相关特性。对于两个随机信号，谱相关特性可描述为：若 $x(t)$，$y(t)$ 均为二阶循环平稳过程，其循环频率分别为 α_1、α_2，且 $\alpha_1 \neq \alpha_2$，则有

$$r_y^{\alpha_1}(\tau) = 0, r_x^{\alpha_2}(\tau)=0 \tag{8-38}$$

在循环统计方法中，由于循环频率采用离散结构，因此谱相关特性使循环统计方法具有抑制噪声和干扰信号的能力，这种特性是基于傅里叶变换的功率谱 ($\alpha=0$) 分析所没有的。特别地，当信号和干扰处在同一频带内时，循环统计方法不会出现用功率谱分析常出现的频率成分互相覆盖的问题，因此二阶统计量具有极高的频率选择性和周期检测能力。

2) 循环平稳量的可分离性

对于循环统计量，零循环频率反映统计量的平稳部分，而其他非零循环频率则表示"扰动"，即非平稳部分。若循环统计量对所有循环频率均为零，则信号为平稳信号，否则信号具有非平稳性。因此理论上，平稳随机信号对于任意循环频率 $\alpha \neq 0$，其循环统计量均为零。而循环平稳信号对于循环频率 $\alpha \neq 0$，其循环统计量不等于零。循环统计量在循环频率上非零，说明信号是非平稳的或循环平稳的，因此可以通过测量循环频率非零部分的变化来诊断机器状态。图 8-18 所示为滚动轴承正常状态和外圈剥落的振动信号在故障特征频率范围内的循环频率变化，可见，当机器发生异常时，循环平稳量 (非平稳量) 增加，在循环频率域中可以被分离出来。

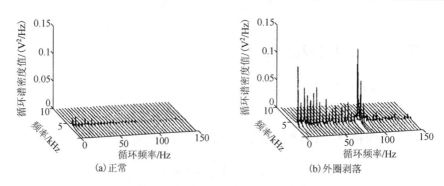

图 8-18　滚动轴承信号的循环频率变化

2. 二阶循环统计特性的应用

循环统计特性是否能够在实际中直接应用，主要取决于以下几点。

(1) 这些特性是否普遍存在。

(2) 利用这些特性是否有利于信号的分离。

(3) 经过传输后，这一特性是否仍然存在，在什么条件下可以认为经传输后，信号的循环频率不变，这种条件是否具有普遍意义。

下面来分析一下上述三个条件在机械信号中是否得到满足。首先，由 8.2.1 节分析知，在振动信号中循环平稳特性是普遍存在的。其次，由谱相关特性可知，不同循环频率的信号是相互独立的，因此利用信号的循环统计量，可以有效地分离信号。最后，当机械系统中的信号传输路径假设为线性时不变系统时，所具有的频率保持性可以保证传输后循环频率不变。最后一点简单证明如下。

假如线性系统的输入为一正弦激励，记为 $x(t) = x_0 e^{j2\pi f_0 t}$，其中 x_0 为常数，则其二阶微分为

$$\frac{d^2 x(t)}{dt^2} = (j2\pi f_0)^2 x_0 e^{j2\pi f_0 t} = -(2\pi f_0)^2 x(t) \tag{8-39}$$

即

$$\frac{d^2 x(t)}{dt^2} + (2\pi f_0)^2 x(t) = 0 \tag{8-40}$$

如果对 $x(t)$ 的输出为 $y(t)$，根据线性系统的微分特性——对输入微分的响应等于对原始输入相应的微分，上面方程的相应输出为

$$\frac{d^2 y(t)}{dt^2} + (2\pi f_0)^2 y(t) = 0 \tag{8-41}$$

于是输出 $y(t)$ 唯一可能的解就是

$$y(t) = y_0 e^{j(2\pi f_0 t + \varphi)} \tag{8-42}$$

因此，线性系统的稳态输出只含有与输入相同的频率。频率保持性是机械诊断工作的前提条件，在振动信号处理中普遍应用。

综上所述，循环统计特性在振动信号处理中可以得到很好地应用。

1) 频率选择性与振动信号特征摄取

由谱相关特性知，利用二阶循环统计量可以提取特定的周期分量，消除随机或非同

周期成分的干扰，这就是频率选择性。对非同周期成分干扰的抑制还得益于在循环频率域中循环频率的离散性，正是这种离散结构，使得谱相关分析具有许多优点。例如，它可以识别频带交叠的循环平稳信号，甚至可以将其分离或单独处理。这是基于平稳性假设方法所没有的。

图 8-19 为两个频率相近的正弦分量与一个随机噪声 $n(t)$ 组成的随机信号的时域波形和频谱，信号表达式为

$$x(t) = \sin(2\pi f_1 t) + \sin(2\pi f_2 t) + n(t) \tag{8-43}$$

式中，$f_1 = 7\text{Hz}$，$f_2 = 6.8\text{Hz}$。若信号的采样频率 $f_s = 1000\,\text{Hz}$，采样点数 $N = 4096$，则频率分辨率 $\Delta f = 0.244\text{Hz}$，此时用频谱不能识别出两个周期成分，因为这两个周期分量的频率相差 0.2Hz，在这种采样频率和样本数目条件下，频谱只能得到一个 6.9Hz 的周期成分，说明两频率交叠在一起了。图 8-20 所示为该信号的循环谱，图中纵坐标的物理量 CSD 表示循环谱密度最大值。谱相关函数在循环频率域的谱中对应的循环频率与信号中所含频率之间是 2 倍关系，因此利用循环谱，在循环频率域中得到了 7Hz(14Hz) 和 6.8Hz(13.6Hz) 两个周期成分。

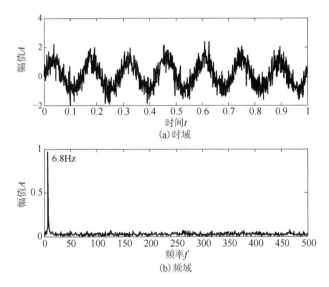

图 8-19　含两相近频率(7Hz，6.8Hz)的随机信号

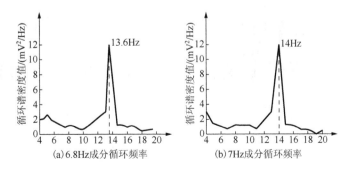

图 8-20　谱相关函数

在振动信号中，机器中不同机械零部件产生的频率虽然不同，但某些故障的频率可能比较接近或与其他已知的频率相近，从而产生频率交量，在这样的情况下容易产生误诊。例如，某旋转轴存在转频故障，轴转速为 2990 r/min，即 49.83Hz，当储量数据中含有 50Hz 的电源频率，并且测量信号的频率分辨率低于 0.17Hz 时，两个频率常会产生频率交叠，用频谱很难识别和区分，而用循环统计方法就可以解决这个问题。频率选择性还可以用于精确计算机器的某一频率值，如确定机器的转速等。可见，谱相关函数的频率选择性可以用于提取振动信号的特征。它可以消除非同频周期的干扰，获得机器故障频率的准确值。

2) 噪声抑制原理与振动信号消噪

下面讨论二阶循环统计且对振动信号常见的加性和乘性噪声的抑制原理和效果。

(1) 对加性噪声的抑制。对于随机信号 $x(t)=s(t)+n(t)$，其中 $s(t)$ 为有用信号，$n(t)$ 为随机噪声，则

$$r_x^\alpha(\tau) = r_s^\alpha(\tau) + r_n^\alpha(\tau) \tag{8-44}$$

假设噪声是平稳过程，由式(8-27)的谱相关特性可知，平稳的随机过程的循环相关函数为零，即

$$r_n^\alpha(\tau) = \begin{cases} r_n(\tau), & \alpha = 0 \\ 0, & \alpha \neq 0 \end{cases} \tag{8-45}$$

即使噪声是不平稳的，也很难具有和信号相同的循环频率。因此：

$$r_x^\alpha(\tau) = r_s^\alpha(\tau) \tag{8-46}$$

也就是说，循环相关函数具有良好的噪声抑制能力，图 8-21 所示为用频谱和循环谱对水泵电机内的故障轴承振动信号的消噪效果比较，分析范围选择在共振频率附近的频率段，两方法对信号的预处理相同(注意：循环频率与信号频率是 2 倍的关系)。从图可见，循环谱中频率成分的信噪比频谱中的提高很多，图形直观上看各成分变得比较清晰干净，其特征也更加突出。

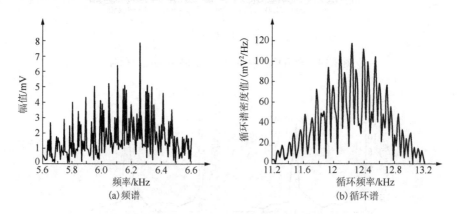

图 8-21　循环相关函数消噪效果比较

然而，实际中数据都是有限的，无法得到真实的循环相关函数，只能由有限长数据来估计。因此有必要讨论一下数据长度对循环相关函数的噪声抑制特性的影响。

从信噪比的角度来看，随机信号 $x(t)$ 的信噪比可以定义为

$$S_{NR} = 10 \lg \left[\frac{\int S_s(f) \mathrm{d}f}{S_n(f) \mathrm{d}f} \right] \tag{8-47}$$

式中，$f_s(f)$、$S_n(f)$ 分别为有用信号 $s(t)$ 和噪声 $n(t)$ 的功率谱密度 e，由于它们的傅里叶逆变换为自相关函数，即

$$r_s(\tau) = \int S_s(f) \mathrm{e}^{\mathrm{j}2\pi f\tau} \mathrm{d}f \tag{8-48}$$

$$r_n(\tau) = \int S_n(f) \mathrm{e}^{\mathrm{j}2\pi f\tau} \mathrm{d}f \tag{8-49}$$

上两式在 $\tau = 0$ 时分别为

$$r_s(0) = \int S_s(f) \mathrm{d}f \tag{8-50}$$

$$r_n(0) = \int S_n(f) \mathrm{d}f \tag{8-51}$$

于是式 (8-47) 可以写成

$$S_{NR} = 10 \lg \left[\frac{r_s(0)}{r_n(0)} \right] \tag{8-52}$$

在循环相关的意义下，若只考虑在循环频率 α 上的信噪比，则可以定义为有用信号和噪声在某 α 上的功率之比，即

$$S_{NR}^\alpha = 10 \lg \left[\frac{\int S_s^\alpha(f) \mathrm{d}f}{\int S_n^\alpha(f) \mathrm{d}f} \right] = 10 \lg \left[\frac{r_s^\alpha(0)}{r_n^\alpha(0)} \right] \tag{8-53}$$

式中，$S_s^\alpha(f)$、$S_n^\alpha(f)$ 分别为有用信号和噪声在循环频率 α 上的功率谱密度函数；$r_s^\alpha(0)$ 和 $r_n^\alpha(0)$ 分别为有用信号和噪声在循环频率 α 上和 $\tau = 0$ 时的循环相关函数。由于平稳随机噪声的循环相关函数 $r_n^\alpha(\tau) = 0$，所以理论上信噪比 $S_{NR}^\alpha \to \infty$。但当观测的信号为有限长时，所得到的只是循环相关函数估计值 $\hat{r}_x^\alpha(\tau)$、$\hat{r}_n^\alpha(\tau)$。而一般随机噪声的 $\hat{r}_n^\alpha(\tau)$ 随着数据长度 N 的增加而下降，因此得到的 S_{NR}^α 也是和数据长度 N 有关的有限值。通过研究得到循环相关函数的噪声抑制能力与数据长度 N 的关系是：噪声的循环相关函数下降速率正比于 $1/\sqrt{N}$。

可见，谱相关函数的对加性随机噪声的抑制能力与采样点数 N 有关，实际应用时应加以注意，尽量采集更长数据。幸运的是，可以利用谱相关函数的频率选择性，从而在很多情况下，并不需要特别长的数据。

(2) 对乘性噪声的抑制。旋转机械如内燃机、齿轮箱等的频谱分析可以根据谱线识别由故障引起的周期振动。但在一些情况下，机器振动不是表现为谱线而是宽带的随机过程，此时频谱分析难以奏效。对这类信号，谱相关函数可以产生诊断特征。如图 8-22 (a) 所示为一个噪声与一个周期成分相乘构成的随机信号的频谱，信号表达式为

$$x(t) = \alpha(t) \cos(2\pi f_0 t + \theta) \tag{8-54}$$

式中，$f_0 = 7\text{Hz}$，假设 $\alpha(t)$ 是零均值的实平稳遍历随机信号，满足：

$$\begin{cases} <\alpha(t)\alpha(t-\tau)> = r_\alpha(\tau) \neq 0 \\ <\alpha(t)\mathrm{e}^{-\mathrm{j}2\pi\alpha t}> = 0 \\ <\alpha(t)\alpha(t-\tau)\mathrm{e}^{-\mathrm{j}2\pi\alpha t}> = 0, \quad \forall \alpha \neq 0 \end{cases} \quad (8\text{-}55)$$

这种类型的信号在振动信号中很常见，周期成分被噪声湮没。由于噪声与信号在时域内是相乘的关系，根据傅里叶变换的性质，在频域中为卷积关系，因此在 f_0 处不是它对应的谱线，而是分布着 $\alpha(t)$ 的宽带频谱，导致从谱图上无法识别出 f_0 这个周期分量。采用循环统计方法处理，由于 $x(t)$ 具有二阶循环平稳性，它的循环相关函数为

$$r_x^\alpha(\tau) = <x(t)x(t+\tau)\mathrm{e}^{-\mathrm{j}2\pi\alpha t}> = \begin{cases} \dfrac{1}{2}r_a(\tau)\cos(2\pi f_0\tau), & \alpha = 0 \\ \dfrac{1}{4}r_a(\tau)\mathrm{e}^{\pm\mathrm{j}2\theta}, & \alpha = \pm 2f_0 \\ 0, & \text{其他} \end{cases} \quad (8\text{-}56)$$

如图 8-22(b) 所示为循环谱，在循环频率为 14Hz 处有显著的峰值，对应信号频率 7Hz，可见，用循环谱很容易识别出带有乘性噪声周期分量。因此二阶统计量可以很好地抑制信号中的乘性噪声。

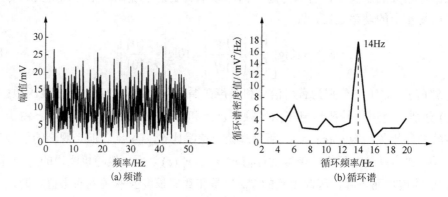

图 8-22　带乘积噪声的周期信号

带有乘积噪声的振动信号是比较常见的，特别在往复机械中。图 8-23 所示为三缸往复式活塞注浆泵的结构示意图，注浆泵传动机构由电机、带轮对、行星齿轮副和曲轴组成。曲轴上沿径向均布有三个往复缸。从腔体上测得振动加速度信号。曲轴转速约为 87r/min，因此每一柱塞往复运动的周期约为 1.45Hz。由流体引起的压力脉动噪声附加在往复运动的周期成分上，使信号成为由宽带随机噪声与周期成分相乘的信号。由图 8-24(a)、(b) 可知，在信号的时域和频谱上都难以识别这个周期。用循环谱检测，得到了诊断特征。如图 8-24(c) 所示，图中标注的 1.45Hz 及其二倍频 2.90Hz 为各个柱塞往复的周期。

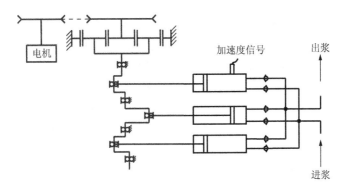

图 8-23　往复式活塞注浆泵结构示意图

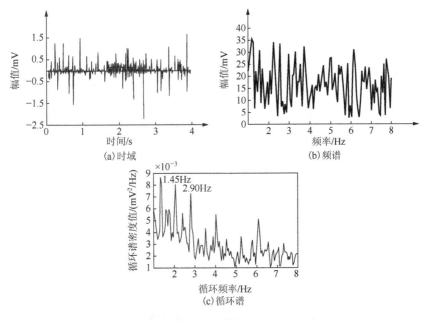

图 8-24　柱塞泵振动信号

8.3　盲源分离方法

8.3.1　概述

盲源分离 (Blind Signal Separation，BSS) 是一种分离信号的方法，它是法国学者 Herault 和 Jutten 在 1983 年提出的。该方法是在没有任何先验知识的前提下，将源信号从混叠信号中提取和分离出来。实现 BSS 的方法很多，其中将信号之间的独立性作为分离变量判据的方法被称为独立分量分析 (Independent Component Analysis，ICA)。它是实现 BSS 的一种重要方法，由 Comon 于 1994 年首次提出。Comon 指出 ICA 方法可以通过使某个称为对比函数 (Contrast Function) 的目标函数达到极大值来消除观察信号中的高阶统计关联，从而实现 BSS。

ICA 可以用"鸡尾酒会"问题来解释。酒会上许多人同时说话，用麦克风得到的信号就是这些声音的混合，ICA 从这些混合声音中提取出一些单独无关的分量，这些分量就是不同人的声音。ICA 的优势在于它体现出不同过程产生不相关的信号这一物理现实，这个现实的简单性和普遍性保证了 ICA 能够成功地在许多研究领域中得到应用。1995 年 Bell 和 Seinowski 发表了 ICA 发展史中的里程碑文献，其重要贡献在于：第一，利用神经网络的非线性特性来消除观察信号中的高阶统计关联；第二，用信息最大化准则建立目标函数，从而将信息论方法与 ICA 结合起来；第三，给出了神经网络的最优分离矩阵迭代学习算法，成为后续各种算法的基础；第四，成功地对具有 10 个说话人的鸡尾酒会问题得出了很好的分离效果。由于证明了 ICA 是一种解决 BSS 问题的简单、高效算法，从而带来了一大批后续的研究工作。

由于振动信号是由零部件相互运动产生，源信号主要含有有用信号和噪声干扰信号，观测信号可能是这些源信号的线性叠加、相乘或卷积，比较复杂，很难直接使用 ICA 分解出其中的独立分量，因此在振动信号处理中直接应用 ICA 的效果并不理想。实际上，非常复杂的模拟信号的混合用 ICA 都是可以完全分解的，如图 8-25(a)、(b)、(c)所示为正弦、随机和循环平稳三个复杂的源信号，表示为 s_1、s_2、s_3。图 8-26(a)、(b)、(c)为源信号三种不同的混合信号，表示为 x_1、x_2、x_3。它们按下列方式混合：

$$\begin{bmatrix} x_1 \\ x_2 \\ x_3 \end{bmatrix} = \begin{bmatrix} 0.05 & 0.60 & 0.35 \\ 0.10 & 0.50 & 0.40 \\ 0.30 & 0.25 & 0.45 \end{bmatrix} \begin{bmatrix} s_1 \\ s_2 \\ s_3 \end{bmatrix} \tag{8-57}$$

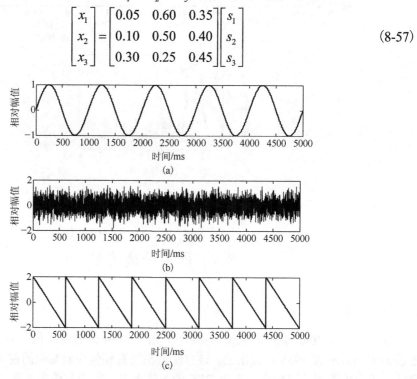

图 8-25　三个源信号

如图 8-27 所示为使用 ICA 对混合信号的分离结果，其成分与源信号相同，但幅值和排列顺序没有对应关系。可见问题不在于算法，而在于如何使信号满足 ICA 使用的前提条件。消噪处理可以突出信号成分，使各独立分量偏离高斯分布。在一定程度上有助于 ICA,但要达到用 ICA 从实际信号中分解出有意义的分量,还需探讨信号混合过程的信息,对观测信号进行适当的预处理,以有效地使用 ICA 分离出反映机器状态的有用信号。

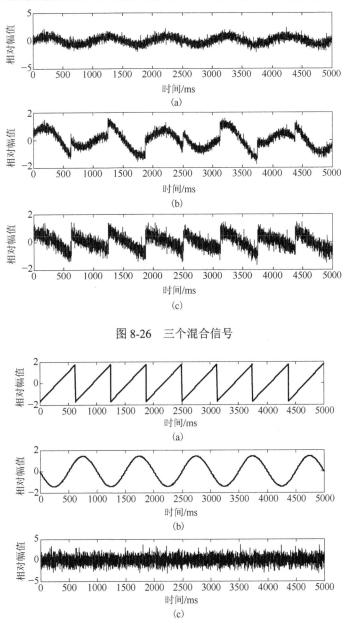

图 8-26　三个混合信号

图 8-27　ICA 分离出的三个信号

8.3.2　独立分量分析

1. ICA 的基本原理

设有 n 个未知的源信号构成一个列向量 $S(t) = [s_1(t), s_2(t), \cdots, s_n(t)]^T$, A 是一个 m

$\times n$ 维矩阵，称为混合矩阵。设 $A(t) = [x_1(t), x_2(t), \cdots, x_n(t)]^T$ 是由 m 个可观察信号构成的列向量，且满足下列方程：

$$X(t) = AS(t), \quad m \geqslant n \tag{8-58}$$

对任何 t，根据已知的 $X(t)$，在 A 未知的条件下，求未知的 $S(t)$，这就构成一个盲源分离问题，噪声可以认为是一个源信号。

盲源分离中的"盲"是指原理上它不要求对 S 和 A 具有先验知识，而实际上任务的解答显然不是唯一的，因此分解结果肯定不是唯一的，需要一些假定。如果按照以下的几个基本假设条件来解决盲源分离问题，则称为独立分量分析。这些条件如下。

(1) 各源信号 $s_i(t)$ 均为零均值、实随机变量，各源信号之间统计独立。

(2) 源信号数与观察信号数相同，即 $m = n$，这时混合阵 A 是一个确定且未知的方阵，A 是满秩，则逆矩阵 A^{-1} 存在。

(3) 各个源信号 $s_i(t)$ 只允许有一个的概率密度函数具有高斯分布，如果具有高斯分布的源信号个数超过一个，则各源信号是不可分的。Darmois 定理严格证明了这一结论。

ICA 的思路是设置一个 $n \times n$ 维反混合矩阵 $W = (\omega_{ij})$，$X(t)$ 经过 W 变换后得到 n 维输出列向量 $Y(t) = [y_1(t),\ y_2(t), ..., \ y_n(t)]^T$，即有

$$Y(t) = WX(t) = WAS(t) \tag{8-59}$$

如果通过学习得以实现 $WA = I$（I 是 $n \times n$ 单位阵），则 $Y(t) = S(t)$，从而达到了源信号分离的目的。由于没有任何参照目标，这一学习过程只能是自组织的。学习过程的第一步是建立一个以 W 为变元的目标函数 $L(W)$，如果某个 $\hat{W}$ 能使 $L(W)$ 达到极大(小)值，该 $\hat{W}$ 即为所需的解。第二步即是用一种有效的算法求 $\hat{W}$。按照 $L(W)$ 定义的不同和求 $\hat{W}$ 的方法不同，可以构成各种 ICA 算法。因此，ICA 理论实质上是一个优化问题，其目的是通过优化分解矩阵 W，以获得源信号 S，并使源信号间的独立性最强。图 8-28 是说明 ICA 的原理框图。

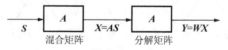

图 8-28　ICA 说明框图

2. ICA 分离结果的不确定性

1) 尺度不确定性

由于观察信号 $X(t)$ 是源信号 $S(t)$ 与混合矩阵 A 之积，由 $X(t)$ 无法确定后两者的尺度值。这由式 (8-58) 的展开可以看出：

$$x_i(t) = \sum_{j=1}^{n} a_{ij} s_j(t) = \sum_{j=1}^{n} \left(\eta_j^{-1} a_{ij}\right)\left(\eta_j s_j(t)\right), \quad i = 1, 2, \cdots, n \tag{8-60}$$

式中，a_{ij} 是 A 的第 i 行、j 列元素。若 $s_i(t)$ 乘以任何非零系数 η_j，而 A 的第 j 列各元素旨乘以 η_j^{-1}，则不管 η_j 取何值，$x_i(t)$ 不变。因此由 $X(t)$ 试图获得各源信号时存在尺度不确定性。

2）解的等价性

ICA 的目标是求一个分离矩阵 $\boldsymbol{W}$，使得 $\boldsymbol{Y}(t) = \boldsymbol{WX}(t)$ 与 $\boldsymbol{S}(t)$ 对应，这种对应并不意味着二者的排序一一对应（即 $y_1(t)$ 与 $s_1(t)$ 对应，$y_2(t)$ 与 $s_2(t)$ 对应，等等），因此，ICA 就会有许多等价解。设 $\hat{\boldsymbol{W}}$ 是一个解，那么 $\boldsymbol{PA}\hat{\boldsymbol{W}}$ 也是一个解，其中 $\boldsymbol{A}$ 是一个对角阵，$\boldsymbol{P}$ 是一个换位阵，它的每行、每列中只有一个元素为 1，其他元素为 0。下面以一个 3×3 矩阵为例来说明其换位作用。换位阵：

$$\boldsymbol{P} = \begin{bmatrix} 0 & 1 & 0 \\ 1 & 0 & 0 \\ 0 & 0 & 1 \end{bmatrix} \tag{8-61}$$

即

$$\begin{bmatrix} y_1 \\ y_2 \\ y_3 \end{bmatrix} = \begin{bmatrix} 0 & 1 & 0 \\ 1 & 0 & 0 \\ 0 & 0 & 1 \end{bmatrix} \begin{bmatrix} x_1 \\ x_2 \\ x_3 \end{bmatrix} \tag{8-62}$$

可以看到，经过此换位变换后，$y_1 = x_2$，$y_2 = x_1$，$y_3 = x_3$。因此 ICA 实现正确信号分离的结果只能表现在 $\boldsymbol{Y}(t)$ 的各分量统计独立上。

上述两点也可以从图 8-27 的 ICA 分离结果得到证实。

3. ICA 中的几个重要概念

1）独立性

在概率论中，独立性是用来评价变量之间相互依赖的程度。如果 y_1、y_2 为两独立变量，则有

$$p(y_1,\ y_2) = p(y_1)p(y_2) \tag{8-63}$$

式中，

$$p(y_1) = \int p(y_1,\ y_2)\mathrm{d}y_2 \tag{8-64}$$

$$p(y_2) = \int p(y_1,\ y_2)\mathrm{d}y_1 \tag{8-65}$$

式中，$p(y_1,\ y_2)$ 为变量 y_1 和 y_2 的联合概率密度函数；$p(y_1)$、$p(y_2)$ 分别为变量 y_1 和 y_2 的概率密度函数。由于计算变量分布的概率密度函数在实际中并非易事，因此，往往不直接用独立性来作为信号是否被分离的判据，而是用信号间的互信息或信号的高斯性作为判据。

2）互信息

熵（Entropy）是信号中所含有的平均信息量。从一个离散随机变量的取值 $x = x_i$ 中能得到的信息量随其先验概率增加而减少，而随其后验概率增加而增加。因此可采用下述定义为其信息量的度量：

$$\lg(x = x_i \text{的后验概率}\,/\,x = x_i \text{的先验概率})$$

当没有噪声和干扰时后验概率＝1，因此信源输出 $x = x_i$ 所具有的信息量为

$$\lg\left(\frac{1}{P_i}\right) = -\lg P_i \tag{8-66}$$

式中，P_i 是 $x = x_i$ 的先验概率。如果此信源共输出 N 次，则 $x = x_i$ 出现的次数将等于 NP_i，因此 N 次输出含有的总信息量为

$$-NP_i \lg P_i \tag{8-67}$$

如果此离散信号的输出共有 K 个不同取值，则 N 次输出的总信息量是

$$-N \sum_{i=1}^{k} P_i \lg P_i \tag{8-68}$$

因此，每次输出的平均信息量为

$$H = \frac{\text{总信息量}}{N} = -\sum_{i=1}^{k} P_i \lg P_i \tag{8-69}$$

称 H 为该信源的熵。其单位视对数函数的底数而定。一般以 2 为底上式的单位为 bit。注意：由于 P_i 值在 $0 \sim 1$，$\lg P_i$ 是负数，因此 H 总为正数。

推广至 x 取值为连续的情况，如果其概率密度函数为 $p(x)$，则该信源的熵为

$$H = -\int p(x) \lg p(x) \mathrm{d}x \tag{8-70}$$

进一步引申到一组信源组成的多变量情况。令 $\boldsymbol{x} = [x_1(t), x_2(t), \cdots, x_N(t)]$ 代表 N 个信源组成的矢量。$p(t)$ 是其联合概率密度函数。则有联合熵为

$$H(x) = H(x_1, x_2, \cdots, x_N) = -\int p(x) \lg p(x) \mathrm{d}x \tag{8-71}$$

互信息可以用来量化多变量之间的平均信息量。对于一组变量 $y_1, y_2, \cdots, y_n$，其互信息定义为

$$I(y_1, y_2, \cdots, y_n) = \sum_{i=1}^{n} H(y_i) - H(y_1, y_2, \cdots, y_n) \tag{8-72}$$

式中，$H(y_i)$ 为变量 y_i 的独立熵；$H(y_1, y_2, \cdots, y_n)$ 为变量 $y_1, y_2, \cdots, y_n$ 之间的联合熵。互信息总是非负的，只有当变量 $y_1, y_2, \cdots, y_n$ 从两两相互独立时，其联合熵等于各变量独立熵，此时互信息为零。因此互信息刻画了变量之间的依赖程度，可以用来反映变量之间的独立性。

3）高斯性

在线性混合模型的独立分量分析过程中，源信号中至多只有一个信号服从高斯分布，否则该过程无法实现。而中心极限定理指出：多个变量之和的分布要比其中任一变量的分布更接近于高斯分布。因此，可以用变量的高斯性来间接衡量变量的独立性。其中峭度和负熵指标是用来描述信号高斯性的两个主要参数。

（1）峭度，定义如下：

$$K(y) = E(y^4) - 3\left[E(y^2)\right]^2 \tag{8-73}$$

如果峭度为零，则称变量 y 为高斯变量。

（2）负熵，也可以用来反映信号的高斯性。对于连续变量，其信息熵定义为

$$H(y) = -\int p(y) \lg p(y) \mathrm{d}y \tag{8-74}$$

式中，$p(y)$ 为变量 y 的概率密度函数。变量的负熵定义为

$$J(y) = H(y_{\text{gauss}}) - H(y) \tag{8-75}$$

式中，y_{gauss} 为具有和变量相同方差矩阵的高斯变量。通常情况下变量的负熵是非负的，负熵越大，则其非高斯性越强；反之，变量的分布就越接近于高斯分布。当且仅当，变量服从高斯分布时，其负熵为零。然而式(8-44)仍需要计算概率密度函数，因此，为了简化计算，芬兰学者 Hyvarinen 提出了负熵的近似算法：

$$J(y) \propto \left\{ E\left[G(y) \right] - E\left[G(y_{\text{gauss}}) \right] \right\}^2 \tag{8-76}$$

式中，G 为非线性函数。

8.3.3　ICA 快速算法

ICA 快速算法是用目标函数控制算法收敛而估计出非高斯的独立分量。其中基于四阶累量即峭度的目标函数是寻找局部极值，用峭度的极大或极小控制算法的收敛，过程如下。

目标函数等价于寻找 X 的线性组合 $W^{\text{T}}X$ 的极大或极小峭度，由式(8-73)得 $W^{\text{T}}X$ 的峭度：

$$K\left(W^{\text{T}}X\right) = E\left[\left(W^{\text{T}}X\right)^4\right] - 3\left\{E\left[\left(W^{\text{T}}X\right)^2\right]\right\}^2 = E\left[\left(W^{\text{T}}X\right)^4\right] - 3\|W\|^4 \tag{8-77}$$

目标函数：

$$J(W) = E\left[\left(W^{\text{T}}X\right)^4\right] - 3\|W\|^4 + F\left(\|W\|\right)^2 \tag{8-78}$$

式中，F 为惩罚函数。由于式(8-47)按随机逼近迭代算法收敛慢，因此将其改变为

$$W = E\left[X\left(W^{\text{T}}X\right)^3\right] - 3W \tag{8-79}$$

就成为快速算法，它以三次方速度收敛。收敛条件是

$$\left| W(k)^{\text{T}} W(k-1) \right| = 1 \tag{8-80}$$

式中，k 为迭代次数。实际计算用一个误差矩阵 R 控制算法结束。

振动信号由于原始观测信号信噪比较低，对其去均值和白噪化后，一般不能满足 ICA 的源信号只能有一个为高斯分布的前提条件，还需要增加其他的消噪方法来处理观测信号。例如，选择可突出信号周期成分的自相关处理方法，同时可使信号独立成分的联合概率分布偏离高斯分布。值得注意的是，对于实际信号，独立分量不一定表示只含一个源信号。假设观测信号的自相关函数为

$$r_i(\tau) = E\left[x_i(t+\tau)x_i(t)\right], \quad i = 1, 2, \cdots, n \tag{8-81}$$

由自相关分析可知 $r_i(\tau)$ 和 $x_i(t)$ 的周期成分是相同的，但是却消除了部分随机噪声，即减少了原信号的高斯性。因此将 $X = \left\{ r_1(\tau), r_1(\tau), \cdots, r_n(\tau) \right\}$ 作为混合信号。ICA 快速算法流程如图 8-29 所示。

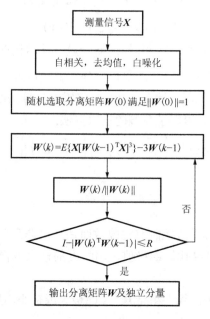

图 8-29　ICA 快速算法流程

8.3.4　ICA 的应用

下面利用 ICA 对某轧钢线上的定宽机声音信号进行分析。定宽机是对从加热炉内抽出的热板坯，在全长以过渡方式进行宽度侧压。它的整个传动机构分三部分：一是主传动及主偏心轴侧压机构，完成模块对板坯的侧向压制；二是同步机构，作用是带动模块在轧制板坯时，以相同的方向及速度与板坯一起运动，并且在模块的一个轧制步骤结束后，将模块拉回，作往复运动；三是宽度调整机构。定宽机的结构和传动原理如图 8-30 所示，摆动框架包括侧压框架和同步框架，侧压框架在同步框架里边，其所有支承面上都装有导向轮。定宽机最大轧制力为 $2.2×10^7$N，最大轧制次数为 50 次/min。由于该机器比较复杂，包含闭式机械(如齿轮箱)和开式机械(如侧压机构)，运动形式为旋转加往复，且工作速度很低(<10Hz)，若对其状态监测用振动加速度信号，传感器很难安装，不易捕捉到有效的信息。因此采用低频响应好的声音信号，虽然信号成分复杂，但测点选择灵活，不同部件的信号相互独立性强。从定宽机轧制过程的测量信号分析，对机器诊断有用的声音信号主要是调幅信号，是由轧制冲击激发出的某共振频率，异常状态信息在调制源中。

定宽机的主传动机构减速箱有三级减速，第一级 J1 为螺旋伞齿轮，第二、三级(J2 和 J3)均为圆柱斜齿轮，减速箱参数如表 8-1 所示。观测信号分别在主传动减速箱、主偏心轴和侧压机构周围采集，使用声音传感器，传感器位置见图 8-30 所示的 S1、S2、S3。采样频率为 11kHz，采样点为 $8×10^4$，信号幅值为归一化值，一组观测信号如图 8-31(a)所示，图 8-31(b)为其中第一个信号的频谱，可见共振频率在 500～650Hz 的频率范围中。

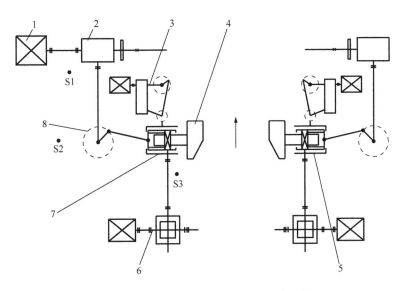

图 8-30 定宽机的结构和传动原理简图

1-主传动电机；2-主传动减速箱；3-同步机构；4-模块；5-侧压框架；6-调宽机构；7-摆动框架；8-主传动偏心轮

表 8-1 齿轮箱参数

位置	输入轴	J1	J2	J3
各轴转速/(r/min)	$n0=500$	$n1=486$	$n2=140$	$n3=50.4$
对应频率/Hz	8.3	8.1	2.33	0.84

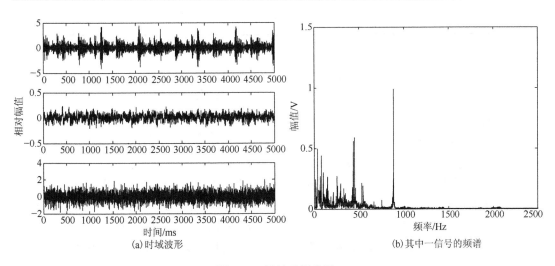

(a) 时域波形
(b) 其中一信号的频谱

图 8-31 原始观测信号

利用 ICA 快速算法分离信号，由于原始观测信号含有较大的环境噪声，除轧制声信号外，基本无其他信息，直接对观测信号进行 ICA 预处理，效果极差，如图 8-32(a)所示，未分离出更有价值的信息，说明原始观测信号不满足 ICA 要求源信号只能有一个为高斯分布的基本条件。对观测信号先进行自相关处理后再用 ICA 分离，如图 8-32(b)所示，分离出 3 个独立成分 IC1、IC2 和 IC3(图中自上而下)。由于分量出来的信号为调幅信号，因图 8-32(b)分离出的 3 个成分用共振包络分析解调方法处理，提取机械发声源，得到的机械状态信息如表 8-2 所示。

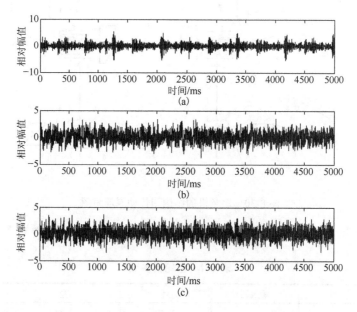

图 8-32　ICA 分离结果

表 8-2　机械状态信息

	IC1	IC2	IC3
对应频率/Hz	(1)0.84	(2)3.2(3.5)	(4)2.4
		(3)7.6	
对应发声位置	(1)轧制撞击	(2)导向轮撞击支承板	(4)$n2$ 轴
		(3)$n1$ 轴	

由上面分析可以得到如下两条结论。

(1)ICA 在振动信号中的应用，关键是使信号满足 ICA 的前提条件，即各源信号之间统计独立且只允许有一个具有高斯分布，因此对一些机械在使用 ICA 分离前，需要进行适当的处理。如对定宽机声音信号进行自相关处理，保留信号周期成分的同时减少信号的高斯成分，从而基本满足 ICA 算法的条件，可以有效地分离出机器状态一些特征成分。

(2)ICA 的目标是寻找非高斯数据的线性表示，使数据成分尽可能独立，这种方法在许多应用中实质上是捕捉数据的最基本结构，机器状态特征的提取就是要从测量数据中获取其潜在的非高斯成分(如周期成分)，因此，ICA 在振动信号处理中的应用具有广阔前景。

习　　题

8.1　简述 EMD 分解的具体步骤。

8.2　EMD 方法的自适应性表现在哪些方面？

8.3　简要描述循环平稳过程的统计特征和物理含义。

8.4　循环统计特性是否能够在实际中应用，主要取决于哪些因素？

8.5　简要描述 ICA 中的几个重要概念。

第9章　全矢谱算法概述

在设备诊断工程中，故障诊断的准确性、稳定性及可靠性是技术研究的永恒课题，同时也是设备故障诊断技术能否在工程中推广应用的关键所在。大量的工程实践和研究证明，对已捕获的信息没有充分利用是影响诊断技术深入进行的重要因素之一。因此，在加强机组各种分析、诊断方法研究的同时，强化基于同源信息融合技术分析诊断实用方法的研究非常必要，具有十分重要的工程意义。

传统的信息融合是指多传感器的数据在一定准则下加以自动分析、综合，以完成所需的决策和评估。同源信息融合技术是信息融合的一个特例，其特殊性在于传感器类型一致，只是布置的位置不同。

9.1　平面全矢谱分析与方法

9.1.1　旋转机械的动态检测现状

在工程实际中，判断设备的运行状态、控制设备的运行以及对设备进行维护管理，往往将机组的振动量作为重要指标。因此，准确检测机组的振动，是对机组信息进行数据处理和故障诊断的重要基础。对保证机组长周期、满负荷、安全、稳定和优质运行具有十分重要的意义。

大型旋转机械的现场检测，一般采用非接触涡流式位移传感器，以保证测量精度。其安装和布局为垂直-水平或 V 形方式，以保证信息的完整性，如图 9-1 所示。

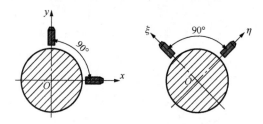

图 9-1　旋转机械传感器的两种布点方式

假定转动机械的运行是 ω_i 平稳的，则两个传感器获得的转子振动情息，在传感器所在平面内以若干谐波 $(i=1,2,\cdots)$ 的组合叫作稳态涡动。对某一谐波 i，设

$$\begin{cases} x_{ci} = X_i \cos \Phi_{xi} \\ x_{si} = X_i \sin \Phi_{xi} \\ y_{ci} = Y_i \cos \Phi_{yi} \\ y_{si} = Y_i \sin \Phi_{yi} \end{cases} \tag{9-1}$$

式中，X_i、Y_i 为谐波 i 在 x、y 方向检测信号的振幅；Φ_{xi}、Φ_{yi} 为谐波 i 在 x、y 方向检测信号的相位角。

x、y 向的运动方程式一般可以表示为

$$\begin{cases} x = \sum_{i=1}^{\infty} X_i \cos(\omega_i t + \Phi_{xi}) = \mathrm{Re}\left(\sum_{i=1}^{\infty} \overline{X}_i \mathrm{e}^{\mathrm{j}\omega_i t}\right) = \mathrm{Re}\left[\sum_{i=1}^{\infty}(x_{ci} + \mathrm{j}x_{si})\mathrm{e}^{\mathrm{j}\omega_i t}\right] \\ y = \sum_{i=1}^{\infty} Y_i \cos(\omega_i t + \Phi_{yi}) = \mathrm{Re}\left(\sum_{i=1}^{\infty} \overline{Y}_i \mathrm{e}^{\mathrm{j}\omega_i t}\right) = \mathrm{Re}\left[\sum_{i=1}^{\infty}(y_{ci} + \mathrm{j}y_{si})\mathrm{e}^{\mathrm{j}\omega_i t}\right] \end{cases} \tag{9-2}$$

式中，$\overline{X}_i$、$\overline{Y}_i$ 为谐波 i 在 x、y 方向检测信号的复幅值。

各谐波下的运动轨迹为一椭圆，即

$$\left(Y_{ci}^2 + Y_{si}^2\right)x_i^2 + \left(X_{ci}^2 + X_{si}^2\right)y_i^2 - 2\left(X_{ci}Y_{si} + X_{si}Y_{ci}\right)x_i y_i = \left(X_{si}Y_{ci} + X_{ci}Y_{si}\right)^2$$

$$i = 1, 2, \cdots \tag{9-3}$$

来自转子同一截面两个方向的振动信息属于同源信息。它们各自包含信息不同，仍又有不可分割的联系。传统分析方法的缺陷在于对机组信息进行信号处理时，往往是以某一方向信号为基础进行诊断，并以此决定设备的运行状态。忽视两传感器信息之间的有机联系。由于两个方向的谐波振值差异很大，因此必然会造成一定程度的误判。

图 9-2 和图 9-3 分别是某大型压缩机组同一截面相互垂直的两组信号及其频谱。两组信号无论在时域或频域都存在明显的差异。根据 x 方向信号特征，很容易得出机组存在以工频类故障为主的运行缺陷(如平衡缺陷)的结论。而观察 y 方向信号特征，机组拟存在以 2 倍频故障为主(如对中方面)的严重问题。显然，这两种判断均没有充分利用已有信息，其识别过程存在严重缺陷。由此看出，依靠单向信息进行诊断极易造成误判和漏判。

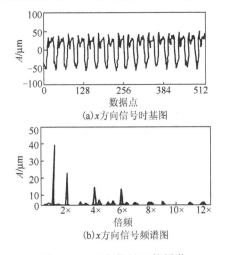

(a)x方向信号时基图

(b)x方向信号频谱图

图 9-2　x 方向信号及其频谱

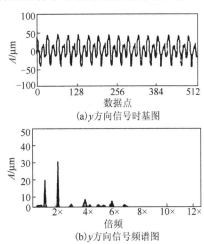

(a)y方向信号时基图

(b)y方向信号频谱图

图 9-3　y 方向信号及其频谱

图 9-4 给出的是频率分别为 f_1、f_2、f_3，其谐波椭圆长轴为 A，长轴与 x 之间夹角分别为 0、$\pi/4$、$\pi/2$ 的组合信号。由图看出，在 x 方向和 y 方向的频率沿结构相反，频率结构出现较大差异，不能反映真实情况。如果按照常规分析，无论用 x 或是用 y 方向的单源信息为依据进行诊断，显然都会产生误判。

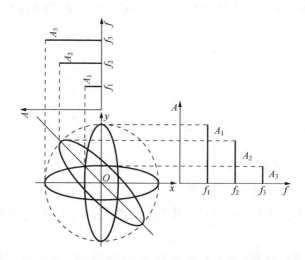

图 9-4　单向信号造成频率结构误差示意图

图 9-5 是根据相同谐波下不同的椭圆偏心率 $e(e=\sqrt{R_L^2-R_S^2}/R_L)$ 随椭圆与 x 轴之间夹角的变化而导致在 x 和 y 轴方向测量相对误差变化的状况。由图看出：

（1）椭圆偏心率越大，其相对误差越大。

（2）当 x 轴测量相对误差最大时，y 轴测量误差最小。

（3）考虑 x、y 方向同时测量，则最大误差处于夹角为 $\pi/4$ 和 $3\pi/4$ 处。

图 9-4 和图 9-5 表明，采用单向传感器采集信息无论在频率结构和幅值上，均产生较大误差。这些误差是导致信息处理结果的不准确，进而导致故障误判、错判的重要因素之一。

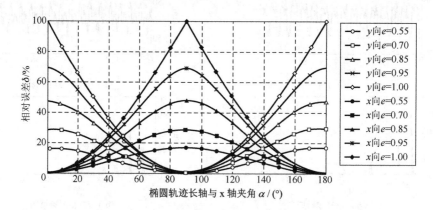

图 9-5　单向信号造成振幅度量误差示意图

当然，最好的办法是设想有一虚拟探头始终监测运动轨迹的最大强度，如图 9-6 所示。

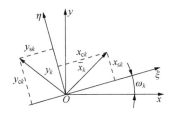

图 9-6　转子节点真实运动示意图

9.1.2　全矢谱技术基础

对式(9-2)中的某一谐波 k 的振动分量，其运动方程可以用下式来表示：

$$\begin{cases} x_k = \mathrm{Re}\left(\bar{X}_k \mathrm{e}^{\mathrm{j}\omega_k t}\right) = \mathrm{Re}\left[\left(x_{ck} + \mathrm{j}x_{sk}\right)\mathrm{e}^{\mathrm{j}\omega_k t}\right] \\ y_k = \mathrm{Re}\left(\bar{Y}_k \mathrm{e}^{\mathrm{j}\omega_k t}\right) = \mathrm{Re}\left[\left(y_{ck} + \mathrm{j}y_{sk}\right)\mathrm{e}^{\mathrm{j}\omega_k t}\right] \end{cases} \tag{9-4}$$

将式(9-4)展开得

$$\begin{cases} x_k = \left(x_{ck}\cos\omega_k t - x_{sk}\sin\omega_k t\right) + \mathrm{j}\left(x_{ck}\sin\omega_k t + x_{sk}\cos\omega_k t\right) \\ y_k = \left(y_{ck}\cos\omega_k t - y_{sk}\sin\omega_k t\right) + \mathrm{j}\left(y_{ck}\sin\omega_k t + y_{sk}\cos\omega_k t\right) \end{cases} \tag{9-5}$$

工程实际中 x_k 及 y_k 均为实数。图 9-6 为结点的真实运动关系图。可以看出，结点的真实运动应描述为

$$\begin{cases} x_k = \mathrm{Re}\left(\bar{X}_k \mathrm{e}^{\mathrm{i}\omega_k t}\right) = x_{ck}\cos\omega_k t - x_{sk}\sin\omega_k t = \sqrt{x_{ck}^2 + x_{sk}^2}\cos(\omega_k t + \varPhi_{xk}) \\ y_k = \mathrm{Re}\left(\bar{Y}_k \mathrm{e}^{\mathrm{j}\omega_k t}\right) = y_{ck}\cos\omega_k t - y_{sk}\sin\omega_k t = \sqrt{y_{ck}^2 + y_{sk}^2}\cos(\omega_k t + \varPhi_{yk}) \end{cases} \tag{9-6}$$

式中，$\varPhi_{xk} = \arctan\left(\dfrac{x_{sk}}{x_{ck}}\right)$，$\varPhi_{yk} = \arctan\left(\dfrac{y_{sk}}{y_{ck}}\right)$。

式(9-6)组合后，可获得该谐波下信号的椭圆轨迹方程：

$$\frac{\left(y_{ck}^2 + y_{sk}^2\right)x_k^2 + \left(x_{ck}^2 + x_{sk}^2\right)y_k^2 - 2(x_{ck}y_{ck} + x_{sk}y_{sk})x_k y_k}{(x_{sk}y_{ck} - x_{ck}y_{sk})^2} = 1 \tag{9-7}$$

图 9-7 为该谐波下椭圆方程的运动轨迹示意图。用解析几何方法可求得椭圆的长半轴 R_{Lk} 和短半轴 R_{Sk}，长半轴 R_{Lk} 与 x 轴之间的夹角为 α_k，转于轴心沿椭圆轨迹运动时的相位角为 $\varPhi_k$。

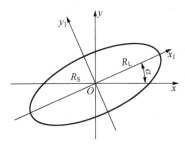

图 9-7　轴心运转轨迹夹角

　　定义旋转机械单谐波下的椭圆轨迹长半轴为该谐波下的主振矢，用 R_L 表示；椭圆轨迹短半轴为该谐波下的副振矢，用 R_S 表示；主振矢与 x 轴之间的夹角为 α；轴心沿椭圆轨迹运动时的相位角为 $\varPhi$。

　　各回转谐波下，主振矢 R_{Lk}、副振矢 R_{Sk}、α_k 以及相位角 $\varPhi_{\alpha k}$ 可分别表示为

$$
\begin{cases}
R_{Lk} = \left[\dfrac{1}{2}\left(A_k + B_k \right) + \sqrt{\dfrac{1}{4}\left(A_k - B_k \right)^2 + C_k} \right]^{\frac{1}{2}} \\[4mm]
R_{Sk} = \left[\dfrac{1}{2}\left(A_k + B_k \right) - \sqrt{\dfrac{1}{4}\left(A_k - B_k \right)^2 + C_k} \right]^{\frac{1}{2}} \\[4mm]
\tan 2\alpha_k = \dfrac{2C_k}{A_k - B_k} \\[3mm]
\tan \varPhi_k = \dfrac{D_k}{E_k}
\end{cases} \tag{9-8}
$$

式中，$A_k = x_{ck}^2 + x_{sk}^2$，$B_k = y_{ck}^2 + y_{sk}^2$，$C_k = x_{ck}y_{ck} + x_{sk}y_{sk}$，$D_k = x_{sk} + y_{ck}$，$E_k = x_{ck} - y_{sk}$。

　　转子的椭圆运动轨迹在运动学上可以看成是两个频率相同而进动方向相反的正圆轨迹分运动的合成，如图 9-8 所示。

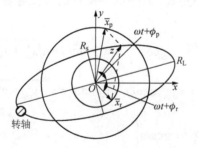

图 9-8　两圆合成椭圆轴心轨迹

　　全息谱分析的基本指导思想是：转子的涡动现象是各谐波频率下的组合作用。在各谐波频率下，转子的涡动轨迹是一系列形如式 (9-8) 的椭圆。在进行信息处理时，直接将各谐波频率下的椭圆展示出来，转子在各谐波下的涡动状况便一目了然，如图 9-9 所示。全息谱分析的最大优点是直观、明确，真实再现了转子在各谐波频率激励下的振动表象。但由于其图谱是直接用椭圆来表示的，故图谱分辨率低和难以进行能量分析便成为其主要不足之处。因为在各谐波振幅相差较多时，直接采用椭圆来表示是难以完整表达的。

　　利用两个正圆，可以进行全频谱分析。全频谱分析的基本指导思想是：转子的涡动现象是各谐波频率下的组合作用，其涡动轨迹是一个椭圆，该椭圆是由两个进动方向相反的正圆所组成。在进行信息处理时，将各谐波频率下组成椭圆的两个正圆，取其半径分别按正、负频率轴展示出来，比较同一谐波下正、负频率下的幅度大小，可以断定该椭圆的进动方向以及定性的振动强度，如图 9-10 所示。全频谱分析的优点是判断进动方向方便，图谱分辨率高。但由于其图谱是直接用正圆半径表示的，故图谱中难以准确表达各谐波下的振动强度，同时也不便进行能量分析。

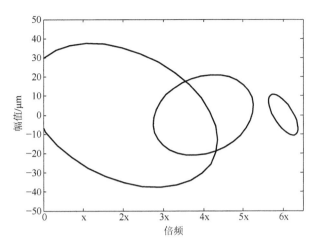

图 9-9　转子信息的全息谱示意图(一)

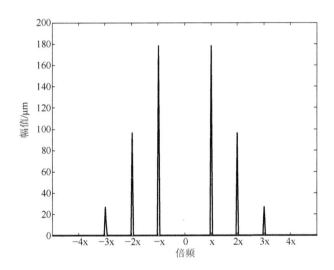

图 9-10　转子信息的全频谱示意图(二)

若用复平面上的点 $z(z=x+\mathrm{j}y)$ 来表示椭圆上的一点，则

$$z_k = \overline{x}_{\mathrm{p}k}\mathrm{e}^{\mathrm{j}\omega_k t} + \overline{y}_{\mathrm{r}k}\mathrm{e}^{-\mathrm{j}\omega_k t} \tag{9-9}$$

式中，

$$\overline{x}_{\mathrm{p}k} = x_{\mathrm{pc}k} + \mathrm{j}x_{\mathrm{ps}k} \tag{9-10}$$

$$\overline{x}_{\mathrm{r}k} = x_{\mathrm{rc}k} + \mathrm{j}x_{\mathrm{rs}k} \tag{9-11}$$

令 $\varPhi_{\mathrm{p}k}$、$\varPhi_{\mathrm{r}k}$ 分别是正进动圆和反进动圆的初始相位角，$X_{\mathrm{p}k}$、$X_{\mathrm{r}k}$ 分别为 $\overline{x}_{\mathrm{p}k}$、$\overline{x}_{\mathrm{r}k}$ 的模，则

$$\begin{cases} X_{\mathrm{p}k} = \sqrt{x_{\mathrm{pc}k}^2 + x_{\mathrm{ps}k}^2}, & X_{\mathrm{r}k} = \sqrt{x_{\mathrm{rc}k}^2 + x_{\mathrm{rs}k}^2} \\[2mm] \varPhi_{\mathrm{p}k} = \arctan\left(\dfrac{x_{\mathrm{ps}k}}{x_{\mathrm{pc}k}}\right), & \varPhi_{\mathrm{r}k} = \arctan\left(\dfrac{x_{\mathrm{rs}k}}{x_{\mathrm{rc}k}}\right) \end{cases} \tag{9-12}$$

且点 z_k 的实部 x_k、虚部 y_k 可以表示为

$$\begin{cases} x_k = \mathrm{Re}\left[\bar{x}_{\mathrm{p}k} \mathrm{e}^{\mathrm{j}\omega_k t} + \bar{x}_{\mathrm{r}k} \mathrm{e}^{-\mathrm{j}\omega_k t} \right] \\ y_k = \mathrm{Im}\left[\bar{x}_{\mathrm{p}k} \mathrm{e}^{\mathrm{j}\omega_k t} + \bar{x}_{\mathrm{r}k} \mathrm{e}^{-\mathrm{j}\omega_k t} \right] \end{cases} \tag{9-13a}$$

x_k、y_k 同样可以表示为

$$\begin{cases} x_k = \mathrm{Re}\left[\left(\bar{x}_{\mathrm{p}k} + \bar{x}_{\mathrm{r}k}^* \right) \mathrm{e}^{\mathrm{j}\omega_k t} \right] \\ y_k = \mathrm{Re}\left[\left(-\mathrm{j}\bar{x}_{\mathrm{p}k} + \mathrm{j}\bar{x}_{\mathrm{r}k}^* \right) \mathrm{e}^{\mathrm{j}\omega_k t} \right] \end{cases} \tag{9-13b}$$

式中，$\bar{x}_{\mathrm{r}k}^*$ 为 $\bar{x}_{\mathrm{r}k}$ 的共轭。

考虑式(9-6)，可得以下关系：

$$\begin{cases} x_{\mathrm{c}k} + \mathrm{j}x_{\mathrm{s}k} = \bar{x}_{\mathrm{p}k} + \bar{x}_{\mathrm{r}k}^* \\ y_{\mathrm{c}k} + \mathrm{j}y_{\mathrm{s}k} = \mathrm{j}\left(-\bar{x}_{\mathrm{p}k} + \bar{x}_{\mathrm{r}k}^* \right) \end{cases} \tag{9-14}$$

从中可解得

$$\begin{cases} \bar{x}_{\mathrm{p}k} = x_{\mathrm{pc}k} + \mathrm{j}x_{\mathrm{ps}k} = \dfrac{1}{2}\left(x_{\mathrm{s}k} - y_{\mathrm{c}k} \right) + \mathrm{j}\dfrac{1}{2}\left(x_{\mathrm{s}k} + y_{\mathrm{c}k} \right) \\ \bar{x}_{\mathrm{r}k} = x_{\mathrm{rc}k} + \mathrm{j}x_{\mathrm{rs}k} = \dfrac{1}{2}\left(x_{\mathrm{c}k} + y_{\mathrm{s}k} \right) - \mathrm{j}\dfrac{1}{2}\left(x_{\mathrm{s}k} - y_{\mathrm{c}k} \right) \end{cases} \tag{9-15}$$

于是有

$$\begin{cases} X_{\mathrm{p}k} = \sqrt{x_{\mathrm{pc}k}^2 + x_{\mathrm{ps}k}^2} = \dfrac{1}{2}\sqrt{\left(x_{\mathrm{c}k} - y_{\mathrm{s}k} \right)^2 + \left(x_{\mathrm{s}k} + y_{\mathrm{c}k} \right)^2} \\ X_{\mathrm{r}k} = \sqrt{x_{\mathrm{rc}k}^2 + x_{\mathrm{rs}k}^2} = \dfrac{1}{2}\sqrt{\left(x_{\mathrm{c}k} + y_{\mathrm{s}k} \right)^2 + \left(x_{\mathrm{s}k} - y_{\mathrm{c}k} \right)^2} \\ \tan\varPhi_{\mathrm{p}k} = \dfrac{x_{\mathrm{s}k} + y_{\mathrm{c}k}}{x_{\mathrm{c}k} - y_{\mathrm{s}k}} = \tan\varPhi_{\alpha k} \\ \tan\varPhi_{\mathrm{r}k} = \dfrac{y_{\mathrm{c}k} - x_{\mathrm{s}k}}{x_{\mathrm{c}k} + y_{\mathrm{s}k}} \end{cases} \tag{9-16}$$

由式(9-9)，可得该椭圆参数与两正圆参数之间关系为

$$\begin{cases} R_{\mathrm{I}k} = X_{\mathrm{p}k} + X_{\mathrm{r}k} \\ R_{\mathrm{S}k} = X_{\mathrm{p}k} - X_{\mathrm{r}k} \\ \varPhi_{\alpha k} = \varPhi_{\mathrm{p}k} \\ 2\alpha_k = \varPhi_{\mathrm{p}k} + \varPhi_{\mathrm{r}k} \end{cases} \tag{9-17}$$

显然，当 $X_{\mathrm{p}} > X_{\mathrm{r}}$ 时，合成后得到的轨迹运动将与 X_{p} 为半径的圆进动方向一致，称为正进动。当 $X_{\mathrm{p}} < X_{\mathrm{r}}$ 时，合成后得到的轨迹运动将与 X_{r} 为半径的圆进动方向一致，称为反进动。当 $X_{\mathrm{p}} = X_{\mathrm{r}}$ 时，合成轨迹为一直线。

该椭圆轨迹的主振矢为两正圆半径之和，椭圆轨迹的副振矢为两正圆半径之差。椭圆轨迹的初始相位和正进动的正圆的初始相位相同；而椭圆轨迹主振矢与 x 轴之间的夹角的 2 倍，是正、反进动两圆相位和。

全矢谱分析的基本指导思想是：转子的涡动现象是各谐波频率下的组合作用，转于在各谐波频率下的涡动强度是对故障判断和识别的基本依据。图 9-11 是转子信号的全矢谱分析。全矢谱分析改进了全息谱、全谱在进行信息处理时的缺陷，能够对转子系统进行能量分析，具有高的分辨率、可进行三维分析等，并将进动等信息数值化，不仅和传统图谱识别方法一致，同时也便于智能诊断。采用不同的表达方式，便可以在高分辨率下指示转子在各回转频率下的振动强度和方位。

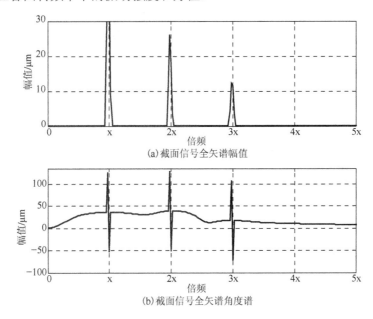

(a) 截面信号全矢谱幅值

(b) 截面信号全矢谱角度谱

图 9-11　转子信息的全矢谱示意图

9.1.3　全矢谱数值计算方法

由 9.1 节分析知道，旋转振动信号处理基于某一通道信息进行识别，将会造成重大误判。正确的方法是同时考虑相互垂直的两个通道所反映的信息，这就需要对数据进行融合。事实上，传统信息处理技术往往得到支离破碎的单方面信息，这些单方面信息要么是不完整的知识，要么就是既包含了某些正确的信息又包含了某些不正确的信息。知识获取过程并不等于所有信息的简单叠加，而是一个综合和提取的过程，这种对多个相同信息源进行综合和知识提取的过程就是同源信息融合。

信息融合技术分为数据层融合、特征层融合和决策层融合。目前信息融合技术在信号分析领域的应用主要是数据层的多传感器信息融合，或者更多开展的是同源信息融合。

旋转机械二维同源信息融合的关键技术包括两个方面：一是解决旋转机械正确信息的获取问题；二是寻求适合实时监测诊断的快速、稳健并具有容错能力的算法问题。

由式 (9-17) 知，X_{pk}、Φ_{pk}、X_{rk}、Φ_{rk} 等参数综合反映了垂直安装传感器条件下转子的运动状态，而它们对计算依赖于参数 x_{ck}、x_{sk}、y_{ck}、y_{sk}。

假如 $\{x_n\}$ 和 $\{y_n\}$ $(k = 0,1,2,\cdots,N-1)$ 分别为 x，y 方向上的离散序列，其傅里叶变换分

别为 $\{X_n\}$ 和 $\{y_n\}$ $(k = 0,1,2,\cdots,N-1)$ ，X_{Rk} 、X_{Ik} 、Y_{Rk} 、Y_{Ik} 分别为 X_k 、Y_k 的实部序列和虚部序列。则

$$\begin{cases} x_{ck} = X_{Rk}, \\ x_{sk} = X_{Ik} \end{cases} \quad \begin{cases} y_{ck} = Y_{Rk}, \\ y_{sk} = Y_{Ik} \end{cases} \quad k = 0,1,2,\cdots,N-1 \tag{9-18}$$

用序列 $\{x_n\}$ 、$\{y_n\}$ 构成复序列 $\{z_n\}$ ，即

$$\{z_n\} = \{x_n\} + \mathrm{j}\{y_n\} \tag{9-19}$$

对其做傅里叶变换，可以得到 $\{z_n\}$ 的离散傅里叶变换 $\{Z_k\}$ ，利用傅里叶变换的性质可以得到

$$\begin{cases} X_k = \dfrac{1}{2}\Big[Z_k + Z_{N-k}^* \Big], \\ Y_k = -\dfrac{j}{2}\Big[Z_k - Z_{N-k}^* \Big] \end{cases} \quad k = 0,1,2,\cdots,N-1 \tag{9-20}$$

设 Z_{Rk} 、Z_{Ik} 分别为 Z_k 的实部和虚部序列，则有

$$\begin{cases} X_k = \dfrac{Z_{Rk} + Z_{R(N-k)}}{2} + \mathrm{j}\dfrac{Z_{Ik} + Z_{I(N-k)}}{2} = X_{Rk} + \mathrm{j}X_{Ik} \\ Y_k = \dfrac{Z_{Ik} + Z_{I(N-k)}}{2} - \mathrm{j}\dfrac{Z_{Rk} + Z_{R(N-k)}}{2} = Y_{Rk} + \mathrm{j}Y_{Ik} \end{cases} \quad k = 0,1,2,\cdots,N-1 \tag{9-21}$$

由式 (9-18) 可以得到 x_{ck} 、x_{sk} 、y_{ck} 、y_{sk} 和 Z_{Rk} 、Z_{Ik} 的关系：

$$\begin{cases} x_{ck} = \dfrac{Z_{Rk} + Z_{R(N-k)}}{2} \\ x_{sk} = \dfrac{Z_{Ik} - Z_{I(N-k)}}{2} \end{cases} \quad \begin{cases} y_{ck} = \dfrac{Z_{Ik} + Z_{I(N-k)}}{2} \\ y_{sk} = \dfrac{Z_{R(N-k)} - Z_{Rk}}{2} \end{cases} \quad k = 0,1,2,\cdots,N-1 \tag{9-22}$$

则

$$\begin{cases} Z_{Rk} = x_{ck} - y_{sk} \\ Z_{Ik} = x_{sk} + y_{ck} \\ Z_{R(N-k)} = x_{ck} + y_{sk} \\ Z_{I(N-k)} = y_{ck} - x_{sk} \end{cases} \quad k = 0,1,2,\cdots,N/2-1 \tag{9-23}$$

代入式 (9-16) ，则

$$\begin{cases} X_{pk} = \dfrac{1}{2N}\sqrt{Z_{Rk}^2 + Z_{Ik}^2} = \dfrac{1}{2N}|Z_k| \\ X_{rk} = \dfrac{1}{2N}\sqrt{Z_{R(N-k)}^2 + Z_{I(N-k)}^2} = \dfrac{1}{2N}|Z_{N-k}| \\ \tan\varPhi_{pk} = \dfrac{Z_{Ik}}{Z_{Rk}} = \tan\varPhi_\alpha \\ \tan\varPhi_{rk} = -\dfrac{Z_{I(N-k)}}{Z_{R(N-k)}} \end{cases} \quad k = 0,1,2,\cdots,N/2-1 \tag{9-24}$$

所以,

$$
\begin{cases}
R_{\mathrm{I}k} = X_{\mathrm{p}k} + X_{\mathrm{r}k} = \dfrac{1}{2N}\big[|Z_k| + |Z_{N-k}|\big] \\[3mm]
R_{\mathrm{S}k} = X_{\mathrm{p}k} - X_{\mathrm{r}k} = \dfrac{1}{2N}\big[|Z_k| - |Z_{N-k}|\big] \\[3mm]
\varPhi_{\alpha k} = \varPhi_{\mathrm{p}k} \\[2mm]
2\alpha_k = \varPhi_{\mathrm{p}k} + \varPhi_{\mathrm{r}k}
\end{cases}
\tag{9-25}
$$

这样,就实现了通过对两个通道的数据序列做一次傅里叶变换,从而得到全矢谱需要的各谐波轨迹的特征信息。

至此,通过一系列的变换,将形如式(9-8)各谐波下的复杂计算简化为傅里叶参数之间简单的计算。不仅大大减少了计算量,同时也非常稳健,另外也和常规分析建立了联系,在信息来源为单源时,该算法仍然成立,完全满足实时检测分析要求。

9.2　基于非平稳信号的全矢谱技术

旋转机械全矢谱分析技术的优势主要体现在对机组同源信息的充分利用与融合。在频域以外的传统分析方法中有许多优秀的分析方法,如倒频域的倒频谱分析、时频域的短时傅里叶变换、维格纳分布、谐波小波包分析以及现代谱分析的最大熵谱等。这些分析方法由于是基于单源信息,因而在旋转振动信号分析与故障诊断中受到很大制约。

全矢谱技术扩展和延拓的基本思路是将同源信息融合方法与传统分析方法相结合。本书研究的旋转机械同源信息全矢谱技术,可以从根本上改变传统故障诊断建立在不完整信息基础之上的弊端,构造旋转机械基于同源信息融合技术的全矢谱分析体系,将全矢谱分析方法扩展和延拓至频域以外的其他分析领域,扩大全信息分析方法在故障诊断领域的应用范围。

9.2.1　全矢短时傅里叶变换及其应用

传统的信号分析方法主要是在时域或频域上进行,其数学基础是傅里叶变换。傅里叶变换这一有力的工具将时域中采集的时间序列数据变换为频域中的谱。对旋转机械故障诊断中常见的振动信号而言,各个频段的谱分量可以告诉我们振动情号不同频率处的各组成信号,从而便于分析故障来源以及故障特征,使许多在时域内看不清的问题在频率变换域中变得清晰起来。

傅里叶变换之所以能发挥巨大的作用,是由于它具有一些优良的特性。但是,也可以发现这样的问题,即角频率 ω 和时间 t 这两个变量是互相排斥的。如果想知道在某一频率处 ω_0 的幅值真 $X(\omega_0)$,需要知道 $x(t)$ 在 $(-\infty,+\infty)$ 的时间范围内的所有值,反之亦然。如下所示:

$$
X(\omega_0) = \int_{-\infty}^{+\infty} x(t)\mathrm{e}^{-\mathrm{j}\omega_0 t}\mathrm{d}t
\tag{9-26}
$$

$$
x(t_0) = \frac{1}{2\pi}\int_{-\infty}^{+\infty} X(\omega)\mathrm{e}^{\mathrm{j}\omega_0 t}\mathrm{d}\omega
\tag{9-27}
$$

这样就无法从局部频率处(如 $\omega=\omega_0$ ，或 $\omega_1<\omega<\omega_2$)的 $X(\omega)$ 来得到某一局部时刻(如 $t=t_0$ ，或 $t_0<t<t_0$)的 $x(t)$ ，反之也是这样。这就说明通过傅里叶变换建立的时域-频域关系没有"定位"功能，它表现在：

(1)对有些不同的信号如相互叠加与连接这两种情况不能加以有效的区分，如图9-12所示。

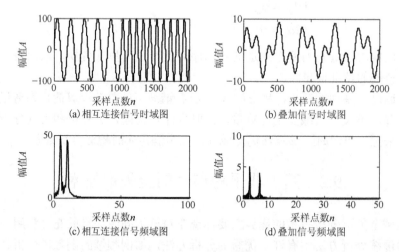

图 9-12　叠加信号和相互连接信号图

图 9-12(a)是信号 t_1 和信号 t_2 在整个时间轴上的叠加。图 9-12(a)是信号 t_1 和信号 t_2 在 t_0 处连接。虽然图 9-12(a)和图 9-12(b)两种信号在时域上特征有明显的不同，但在频域图上，幅值比较大地方所在的频率都是相同的(图 9-12(c)、(d))。这就容易在分析故障时产生误判。

(2)将FFT用于时变信号时所做出的谱图，很难看清频谱是如何随时间变化的。此外，傅里叶变换是在整个频域轴上平铺的，所以会使突变信号变得平滑，从而不能有效地看出此类信号的特征，以致产生"漏判"的可能。

由以上的分析可知傅里叶变换有其一定的局限性，这样就促使人们寻找新的信号分析方法，其中短时傅里叶分析方法便是较为有效的一种。

短时傅里叶变换 STFT 分析是现代信号处理时频分析中应用最为广泛的一种，是近代信号处理科学的一项新技术，它能够把时域和频域相结合，同时描述信号的时频联合特征，能够获得任意时间段的频域信息。因此在旋转机械非平稳信号处理中应用广泛。

短时傅里叶变换 STFT 的基本思想是：利用一个适当宽度的窗函数，把信号划分为许多小段，从中提取一小段进行傅里叶分析，得到这一小段的局部频谱；若使窗函数沿时间轴不断移动，就可以逐段进行傅里叶分析，得到不同时段的频谱。状态监测和诊断面临大量的非平稳动态信号，这是因为机械设备运行中故障的发生或发展导致动态响应信号具有非平稳性。机械设备运行中的驱动力、阻尼力、弹性力的非线性以及机械系统的非线性导致了动态信号的非平稳性。在实际工程中设备运行状态千变万化，存在着大量的非平稳动态信号。对于旋转机械设备在运行过程中的多发故障，如剥落、松动、碰摩、冲击、断裂、裂纹等，当故障发生或发展时也将导致动态信号非平稳性的出现。在这些情况下，可以应用 STFT 分析，每次分析大致观测一小段的频谱情况，直至找到一个适当的位置，仅仅关注并详细分析这一小段的信号情况，直到有合理的解释。

9.2.2　短时傅里叶变换定义

1.　连续短时傅里叶变换

给定一个时间很短的窗函数 $g(t)$，令窗滑动，则信号 $z(t)$ 的连续短时傅里叶变换的定义为

$$S_z(t, f) = \mathrm{STFT}_x(t, f) \underset{=}{\mathrm{def}} \int_{-\infty}^{+\infty} z(u) g^*(u-t) \mathrm{e}^{-\mathrm{j}2\pi f u} \mathrm{d}u \tag{9-28}$$

式中，*表示复数共轭。其反变换可以写为

$$z(t) = \int_{-\infty}^{+\infty} \int_{-\infty}^{+\infty} \mathrm{STFT}_x(u, f) g^*(t-u) \mathrm{e}^{\mathrm{j}2\pi f u} \mathrm{d}u \mathrm{d}f \tag{9-29}$$

2.　离散短时傅里叶变换

$$\mathrm{STFT}(m, n) = \sum_{-\infty}^{\infty} z(k) g^*(kT - mT) \mathrm{e}^{-\mathrm{j}2\pi(nF)k} \tag{9-30}$$

式中，$T > 0$，$F > 0$ 分别是时间变量和频率变量的采样周期，而 m 和 n 为整数。

9.2.3　短时傅里叶变换窗函数的选择

在信号处理中，传统的傅里叶变换称为傅里叶分析，而傅里叶反变换称为傅里叶综合，因为傅里叶反变换是利用傅里叶频谱来重构或综合原信号的。类似地，短时傅里叶变换也有分析和综合之分。很显然，为了使 STFT 真正是一种有实际价值的非平稳信号分析工具，信号 $x(t)$ 能由 $\mathrm{STFT}_x(t, f)$ 完全重构出来。设重构公式为

$$p(u) = \int_{-\infty}^{+\infty} \int_{-\infty}^{+\infty} \mathrm{STFT}_x(t, f) \gamma(u-t) \mathrm{e}^{\mathrm{j}2\pi u} \mathrm{d}t \mathrm{d}f \tag{9-31}$$

当重构结果 $p(u)$ 恒等于原始信号 $z(t)$ 时，称这样的重构为"完全重构"。为了实现完全重构即为了使 $p(u) = z(u)$，则要求窗函数 $g(t)$ 和 $r(t)$ 必须满足条件：

$$\int_{-\infty}^{+\infty} g^*(t) \gamma(t) \mathrm{d}t = 1 \tag{9-32}$$

称为短时傅里叶变换的完全重构条件。

完全重构条件是一个很宽的条件，对于一个给定的分析窗函数 $\gamma(t)$ 满足条件式(9-32)的综合窗函数 $\gamma(t)$ 可以有无穷多种可能的选择。在此，选 $\gamma(t) = g(t)$，与之对应的完全重构条件式(9-32)变为

$$\int_{-\infty}^{+\infty} |g(t)|^2 \mathrm{d}t = 1 \tag{9-33}$$

这一公式称为能量归一化。

原则上，分析窗函数 $g(t)$ 可以在平方可积分空间即 $L^2(R)$ 空间内任意选择。但由 Heisenberg 不等式：

$$\Delta t \Delta \omega \geqslant 0.5 \tag{9-34}$$

可知，窗函数 $g(t)$ 的有效时宽和带宽不可能任意小。式中，Δt 和 $\Delta \omega$ 分别是时间分辨率和频率分辨率。

一般来说窗函数选取的不同对 STFT 最后的分析结果产生很大的影响，窗函数类型的不同对最终结果的影响反映在是否会产生较大的能量泄漏；与此不同的是窗宽则主要对最后的时域、频域分辨率产生影响。总之，取窗函数的大体原则：窗的宽度应该与信号的局部平稳长度相适应。

在本章中欲取全极点 p 阶滑动窗函数，由于全极点滑动窗没有像矩形窗边界效应所产生的旁瓣。计算量和存储量均合适地选择参数 l_p 值，可有足够高的精确度。其频域窗函数为

$$W(z) = \frac{1}{(1-\beta z)^p}, \quad 0 < \beta < 1, \quad p = 2,3,\cdots \tag{9-35}$$

对于这种窗函数，选择合适的阶数，就会使 $\omega(n)$ 具有单峰和具有所希望的有效宽度。在此我们选择 $p=3$，那么其时域窗函数即为

$$\omega_3(n) = \frac{1}{2}(n+1)(n+2)\beta^n, \quad n = 0,1,2,\cdots \tag{9-36}$$

窗函数 $\omega_3(n)$ 是单峰的，且峰的位置 l_p 与 β 的关系为

$$\beta = \exp\left(-\frac{3+2l_p}{2+3l_p+l_p^2}\right) \tag{9-37}$$

有资料表明，全极点滑动窗函数 $\omega_3(n)$ 对其峰不是绝对地对称。根据全极点滑动窗的性质和将要在下面所要分析的信号，选取 $l_p = 90$。

9.2.4 全矢短时傅里叶变换的分析与计算

全矢短时傅里叶变换 FSFT，是本书讨论的基于旋转机械同源信息融合分析在非平稳信息处理表面的延espoused。FSFT 定义为基于旋转机械同源信息融合的非平稳全矢短时傅里叶变换方法，是根据本书提出的全矢谱分析方法，基于旋转机械回转特征而提出的。由于全矢谱分析采用了全频率下的最大振矢方式，同时 STFT 的分析是逐段进行的，从而为全矢短时傅里叶变换谱方法的诞生打下了良好的基础。

假定时域信号 $x(t)$，$y(t)$ 分别为转子在 x 和 y 方向的测量信号，时间窗函数为 $\omega(t)$，τ 为窗函数的窗口时间位置，则定义短时傅里叶变换为

$$\begin{cases} \text{STFT}_x(\tau,f) = \int_{-\infty}^{+\infty} x(t)\omega(t-\tau)\mathrm{e}^{-\mathrm{j}2\pi ft}\mathrm{d}t \\ \text{STFT}_y(\tau,f) = \int_{-\infty}^{+\infty} y(t)\omega(t-\tau)\mathrm{e}^{-\mathrm{j}2\pi ft}\mathrm{d}t \end{cases} \tag{9-38}$$

式中，$\text{STFT}_x(\tau,f)$、$\text{STFT}_y(\tau,f)$ 为 x 和 y 方向的时频函数，它是二元函数，反映时变信号 $x(t)$、$y(t)$ 在 t 时刻、频率为 f 分量的频谱相对含量。

显然，$\omega(t)$ 和 $\omega(f)$ 不能同时变窄。对于给定窗函数的短时傅里叶变换，时间分辨率和频率分辨率的乘积是恒定值，只能以降低一个分辨率的代价来换取另一个分辨率的提高，而不可能两个同时提高。

对于 x 和 y 方向的离散序列 $\{x_n\}$，$\{y_n\}$，短时傅里叶变换 STFT 的数值计算为

$$
\begin{cases}
\text{STFT}_{Xn}\left(n,\text{e}^{\text{j}2\pi f}\right)=\sum_{m=0}^{N-1}x(n+m)\omega(m)\text{e}^{-\text{j}\frac{2\pi}{2}km}=X_{\text{R}}\left(n,k\right)+X_{\text{I}}\left(n,k\right)\\[3mm]
\text{STFT}_{Yn}\left(n,\text{e}^{\text{j}2\pi f}\right)=\sum_{m=0}^{N-1}y(n+m)\omega(m)\text{e}^{-\text{j}\frac{2\pi}{2}km}=Y_{\text{R}}\left(n,k\right)+Y_{\text{I}}\left(n,k\right)
\end{cases}
\tag{9-39}
$$

式中，$\omega(m)$ 为窗序列；$X_{\text{R}}(n,k)$、$X_{\text{I}}(n,k)$ 为 x 向信号短时傅里叶变换的实部序列和虚部序列；$Y_{\text{R}}(n,k)$、$Y_{\text{I}}(n,k)$ 为 y 向信号短时傅里叶变换的实部序列和虚部序列。

全矢短时傅里叶变换 FSFT 是全矢谱技术与短时傅里叶变换相结合的产物。由于短时傅里叶变换是一种单一分辨率的分析方法。它使用一个固定的短时窗函数把原来的时域信号分为不同的时间段，将各个时间段内的信号看作平稳信号，分别对其进行傅里叶分析，因此，对于非平稳融合信号，也可以认为融合信号在相同的某一短暂时间段内是平稳的，在此基础上对各个时间段内的信号进行易于信息融合的全矢谱分析。所以全矢短时傅里叶变换 FSFT 的概念可以定义为：利用全矢谱技术结合短时傅里叶分析，针对多通道非平稳振动信号的时频分析方法。

对于 x 和 y 方向的离散序列 $\{x_n\}$，$\{y_n\}$，有 $\{z_n\}=\{x_n\}+\text{j}\{y_n\}$。

$$
\text{STFT}_{Zn}\left(n,\text{e}^{\text{j}2\pi f}\right)=\sum_{m=0}^{N-1}z(n+m)\omega(m)\text{e}^{-\text{j}\frac{2\pi}{N}km}=Z_{\text{R}}\left(n,k\right)+Z_{\text{I}}\left(n,k\right)
\tag{9-40}
$$

根据式 (9-25)，可以得出每个时段的全矢短时傅里叶变换值，即

$$
R_{\text{L}}\left(n,k\right)=\frac{1}{2N}\Big[\left|Z\left(n,\ k\right)\right|+\left|Z\left(n,\ K-k\right)\right|\Big],\quad k=0,1,2,\cdots,N/2-1,\ n=0,1,2,\cdots
\tag{9-41}
$$

9.3　全矢谱分析的工程应用实例

前面已讨论了全矢谱的定义和理论，本节将前面的理论知识和基本算法应用到实际工程中来。如采用全矢谱技术来监测一汽轮机组后端增速箱的运行状况。

在增速箱低速轴后端某截面处安装两个相互垂直的速度传感器，低速轴转速为 5840 r/min。如图 9-13(a) 和图 9-13(b) 分别是 x 和 y 向采集到的信号时域图，从图中可知信号在 x 和 y 向有很大差异，用常规分析方法非常容易产生误判。故应采用综合分析。

图 9-13(c) 和图 9-13(d) 分别是 x 和 y 向信号的幅值谱。单凭 x 或 y 方向的幅值很难判断到底哪个频率处的幅值大，稍有不慎就会产生误判。图 9-13(e) 则是通过对 x 和 y 两个方向的信号进行融合后得到全矢谱分析的主振矢幅值谱，主振矢谱图用来判断振动幅值的变化，给出了一个准确全面的诊断依据，但仅仅依靠主振矢谱图是不能判断其进动方向的。图 9-13(f) 为全矢谱分析的副振矢幅值谱，通过谱图中幅值的正负可以判断出椭圆的进动方向。图 9-13(g) 为振矢角 α_i 的示意图，清晰地描绘出主振矢的振动方向。

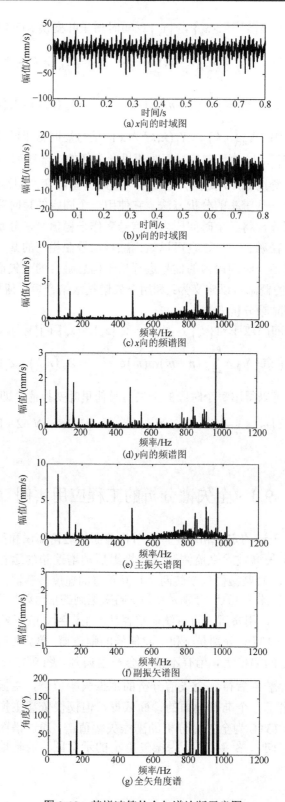

图 9-13　某增速箱的全矢谱诊断示意图

　　工程实例表明，采用全矢谱方法使频谱分析更加清晰全面。而且和其他全信息分析方法相比，全矢谱分析技术具有独特的优越性。特别是能将其进一步在传统分析方法中拓展出基于全矢谱技术的新方法，并应用于工程实际中。因此，全矢谱技术为在旋转机械全面实施基于同源信息融合的全信息分析奠定了坚实的基础。

参 考 文 献

陈桂明, 张明照, 戚红雨, 等. 2001. 应用 Matlab 建模与仿真[M]. 北京: 科学出版社

陈蕾主. 2012. 电气设备故障检测诊断方法及实例[M]. 2 版. 北京: 中国水利水电出版社

程佩青. 2014. 数字信号处理教程[M]. 4 版. 北京: 清华大学出版社

高西全, 等. 2008. 数字信号处理[M]. 3 版. 西安: 西安电子科技大学出版社

巩晓赟. 2013. 基于全矢谱的非平稳故障诊断关键技术研究[D]. 郑州: 郑州大学

韩捷, 等. 1997. 旋转机械故障机理及诊断技术[M]. 北京: 机械工业出版社

韩捷, 等. 2008 . 全矢谱技术及工程应用[M]. 北京: 机械工业出版社

韩捷, 巩晓赟, 陈宏. 2010. 全矢谱技术在齿轮故障诊断中的应用[J]. 中国工程机械学报, 1: 81-85

郝旺身, 韩捷, 董辛旻, 等. 2010. 无先验知识的多频带诊断算法及其在煤矿减速机中应用研究[A]. 第十
    二届全国设备故障诊断学术会议论文集[C]

何道清. 2014. 传感器与传感器技术[M]. 3 版. 北京: 科学出版社

何正嘉, 訾艳阳, 孟庆丰, 等. 2001. 机械设备非平稳信号的故障诊断原理及应用[M]. 北京: 高等教育出
    版社

胡广书. 2015. 现代信号处理教程[M]. 2 版. 北京: 清华大学出版社

黄雅罗, 黄树红. 2000. 发电设备状态检修[M]. 北京: 中国电力出版社

李力. 2007. 机械信号处理及其应用[M]. 武汉: 华中科技大学出版社

卢文祥, 杜润生. 2000. 工程测试与信息处理[M]. 2 版. 武汉: 华中科技大学出版社

沈庆根, 郑水英. 2009. 设备故障诊断[M]. 北京: 化学工业出版社

孙延奎. 2005. 小波分析及其应用[M]. 北京: 机械工业出版社

王东方. 2012. 面向云计算的设备故障诊断系统关键技术研究[D]. 郑州: 郑州大学

王洪明, 郝旺身, 董辛旻, 等. 2015. 基于全信息样本熵的轴承故障诊断方法研究[J]. 煤矿机械,
    6: 312-315

王洪明, 郝旺身, 韩捷, 等. 2015. 基于 ITD 与排列熵的齿轮故障特征提取方法研究[J]. 煤矿机械,
    8:336-339

王洪明, 郝旺身, 韩捷, 等. 2015. 基于 LMD 和样本熵的齿轮故障特征提取方法研究[J]. 郑州大学学报
    (工学版), 3:44-48

王洪明, 郝旺身, 韩捷, 等. 2015. 全矢 LMD 能量熵在齿轮故障特征提取中的应用[J]. 中国机械工程,
    16:2160-2164

王济, 胡晓. 2006. Matlab 在振动信号处理中的应用[M]. 北京: 中国水利水电出版社

王江萍. 2001. 机械设备故障诊断技术及应用[M]. 西安: 西北工业大学出版社

王瑞欣. 2014. 全信息融合算法在混流泵故障诊断系统中的应用研究[D]. 郑州: 郑州大学

徐平, 铁瑛, 夏唐代. 2008. 半空间饱和介质内圆形洞室对平面 P1 波的散射[J]. 西北地震学报,
    4:369-375

徐平, 铁瑛, 夏唐代. 2008. 分离式双圆形隧道衬砌对平面 SH 波的散射[J]. 西北地震学报, 2:145-149

徐平, 夏唐代, 李晓龙. 2008. 深埋圆形衬砌群对入射平面 P 波的多重散射[J]. 中国铁道科学, 3:46-51

徐平, 夏唐代, 吴明. 2008. 刚性空心管桩屏障对 P 波和 SH 波的隔离效果研究[J]. 工程力学, 5:210-217

徐平, 夏唐代, 闫东明. 2007. 平面 P_1 波入射下饱和度对深埋圆形衬砌动应力集中因子的影响[J]. 振动与冲击, 4:46-50, 168-169

徐平, 夏唐代, 周新民. 2007. 单排空心管桩屏障对平面 SV 波的隔离效果研究[J]. 岩土工程学报, 1:131-136

徐平, 夏唐代. 2006. 弹性波在准饱和土和弹性土界面的反射与透射[J]. 力学与实践, 6:58-63

徐平, 夏唐代. 2008. 饱和度对准饱和土体中瑞利波传播特性的影响[J]. 振动与冲击, 4:10-13, 165

徐平, 夏唐代. 2012. 爆炸应力波引起地表位移的数值分析[J]. 地下空间与工程学报, 4:863-868

徐平, 闫东明, 邓亚虹, 等. 2007. 单排非连续刚性桩屏障对弹性波的隔离[J]. 振动与冲击, 11:133-137, 189

徐平, 周新民, 夏唐代. 2007. 非连续弹性圆柱实心桩屏障对弹性波的隔离[J]. 振动工程学报, 4:388-395

徐平, 周新民, 夏唐代. 2015. 应用屏障进行被动隔振的研究综述[J]. 地震工程学报, 1:88-93

于德介, 程军圣. 2007. 机械故障诊断的 Hilbert-Huang 变换方法[M]. 北京: 科学出版社

张登峰. 2011. 风力发电设备状态评价系统设计[D]. 郑州: 郑州大学

张贤达. 2002. 现代信号处理[M]. 2 版. 北京: 清华大学出版社

赵世俊. 2014. 混凝土排桩隔振的现场试验及数值模拟[D]. 郑州: 郑州大学

朱朝鹏. 2013. 基于云计算的远程诊断关键技术研究[D]. 郑州: 郑州大学

朱利民, 钟秉林, 贾平民. 2000. 振动信号短时分析方法及其在机械故障诊断中的应用[J]. 振动工程学报, 13(3):400-405

Akay O, Boudreaux-Bartels G F. 1998. Unitary and Hermitian fractional operators and their relation to the fractional Fourier transform[J]. IEEE Signal Processing Letters, 5(12):312-314

Alieva T, Bastiaans M J, Stankovic L. 2003. Signal reconstruction from two close fractional fourier power spectra[J]. IEEE Transactions on Signal Processing, 51(1):112-123

Bodenheimer M M, Banka V S, Helfant R H. 1971. Linear canonical transformations and their unitary representations[J]. Journal of Mathematical Physics, 12(8):1772-1780

Candan C, Kutay M A, Ozaktas H M. 2000. The discrete fractional Fourier transform[J]. IEEE Transactions on Signal Processing, 48(5):1329-1337

Huang N E, shen Z, Long S R. 1998. The empirical mode decomposition and the hilbert spectrum for nonlinear and non-stationary time series analysis[J]. Proc. R. Soc. Lond. A, (454):903-995

Ozaktas H M, Erkaya N, Kutay M A. 1996. Effect of fractional Fourier transformation on time-frequency distributions belonging to the Cohen class[J]. IEEE Signal Processing Letters, 3(2):40-41

Pei S C, Yeh M H. 1998. Two dimensional discrete fractional Fourier transform[J]. IEEE Transactions on Signal Processing, 67(1):99-108

Peng Z K, Tse P W, Chu F L. 2005. An improved Hilbert-Huang transform and its application in vibration signal analysis[J]. Journal of Sound and Vibration, 286(1-2):187-205

Qi L, Tao R, Zhou S Y, Wang Y. 2004. Detection and parameter estimation of multicomponent LFM signal based on the fractional fourier transform[J]. Science in China Series F: Information Sciences, 47(2):184-198

Samil Yetik I, Nehorai A. 2003. Beamforming using the fractional Fourier transform[J]. IEEE Transactions on Signal Processing, 51(6):1663-1668

Santhanam B，Mcclellan J H. 1996. The discrete rotational Fourier transform[J]. IEEE Transactions on Signal Processing， 44(4):994-998

Stankovic L. 1994. A method for time-frequeenc analysis[J]. IEEE Transactions on Signal Processing, 42(1):225-229

Xia X G，Owechko Y，Soffer B H， et al. 1996. On generalized-marginal time-frequency distributions[J]. IEEE Transactions on Signal Processing， 4(11):2882-2886